21 世纪高等教育土木工程系列规划教材

土木工程 CAD

第 2 版

主　编　张同伟
副主编　马千惠　张彩霞
参　编　张孝廉　王瑞玲　刘克强　王　静
　　　　王佳莹　张孝存　刘印凤　张同峰
主　审　宋红英

机 械 工 业 出 版 社

本书按照土木工程设计的实际工作流程，紧密结合现行建筑、结构、桥梁设计规范及制图标准，根据工科院校学习计算机工程绘图应达到的教学深度要求，通过将专业的工程制图知识与典型的应用实例相结合，以 AutoCAD 2013、TArch 2013、PKPM 2010 和 Hard（HardBE）2013 系列软件为蓝本，循序渐进地对土木工程 CAD 技术进行了系统的介绍。

本书分四个部分，共 15 章。第一部分系统全面地介绍了 AutoCAD 2013 中文版的使用及绘图技巧。第二部分详细介绍了天正 TArch2013 绘制建筑施工图的相关技术和方法。第三部分详细介绍了 PKPM2010 绘制结构施工图的相关技术和方法，并给出了工程实例。第四部分介绍了 Hard（HardBE）2013 绘制路桥施工图的相关技术和方法，并给出了工程实例。

本书应用性强，可作为高等学校土木工程专业 CAD 课程的教材，也可作为相关工程技术人员学习 AutoCAD 2013、TArch 2013、PKPM 2010 及 Hard（HardBE）2013 应用技术的参考教材。

图书在版编目（CIP）数据

土木工程 CAD/张同伟主编. —2 版. —北京：机械工业出版社，2013. 12 （2017. 1 重印）

21 世纪高等教育土木工程系列规划教材

ISBN 978-7-111-44121-2

Ⅰ.①土… Ⅱ.①张… Ⅲ.①土木工程—建筑制图—计算机制图—AutoCAD 软件—高等学校—教材 Ⅳ.①TU204-39

中国版本图书馆 CIP 数据核字（2013）第 223502 号

机械工业出版社（北京市百万庄大街 22 号　邮政编码 100037）

策划编辑：马军平　责任编辑：马军平　任正一

版式设计：常天培　责任校对：申春香

封面设计：张　静　责任印制：李　昂

北京中兴印刷有限公司印刷

2017 年 1 月第 2 版第 3 次印刷

184mm×260mm·23.5 印张·582 千字

标准书号：ISBN 978-7-111-44121-2

定价：45.00 元

第2版前言

  本书是一本全面介绍土木工程领域计算机辅助设计的教材，是在总结多年的教学与设计实践经验，按照土木工程设计的实际工作流程，在本书第1版的基础上进行全面修订的土木工程CAD课程适用教材。在编写过程中，编者紧密结合现行建筑、结构、桥梁设计规范及制图标准，根据工科院校学习计算机工程绘图应达到的教学深度要求，将工程制图知识与典型应用实例相结合，以AutoCAD 2013、TArch2013、PKPM2010和Hard（HardBE）2013系列软件为蓝本，循序渐进地对土木工程CAD技术进行了系统的介绍。本书分四个部分，共15章。

  第一部分：系统全面地介绍了AutoCAD 2013中文版的使用及绘图技巧。第1~4章对AutoCAD绘图的基本概念、绘图环境的定制、绘图命令、编辑命令、文字标注和尺寸标注等内容进行了系统介绍。

  第二部分：详细介绍了天正TArch2013绘制建筑施工图的相关技术和方法。第5~7章通过应用天正TArch2013绘制建筑平、立、剖面图的方法及技巧的讲解，使学生掌握综合制图的能力。第8章以一个小别墅的设计实例，帮助学生快速理解TArch2013软件的使用方法。

  第三部分：详细介绍了PKPM2010绘制结构施工图的相关技术和方法。第9章介绍PKPM系列软件各个模块的功能和适用范围。第10章介绍结构平面CAD软件——PMCAD平面建模过程，同时以实例形式给出了结构建模及结构平面图的绘制过程。第11章介绍空间组合结构有限元分析与设计——SATWE在各种复杂体形的建筑结构中的应用，并通过实例详细讲解SATWE的应用过程。第12章介绍了基础工程计算机辅助设计软件——JCCAD的主要功能与具体应用。

  第四部分：介绍了Hard（HardBE）2013绘制路桥施工图的相关技术和方法。第13、14章介绍了海地公路优化设计系统——Hard 2013在公路路线设计、立体交叉设计等各个相关领域的具体应用步骤。第15章介绍了海地桥梁HardBE 2013系统在桥涵设计中的应用过程。

  本书由佳木斯大学张同伟主编，佳木斯大学马千惠、张彩霞任副主编。具体编写分工如下：张同伟（第9章），马千惠（第1、2章），张彩霞（第3、4章），沈阳建筑大学张孝廉（第5章），佳木斯大学王瑞玲（第6、7章），佳木斯大学刘克强（第8章），北京龙安华诚建筑设计有限公司刘印凤（第10章），哈尔滨工业大学张孝存（第 11、15 章），北京龙安华诚建筑设计有限公司王佳莹（第 12 章），佳木斯大学王静（第 13 章），佳木斯交通局张同峰（第 14 章）。全书由张同伟统稿。沈阳工业大学宋红英审阅了书稿，并提出了许多建设性的意见和建议，在此深表感谢。

　　本书在编写过程中，注重了选材的先进性、系统性、实用性及通用性。由浅入深，从基础延伸到专业，软件应用结合实例是本书编写的主要特色。

　　本书编写过程中引用了很多资料，在此谨向有关文献的作者表示衷心感谢。

　　由于编者的水平有限，书中不妥之处，恳请批评指正。

编　者

目　　录

第 1 章

AutoCAD 2013 绘图基础

本章主要介绍运用 AutoCAD 2013 绘图所需的基础知识。

AutoCAD 是由美国 Autodesk 公司开发的、应用最广泛的计算机辅助设计（Computer Aided Design，CAD）软件，具有易于掌握、使用方便、体系结构开放等优点，能够绘制二维图形与三维图形、标注尺寸、渲染图形以及打印输出图样，目前已广泛应用于土木工程、建筑、测绘、城市规划、机械、电子、航天、造船、石油化工、轻工等领域。目前 AutoCAD 的较新版本是 AutoCAD 2013，其性能得到了全面提升，能够更加有效地提高设计人员的工作效率。

1.1　AutoCAD 2013 的基本功能

1. 应用程序菜单

单击 AutoCAD 2013 的工作界面左上角的 ▇▇ 按钮，按钮弹出一个下拉菜单，即应用程序菜单（图 1-1），根据需要可选择应用程序菜单中的命令。通过应用程序菜单能更方便地访问公用工具，如创建、打开、保存、输出、发布、查找和清理 AutoCAD 文件。

2. 绘制与编辑功能

AutoCAD 不仅具有强大的绘图功能，还具有强大的图形编辑功能。通过"编辑"工具栏中相应按钮，用户可完成对图形的删除、移动、复制、镜像、旋转、修剪、缩放等编辑工作。

针对相同图形的不同情况，AutoCAD 2013 还提供了多种绘制方法供用户选择，如圆弧的绘制方法就有 11 种，借助于"修改"工具栏中的修改命令，可以绘制出各种各样的理想的图形。如图 1-2 所示的"绘图"面板，以及图 1-3 所示的"修改"面板。

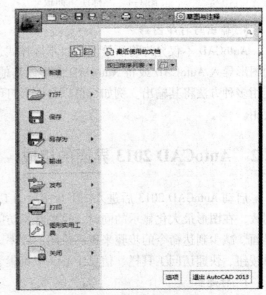

图 1-1　应用程序菜单

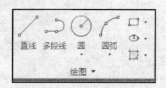

图 1-2　"绘图"面板

图 1-3　"修改"面板

3. 标注图形尺寸

尺寸标注是向图形中添加测量注释的过程，是整个绘图过程中不可缺少的一步。Auto-CAD 的"标注"菜单中包含了一套完整的尺寸标注和编辑命令，使用它们可以在图形的各个方向上创建各种类型的标注，也可以方便、快速地以一定格式创建符合行业或项目标准的标注，"标注"面板如图 1-4 所示。

4. 图形显示功能

AutoCAD 可以任意调整图形的显示比例，以观察图形的全部或局部，并可以使图形上、下、左、右移动来进行观察。

AutoCAD 为用户提供了 6 个标准视图（6 种视角）和 4 个轴测视图，可以利用视点工具设置任意的视角，还可以利用三维动态观察器设置任意的透视效果，"视图"面板如图 1-5 所示。

图 1-4　"标注"面板

图 1-5　"视图"面板

5. 输出与打印图形

AutoCAD 不仅允许将所绘图形以不同样式通过绘图仪或打印机输出，还能够将不同格式的图形导入 AutoCAD 或将 AutoCAD 图形以其他格式输出。因此，当图形绘制完成之后可以使用多种方法将其输出。例如，可以将图形打印在图纸上，或创建成文件以供其他应用程序使用。

1. 2　AutoCAD 2013 界面的组成

启动 AutoCAD 2013 后进入图 1-6 所示的工作界面。中文版 AutoCAD 2013 工作界面新颖别致，在图形最大化显示的同时，也更容易访问大部分普通的工具。通过自定义或扩展用户界面、减少到达命令的步骤来提高绘图的效率。默认应用程序窗口包括标题栏、应用程序菜单按钮、快速访问工具栏、信息中心、工具集、命令行和状态栏等。

1. 标题栏

标题栏位于应用程序窗口的最上面，用于显示当前正在运行的程序名及文件名等信息，如果是 AutoCAD 默认的图形文件，其名称为 DrawingN. dwg（ N 是数字）。单击标题栏右端的按钮，可以最小化、最大化或关闭应用程序窗口，标题栏如图 1-7 所示。

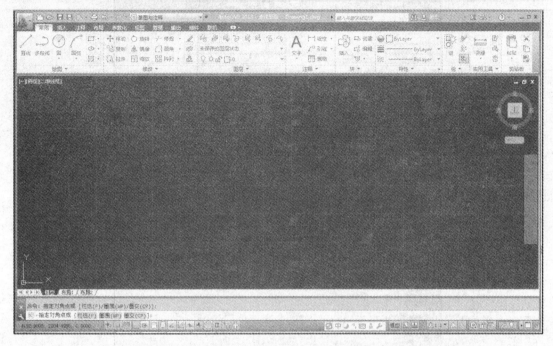

图 1-6 AutoCAD 2013 工作界面

图 1-7 标题栏

2. 应用程序菜单与快捷菜单

中文版 AutoCAD 2013 的应用程序菜单由"新建""打开""保存"等命令组成，如图 1-8 所示。快捷菜单又称为上下文相关菜单。在绘图区域、工具栏、状态行、模型与布局选项卡以及一些对话框上单击鼠标右键时，将弹出一个快捷菜单，该菜单中的命令与 Auto-CAD 当前状态相关。使用快捷菜单可以在不启动菜单栏的情况下快速、高效地完成某些操作。

3. 工具栏

工具栏是应用程序调用命令的另一种方式，它包含许多由图标表示的命令按钮。在 AutoCAD 中，系统共提供了 20 多个已命名的工具栏。如果要显示当前隐藏的工具栏，可在任意工具栏上单击鼠标右键，此时将弹出一个快捷菜单，通过选择命令可以显示或关闭相应的工具栏。图 1-9 所示为工具栏的功能区选项板。

4. 绘图窗口

在 AutoCAD 中，绘图窗口是用户绘图的工作区域，所有的绘图结果都反映在这个窗口中。可以根据需要关闭其周围和里面的各个工具栏，以增大绘图空间。如果图纸比较大，需要查看未显示部分时，可以单击窗口右边与下边滚动条上的箭头，或拖动滚动条上的滑块来移动图纸。

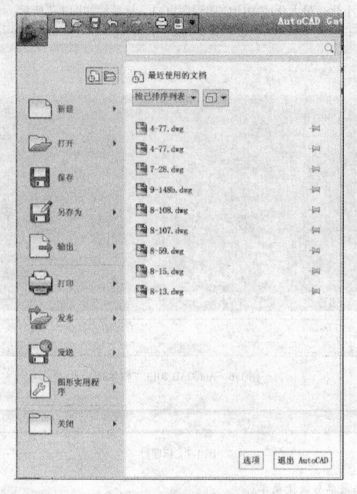

图 1-8 应用程序菜单

图 1-9 功能区选项板

在绘图窗口中除了显示当前的绘图结果外，还显示了当前使用的坐标系类型以及坐标原点、X 轴、Y 轴、Z 轴的方向等。默认情况下，坐标系为世界坐标系（WCS）。

绘图窗口的下方有"模型"和"布局"选项卡，单击其标签可以在模型空间和图纸空间之间来回切换。

5. 命令行与文本窗口

"命令行"窗口位于绘图窗口的底部，用于接收用户输入的命令，并显示 AutoCAD 提示信息。在 AutoCAD 2013 中，"命令行"窗口可以拖放为浮动窗口。如图 1-10 所示。

图 1-10　命令行

"AutoCAD 文本窗口"是记录 AutoCAD 命令的窗口，是放大的"命令行"窗口，它记录了已执行的命令，也可以用来输入新命令。

在 AutoCAD 2013 中，打开文本窗口的常用方法有以下几种：

1）命令：Textscr。

2）菜单命令：选择"视图"选项卡，在"窗口"面板中选择"用户界面"→"文本窗口"命令。

3）快捷键：<F2>功能键。

按<F2>功能键打开 AutoCAD 文本窗口，它记录了对文档进行的所有操作，如图 1-11 所示。

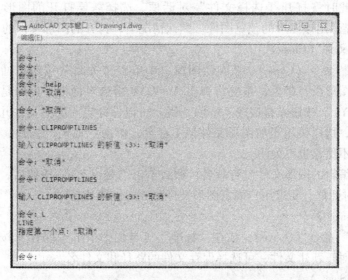

图 1-11　AutoCAD 文本窗口

6. 状态栏

状态栏用来显示 AutoCAD 当前的状态，如当前光标的坐标、命令和按钮的说明等。

在绘图窗口中移动光标时，状态行的"坐标"区将动态地显示当前坐标值。坐标显示取决于所选择的模式和程序中运行的命令，共有"相对""绝对"和"无"3 种模式。

状态栏中还包括"绘图工具""快捷特性""模型""布局""快速查看工具""导航工具""注释工具""工作空间""锁定""全屏显示"等十几个功能区，如图 1-12 所示。

图 1-12　AutoCAD 状态栏

1.3   图形文件管理

在 AutoCAD 2013 中，图形文件管理包括创建新的图形文件、打开已有的图形文件、关闭图形文件以及保存图形文件等操作。

1. 新建图形文件（New）

执行"新建"命令（New），或在"标准"工具栏中单击"新建"按钮，可以创建新图形文件，此时将打开"选择样板"对话框。在"选择样板"对话框中，可以在"名称"列表框中选中某一样板文件，这时在其右面的"预览"框中将显示出该样板的预览图像。单击"打开"按钮，可以以选中的样板文件为样板创建新图形，此时会显示图形文件的布局（选择样板文件 acad. dwt 或 acadiso. dwt 时除外）。

2. 打开图形文件（Open）

执行"打开"命令（Open），或在"标准"工具栏中单击"打开"按钮，可以打开已有的图形文件，此时将打开"选择文件"对话框。选择需要打开的图形文件，在右面的"预览"框中将显示出该图形的预览图像。默认情况下，打开的图形文件的格式为. dwg。

3. 关闭图形文件（Close）

执行"关闭"命令（Close），或在绘图窗口中单击"关闭"按钮，可以关闭当前图形文件。如果当前图形没有存盘，系统将弹出 AutoCAD 警告对话框，询问是否保存文件。此时，单击"是（Y）"按钮或直接按 < Enter > 键，可以保存当前图形文件并将其关闭；单击"否（N）"按钮，可以关闭当前图形文件但不存盘；单击"取消"按钮，取消关闭当前图形文件操作，既不保存也不关闭。

如果当前所编辑的图形文件没有命名，那么单击"是（Y）"按钮后，AutoCAD 会打开"图形另存为"对话框，要求用户确定图形文件存放的位置和名称。

4. 保存（Qsave）

执行"保存"命令（Qsave），或在"标准"工具栏中单击"保存"按钮，可以将所绘图形文件存盘。对于新建文件，可选择保存文件的路径和文件名。

5. 另存为（Save As）

将现有的图形文件保存在新的路径和文件名下。单击"另存为"按钮在弹出的对话框中设定新的保存路径和文件名。

6. 退出

单击该命令保存文件并退出 AuotCAD 2013。

1.4   建立绘图环境

在 AutoCAD 中建立绘图环境与传统绘图方法类似，要确定度量单位、绘图区大小及标准绘图约定。

1.4.1   设置图形单位（Units）

AutoCAD 中，用户可以采用 1∶1 的比例因子绘图，因此，所有的直线、圆和其他对象都可以以真实大小来绘制，在需要打印出图时，再将图形按图纸大小进行缩放。

执行命令"Units"，可以打开"图形单位"对话框，在"图形单位"对话框中可以设置绘图时使用的长度单位、角度单位，以及单位的显示格式和精度等参数，如图 1-13 所示。

图 1-13　"图形单位"对话框

1.4.2　设置图形界限（Limits）

使用 Limits 命令可以在模型空间中设置一个想象的矩形绘图区域，也称为图限。下面以 A4 绘图范围为例，说明设置图形界限的操作方法。

执行命令：Limits

AutoCAD 系统提示如下信息：

指定左下角点或［开（On）/关（Off）］＜0.0000, 0.0000＞:

说明：设置图形左边界的左下角坐标，选项"开（On）"为所绘图形在指定图限区域内有效，选项"关（Off）"为所绘图形可在绘图区任意处，默认为（0.0000, 0.0000）。

指定右上角点＜420, 297＞: <u>210, 297</u>

说明：设置图形边界的右上角坐标为（210, 297）。

以上操作虽然设置了图形界限，但此时看不到，此时按＜F7＞功能键，打开网格功能，网格显示区即为图形界限，然后输入缩放命令（Zoom）观察全图。步骤如下：

命令：Zoom

AutoCAD 系统提示如下信息：

指定窗口角点，输入比例因子（nX 或 nP）或［全部（A）/中心点（C）/动态（D）/范围（E）/上一个（P）/比例（S）/窗口（W）］＜实时＞:

输入 A，按＜Enter＞键即可。

1.5　捕捉和栅格功能

捕捉和栅格是 AutoCAD 提供的精确绘图工具之一。通过捕捉可以拾取绘图区域中对象上的特定点，栅格可以显示在绘图区具有指定间距的点。栅格不是图形的组成部分，也不能被打印出来。

1.5.1 栅格显示

Grid 命令用于修改栅格间距并控制是否在屏幕上显示栅格。该命令是一个透明的命令。

1. 栅格命令输入方法

方法 1：状态栏：单击"▦"按钮。

方法 2：命令：Grid。

2. 栅格命令的操作

在命令行输入 Grid，命令行提示如下信息：

指定栅格间距（X）或［开（On）/关（Off）/捕捉（S）/主（M）/自适应（D）/界限（L）/跟随（F）/纵横向间距（A）］＜10.00＞：

用户按提示选择即可。

1.5.2 捕捉

方法 1：状态栏：单击▦按钮。

方法 2：AutoCAD 系统默认＜F9＞键为控制捕捉模式的快捷键，用户可用它开启和关闭捕捉模式。

方法 3：右击状态栏中的"捕捉"按钮，在弹出的快捷菜单中选择"设置"命令，弹出图 1-14 所示的"草图设置"对话框，打开"捕捉和栅格"选项卡，选中"启用捕捉"复选框，即可开启捕捉模式，否则关闭捕捉模式。

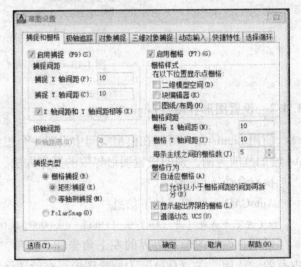

图 1-14 "捕捉和栅格"选项卡

1.6 正交功能

Ortho 命令可以控制以正交模式绘图。在正交模式下，可以方便地绘制水平线和垂直线。

1. 正交命令输入方法

方法 1：状态栏：单击▦按钮。

方法 2：命令行：Ortho。

方法 3：AutoCAD 系统默认＜F8＞键为"正交"的快捷键。

2. 操作格式

执行上面命令之后，可以打开正交功能。单击"正交"按钮或按＜F8＞键，可以进行正交功能打开与关闭的切换。正交模式下不能控制键盘输入点的位置，只能控制鼠标拾取点的方位。

1.7　对象捕捉

绘图时所需的点坐标，如果用光标拾取，难免有一定的误差，如果用键盘输入，又可能不知道它的准确数据。那么，对于图形中这样的点，就要利用对象捕捉功能。

对象捕捉是将指定点限制在现有对象的确切位置上，如线段的端点、中点或交点、垂足等。利用对角捕捉功能可以迅速定位对象上的精确位置，而不必知道坐标。

如果打开对象捕捉功能，只要将鼠标移到捕捉点上，AutoCAD 就会显示标记和工具栏提示。此功能提供了视觉提示。

（1）对象捕捉打开方法　单击状态栏中的□按钮或按 <F3> 键启用对象捕捉功能。

（2）设置自动对象捕捉　右击状态栏中的"对象捕捉"按钮，在弹出的快捷菜单中选择"设置"命令，弹出图 1-15 所示的"草图设置"对话框，打开"对象捕捉"选项卡，选中"启用对象捕捉"复选框即可开启。

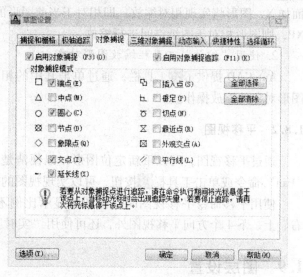

图 1-15　"对象捕捉"选项卡

1.8　图形的显示控制

在 AutoCAD 中绘制和编辑图形时，常常需要对图形进行放大或平移等显示控制，通过控制图形的显示或快速移动到图形的不同区域，可以灵活地观察图形的整体效果或局部细节。观察图形的方法有很多，如使用"视图"菜单中的命令、使用"视图"工具栏中的工具按钮，以及使用视口和鸟瞰视图等。

1.8.1　缩放视图

按一定的比例、观察位置和角度显示图形的区域称为视图。通过缩放视图（如同照相机变焦镜头）可以放大或缩小屏幕显示尺寸，而图形的真实尺寸保持不变。

在命令行输入"Zoom"命令、选择"视图"→"缩放"命令中的相应选项或使用"缩放"工具中的相应按钮，均可以方便地缩放视图。

1. 使用 Zoom 命令缩放视图

在命令行输入 Zoom 命令并按 <Enter> 键后，AutoCAD 提示：

指定窗口角点，输入比例因子（nX 或 nXP），或 [全部（A）/中心点（C）/动态（D）/范围（E）/上一个（P）/比例（S）/窗口（W）] <实时>：

上述提示的第一行说明用户可以直接确定窗口的角点位置或输入比例因子。如果直接确定窗口的第一角点位置，即在绘图区域内确定一点，AutoCAD 提示：

指定对角点：

在该提示下确定窗口的对角点位置后，AutoCAD 把以上这两角点确定的矩形窗口区域中的图形放大，以占满显示屏幕。此外，用户也可直接输入比例因子。如果输入的比例因子是具体的数值，图形将按比例实现绝对缩放，即相对于实际尺寸进行缩放；如果在比例因子后面加 X，图形将实现相对缩放，即相对于当前图形的大小进行缩放；如果在比例因子后面加 XP，则图形相对于图纸空间进行缩放。

2. 使用"缩放"工具栏缩放图形对象

AutoCAD 提供了 ![icon] 工具栏，通过单击其中的相应按钮及响应命令行中的提示，可实现图形对象的缩放操作。

1.8.2　平移视图

通过平移视图，可以重新定位图形，以便清楚地观察图形的其他部分。在命令行输入"Pan"命令或单击工具栏 ![icon] 按钮，可以实现视图的平移。

使用平移命令平移视图时，视图的显示比例不变。用户除了通过选择相应命令向左、右、上、下 4 个方向平移视图外，还可使用"实时"和"定点"命令平移视图。

1.9　图层设置

在 AutoCAD 中，所有图形对象都画在某个图层上，而在每个图层上都对应有颜色、线型和线宽的定义，即所有图形对象都具有图层、颜色、线型和线宽 4 个基本属性。图层设置就是定义这 4 个基本属性。

AutoCAD 2013 图层管理在"常用"主界面的工具栏中，列出一些主要的使用功能，如图 1-16 所示。

1. 图层

在建筑等工程制图中，图形主要包括基准线、轮廓线、虚线、剖面线、尺寸标注及文字说明等元素。如果用图层来管理它们，不仅能使图形的各种信息清

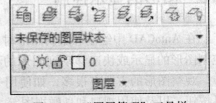

图 1-16　"图层管理"工具栏

晰、有序、便于观察，而且也会给图形的编辑、修改和输出带来很大的方便。

图层相当于一张全透明的纸，在每张纸的相应位置上绘制图形后，将所有的纸张叠放在一起，组合成最后的图形。用户可根据需要设置几个图层，一幅图的层数是不受限制的，每一层上的实体数也不限。

虽然 AutoCAD 允许用户定义多个图层，但只能在当前图层绘图。选择哪一层作为当前层，用户可通过图层操作命令来确定。

2. 颜色

每一图层应设置一种颜色，图层的颜色是指在该图层上所绘实体的颜色。不同的图层可以设置相同的颜色。

3. 线型

每个实体和每一层都有一个相应的线型，不同的图层可以设置相同的线型，也可以设置不同的线型。AutoCAD 为用户提供了一个标准线型库，用户可从中选择所需的线型。

4. 线宽

线宽即对象的宽度，可用于除 TrueType 字体、光栅图像、点和实体填充（二维实体）之外的所有图形对象。如果为图形对象指定线宽，则对象将根据此线宽的设置进行显示和打印。

5. 图层命令

选择"常用"命令，单击"图层管理"工具栏中的 按钮，或在命令行中输入"Layer"命令，可以打开图 1-17 所示的"图层特性管理器"窗口。

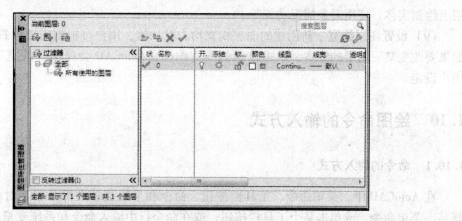

图 1-17　"图层特性管理器"窗口

（1）新建图层　单击"新建图层"命令，用户可创建一个新图层，新图层的默认名为"图层 1"，用户可以使用该层，也可改变该名输入另一新名。

（2）设置图层颜色　默认情况下，新创建图层的颜色为白色，用户可根据情况改变图层的颜色。单击该图层对应的颜色图标，AutoCAD 会弹出"选择颜色"对话框，用户可从中选择所需的颜色。

（3）设置图层线型　在默认情况下，新创建的线型为 Continuous（实线），用户可根据需要为图层设置线型。单击位于线型栏下该图层对应的线型名，AutoCAD 会弹出"选择线型"对话框，用户可选择相应线型，完成线型设置工作。

（4）设置当前图层　在"图层特性管理器"窗口中，用户可设置当前层。设置方法是在对话框中选择一个图层，单击鼠标右键，在快捷菜单中选择"置为当前"命令即可。

（5）删除图层　用户可以删除不使用的图层，方法是在"图层特性管理器"窗口的图层列表中选择要删除的图层，然后单击鼠标右键，在快捷菜单中选择"删除图层"命令即可。但应注意删除的图层必须是不包含图形对象的图层，此外"0"图层（初始层）是不能删除的。

（6）打开/关闭图层　图层可处于打开/关闭两种状态。当图层处于打开状态时，则该图层上的图形可在屏幕上显示出来，也可在图形输出设备上输出；当图层处于关闭状态时，该图层上的图形既不能显示也不能输出。但关闭的图层仍是图形的一部分，只是不能显示和输出。在"图层特性管理器"窗口中,"开"下的小灯泡图标表示图层的打开和关闭状态。灯泡为黄色时,表示对应的图层打开;灯泡为灰色时,表示对应的图层关闭。用户可通过单击小灯泡图标来实现图层的打开/关闭转换操作。

(7) 冻结/解冻图层　冻结的图层与关闭的图层一样,既不能在屏幕上显示出来,也不能在图形设备上输出。但图层被冻结与被关闭还有一点区别,表现在关闭的图层在重新生成时可以生成但不显示,而冻结的图层在重新生成时不生成,这样可节省时间。在"图层特性管理器"窗口中,"冻结"栏下的图标为太阳或雪花,太阳表示所在图层没有冻结,雪花表示相应的图层被冻结。用户可单击这些图标来实现图层冻结与解冻的切换。

(8) 锁定/解锁图层　图层被锁定后,其上的图形仍能显示出来且被图形输出设备输出,但用户不能对其上的图形对象进行编辑和修改。当锁定的是当前层时,用户仍可在该图层上绘制实体,使用对象捕捉功能等。

(9) 设置图层线宽　新创建的图层线宽均为默认值,用户可根据需要设置图层的线宽。如果要改变某一图层的线宽,单击该层的线宽图标,AutoCAD 会弹出"线宽"对话框,供用户设定。

1.10　绘图命令的输入方式

1.10.1　命令的输入方式

在 AutoCAD 中,菜单命令、工具栏按钮、命令和系统变量大都是相互对应的。可以选择某一菜单命令,或单击某个工具栏按钮,或在命令行中输入命令和系统变量来执行相应命令。可以说,命令是 AutoCAD 绘制与编辑图形的核心。

1. 使用鼠标操作执行命令

在绘图窗口,光标通常显示为"十"字线形式。当光标移至菜单选项、工具栏或对话框内时,它会变成一个箭头。无论光标是"十"字线形式还是箭头形式,当单击或者按动鼠标键时,都会执行相应的命令或动作。在 AutoCAD 中,鼠标键是按照下述规则定义的:

(1) 拾取键　通常指鼠标左键,用于指定屏幕上的点,也可以用来选择 Windows 对象、AutoCAD 对象、工具栏按钮和菜单命令等。

(2) 回车键　指鼠标右键,相当于 < Enter > 键,用于结束当前使用的命令,此时系统将根据当前绘图状态弹出不同的快捷菜单。

(3) 弹出菜单　当使用 < Shift > 键和鼠标右键的组合时,系统将弹出一个快捷菜单,用于设置捕捉点的方法。对于 3 键鼠标,弹出按钮通常是鼠标的中间按钮。

2. 使用命令行

在 AutoCAD 中,可以在当前命令行提示下输入命令、对象参数等内容。对大多数命令,"命令行"中可以显示执行完的两条命令提示(也叫命令历史),而对于一些输出命令,如 Time、List 命令,需要在放大的"命令行"或"AutoCAD 文本窗口"中才能完全显示。

3. 使用透明命令

在 AutoCAD 中,透明命令是指在执行其他命令的过程中可以执行的命令。常使用的透明命令多为修改图形设置的命令、绘图辅助工具命令,如 Snap、Grid、Zoom 等。

要以透明方式使用命令，应在输入命令之前输入单引号（'）。命令行中，透明命令的提示前有一个双折号（＞＞）。完成透明命令后，将继续执行原命令。

4. 重复命令

无论使用何种方法输入一个命令后，都可以在下一个"命令："提示符出现以后，通过按空格键或＜Enter＞键来重复这个命令。

1.10.2　快捷键说明

快捷键使用户可以在键盘上键入少量的字符就可以执行命令操作，从而加快绘图速度，AutoCAD 中常用快捷键如下：

空格键——代替＜Enter＞键表示一条命令输入的结束。

＜Esc＞键——取消或中断正在执行的命令，回到待命状态。

＜F1＞键——启动"帮助"文档，解决操作中遇到的问题。

＜F2＞键——打开命令行的文本窗口，浏览执行过的命令。

＜F3＞键——"对象捕捉"（Object Snap）的开关键。

＜F4＞键——在计算机连接数字化仪的情况下，启动连接线。

＜F5＞键——等轴测平面的显示调整键。

＜F6＞键——坐标显示的开关键。

＜F7＞键——"栅格"（Grid）显示的开关键。

＜F8＞键——"正交"（Ortho）模式的开关键。

＜F9＞键——"捕捉"（Snap）命令的开关键。

＜F10＞键——"极轴"（Polar）命令的开关键。

＜F11＞键——"对象追踪"（Track）命令的开关键。

本 章 小 结

本章介绍了 AutoCAD 2013 的工作界面以及图形文件管理、绘图工具的设置等操作，使用户对 AutoCAD 2013 有一个基本了解，为以后的学习打下基础。

复 习 题

1. 精确绘图需要如何设置绘图环境？

2. 一般情况下，应采用什么尺寸单位类型？应采用什么角度单位类型？

3. Limits 命令的作用是什么？现用 A3 图纸绘图，并为其设置绘图边界（设边界左下角点为 AutoCAD 的坐标原点）。

4. AutoCAD 2013 命令的使用方式有哪几种？

5. 如何同时用对象捕捉方式和正交方式绘图？应分别单击哪些功能键？

6. 使用模板图的优点有哪些？

7. 使用图层时，关闭（Off）和冻结（Freeze）的作用及区别有哪些？

第2章

AutoCAD 基本绘图命令

任何复杂的图形都是由点、线、圆、圆弧等基本图形元素组成。在 AutoCAD 中使用"绘图"工具按钮，可以方便地绘制二维图形。

2.1 坐标系

在图形系统中，图形的输入输出都是在一定的坐标系下进行的，为准确描绘出图形的形状、大小和位置，在其输入输出的不同阶段需要采用不同的坐标系，在 AutoCAD 二维绘图中常用的坐标系为世界坐标系（World Coordinate System，WCS）。用户坐标系（UCS）是由用户创建的以笛卡儿坐标系为基础的坐标系。新建图形中，未经修改过的默认的用户坐标系（UCS）与世界坐标系（WCS）重合。从坐标系的种类来说，主要分为笛卡儿坐标和极坐标。

直角坐标系是绘制工程图中最常用的基本坐标系，也称为笛卡儿坐标系。用极径和夹角来表示任一点位置的坐标系称为极坐标系。平面直角坐标系中任一点 P(x, y) 的极坐标形式为 P(ρ, θ)。

在 AutoCAD 中绘制工程图，可以按工程形体的实际尺寸来绘图，也可以按一定的比例来绘图，这些都是通过在 AutoCAD 的绘图命令提示下给出点的位置来实现的。

2.2 数据的输入方式

在 AutoCAD 中绘图或编辑图形时，系统常提示用户输入一个点。根据绘图时情况不同，点分为起始点、基点、位移点、中心点和终点等，并且有时要求用户精确输入一个特殊位置点。

1. 用键盘输入点坐标

用键盘输入坐标时可分为绝对坐标和相对坐标，也可分为绝对直角坐标、相对直角坐标、相对极坐标。

二维空间常用坐标输入方法如下：

1）绝对直角坐标。相对于原点 (0, 0) 的 X、Y 坐标，坐标之间用逗号隔开，如 (5, 5)。

2）相对直角坐标。相对于前一点的坐标增量 ΔX、ΔY，在坐标前面加 @。如 @ ΔX, ΔY。

3）相对极坐标。相对于前一点的距离和角度（L，α），距离和角度之间用"＜"隔开。如@L＜α。

如图 2-1 所示，A 点的绝对坐标为（10，20），B 点对于 A 点的相对坐标为@ 30，0，C 点对于 B 点的相对极坐标为 @ 10＜150。

2. 用对象捕捉方式

对象捕捉是将指定点限制在现有对象的确切位置上，如线段的端点、中点或交点等。利用对象捕捉可以迅速定位对象上的精确位置，而不必知道坐标。

如果打开对象捕捉功能，只要将鼠标移到捕捉点上，AutoCAD就会显示标记和工具栏提示，此功能提供了视觉提示。

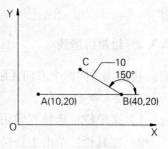

图 2-1　点坐标输入示例

2.3　绘制直线和构造线

在 AutoCAD 中，用户可以绘制各种形式的直线对象，如线段、射线、构造线等。

2.3.1　用 Line 命令绘制直线

1. 输入命令

可以采用下列方法之一：

1）菜单栏：选择"常用"→"绘图"→"直线"命令。

2）工具栏：单击工具栏中的 /̱ 按钮。

3）命令行：Line 或 L。

2. 命令的操作

命令：Line

执行 Line 命令后，命令行依次提示如下信息：

指定第一点：<u>用鼠标确定起始点 1</u>

指定下一点或［放弃（U）］：<u>用间接距离给定第 2 点</u>

指定下一点或［闭合（C）/放弃（U）］：<u>用相对直角坐标给定第 3 点</u>

指定下一点或［闭合（C）/放弃（U）］：<u>按＜Enter＞键结束命令</u>

上述命令操作完成，效果如图 2-2 所示。若在最后一次出现提示行，"指定下一点或［闭合（C）/放弃（U）］："时，选择"C"项，则图形首尾封闭并结束命令，效果如图 2-3 所示。

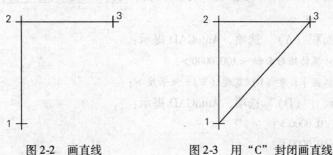

图 2-2　画直线　　　　图 2-3　用"C"封闭画直线

用户可以通过鼠标或键盘来决定线段的起点和终点。AutoCAD 允许以上一条线段的终点为起点，另外确定点为终点，这样一直作下去，只有按 <Enter> 键或 <ESC> 键，才能终止命令。

2.3.2 绘制构造线

构造线是向两个方向无限延长的直线。构造线一般用作绘图的辅助线。

1. 输入命令

1）菜单栏：选择"常用"→"绘图"→"构造线"命令。

2）工具栏：单击工具栏中的 按钮。

3）命令行：Xline。

2. 命令操作

命令：Xline

执行命令后，命令行显示如下提示信息：

指定点或［水平（H)/垂直（V)/角度（A)/二等分（B)/偏移（O)］：

按提示执行操作后，AutoCAD 绘出满足条件的构造线。

2.4 绘制矩形

该功能可以绘制矩形，并可以绘制倒角和圆角。该功能绘制出的矩形为封闭的单一实体。

1. 输入命令

1）菜单栏：选择"常用"→"绘图"→"矩形"命令。

2）工具栏：单击工具栏中的 按钮。

3）命令行：Rectang。

2. 命令操作

命令：Rectang

执行命令后，命令行显示如下提示信息：

指定第一角点或［倒角（C)/标高（E)/圆角（F)/厚度（T)/宽度（W)］：用鼠标指定矩形第 1 个对角点

指定另一个角点或［面积（A)/尺寸（D)/旋转（R)］：用鼠标指定矩形第 2 个对角点

3. 选项说明

1）若执行"面积（A)"选项，AutoCAD 提示：

输入以当前单位计算的矩形面积 <100.0000>：

计算矩形标注时依据［长度（L)/宽度（W)］<长度>：

2）若执行"尺寸（D)"选项，AutoCAD 提示：

指定矩形的长度 <0.0000>：

指定矩形的宽度 <0.0000>：

按提示输入矩形的长度和宽度后，AutoCAD 将绘出指定长宽的矩形。

2.5 绘制正多边形

在 AutoCAD 中可以精确绘制边数为 3 ~ 1024 的正多边形，并提供了边长、内接圆、外切圆 3 种绘制方式。该功能绘制的正多边形是封闭的单一实体。

2.5.1 边长方式

1. 输入命令

1) 菜单栏：选择"常用"→"绘图"→"正多边形"命令。

2) 工具栏：单击工具栏中的 ⬠ 按钮。

3) 命令行：Polygon。

2. 命令操作

命令：Polygon

执行命令后，命令行显示如下提示信息：

输入边的数目 <4>：5

指定正多边形的中心点或 [边（E）]：E

指定边的第一个端点：输入边的第一个端点1

指定边的第二个端点：输入边的第一个端点2

操作完成。

2.5.2 内接圆方式

1. 输入命令

1) 菜单栏：选择"常用"→"绘图"→"正多边形"命令。

2) 工具栏：单击工具栏中的 ⬠ 按钮。

3) 命令行：Ploygon。

2. 命令操作

命令：Polygon

执行命令后，命令行显示如下提示信息：

输入边的数目 <4>：5

指定正多边形的中心点或 [边（E）]：指定多边形的中心点

输入选项 [内接于圆（I）/外切于圆（C）] <I>：直接按 <Enter> 键

指定圆的半径：20

操作完成。

2.5.3 外切圆方式

1. 输入命令

1) 菜单栏：选择"常用"→"绘图"→"正多边形"命令。

2) 工具栏：单击工具栏中的 ⬠ 按钮。

3) 命令行：Polygon。

2. 命令操作

命令：Polygon

输入边的数目 <4>：5

指定正多边形的中心点或 [边 (E)]：指定多边形的中心点

输入选项 [内接于圆 (I)/外切于圆 (C)] <I>：C

指定圆的半径：20

操作完成。

2.6　绘制圆、圆弧

AutoCAD 提供了强大的曲线绘制功能。利用该功能，用户可以方便地绘制圆、圆弧等图形对象。

2.6.1　用 Circle 命令绘制圆

1. 功能

该命令按指定的方式画圆，AutoCAD 提供了以下几种画圆的方式：

1）给定圆心、半径 (R) 画圆。

2）给定圆心、直径 (D) 画圆。

3）给定圆上两点 (2P) 画圆。

4）给定圆上三点 (3P) 画圆。

5）选定两个相切目标并给出半径 (T) 画公切圆。

6）选定三个相切画圆。

2. 输入命令

1）菜单栏：选择"绘图"→"圆"命令。

2）工具栏：单击工具栏中的 按钮。

3）命令行：C。

3. 命令操作

命令：C

命令行显示如下提示信息：

指定圆的圆心或 [三点 (3P)/两点 (2P)/相切、相切、半径 (T)]：

该提示信息中各选项意义如下：

（1）指定圆的圆心　根据圆心位置和圆的半径绘图，为默认项。确定圆的圆心位置后，AutoCAD 提示：

指定圆的半径或 [直径 (D)]：

若在此提示下直接输入值，AutoCAD 绘出以给定点为圆心，以输入值为半径的圆。此外，也可以通过 [直径 (D)] 选项绘制指定圆心位置和直径的圆。

通过选择"绘图"→"圆"→"圆心、半径"或"绘图"→"圆"→"圆心、直径"命令也可以实现上面的操作。

（2）三点 (3P)　绘制通过圆周上指定三点的圆。执行该选项，AutoCAD 依次提示：

指定圆上的第一个点：<u>指定圆上第 1 点</u>

指定圆上的第二个点：<u>指定圆上第 2 点</u>

指定圆上的第三个点：<u>指定圆上第 3 点</u>

完成操作，效果如图 2-4 所示。

（3）两点（2P）　绘制通过指定两点，且以这两点间的距离为直径的圆。执行该选项，AutoCAD 依次提示：

指定圆直径的第一个端点：

指定圆直径的第二个端点：

根据提示确定两点后，AutoCAD 将绘出通过这两点，且这两点间的距离为直径的圆。

（4）两点相切、半径（T）定值　绘制与两对象（点）相切，且半径为给定值的圆。执行该选项，AutoCAD 依次提示：

指定对象与圆的第一个切点：<u>点取对象 1 上一点</u>

指定对象与圆的第二个切点：<u>点取对象 2 上一点</u>

指定圆的半径：<u>10</u>

依次执行操作，即确定要相切的两点和圆半径后，AutoCAD 绘出相应的圆，如图 2-5 所示。

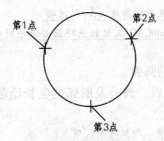
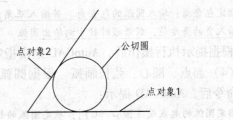

图 2-4　三点方式画圆　　　　图 2-5　T 方式画圆

此外，选择"绘图"→"圆"→"相切、相切、相切"命令还可以绘出与三个对象相切的圆。执行该命令后，AutoCAD 依次提示：

指定圆上的第一点：

指定圆上的第二点：

指定圆上的第三点：

按提示执行操作后，AutoCAD 绘出与指定的三个对象相切的圆。

2.6.2　绘制圆弧

选择"常用"→"绘图"→"圆弧"命令中的子命令、在命令行中输入 Arc 命令或在"绘图"工具栏中单击 ⌒ 按钮，可以绘制圆弧。AutoCAD 提供了以下几种绘制圆弧的方法：

（1）三点画弧　根据圆弧的起始点、圆弧上任意一点及圆弧的终止点位置绘制圆弧。执行 Arc 命令后，AutoCAD 会提示：

指定圆弧的起点或 [圆心（C）]：<u>确定圆弧的起始点位置，即执行默认项</u>

指定圆弧的第二点或 [圆心（C）/端点（E）]：<u>确定圆弧上的任一点，即执行默认项</u>

指定圆弧的端点：<u>确定圆弧的终止点位置</u>

　　根据提示执行操作后，AutoCAD 绘出给定三点确定的圆弧。

　　选择"常用"→"绘图"→"圆弧"→"三点"命令也可以实现上述操作结果。

　　（2）起点、圆心、终点画弧　根据圆弧的起始点、圆心及终止点位置绘制圆弧。执行 Arc 命令后，AutoCAD 提示：

　　指定圆弧的起点或［圆心（C)]：*确定圆弧的起始点位置，即执行默认项*

　　指定圆弧的第二点或［圆心（C)/端点（E)]：*键入 C，执行"圆心（C)"选项*

　　指定圆弧的圆心：*确定圆弧的圆心位置*

　　指定圆弧的端点或［角度（A)/弦长（L)]：*确定圆弧的终止点位置，即执行默认项*

　　根据提示执行操作后，AutoCAD 绘出指定条件的圆弧。

　　选择"常用"→"绘图"→"圆弧"→"起点、圆心、端点"命令，也可实现上述操作。

　　（3）起点、圆心、角度画弧　根据圆弧的起始点、圆心及圆弧的包含角（圆心角）绘制圆弧。执行 Arc 命令后，AutoCAD 提示：

　　指定圆弧的起点或［圆心（C)]：*确定圆弧的起始点位置，即执行默认项*

　　指定圆弧的第二个点或［圆心（C)/端点（E)]：*键入 C，执行"圆心（C)"选项*

　　指定圆弧的圆心：*确定圆弧的圆心位置*

　　指定圆弧的端点或［角度（A)/弦长（L)]：*键入 A，执行"角度（A)"选项*

　　指定包含角：*输入圆弧的包含角。若输入正角度值，AutoCAD 从起始点绕圆心沿逆时针方向绘圆弧。如果输入负的角度值，则沿顺时针方向绘出圆弧*

　　根据提示执行操作后，AutoCAD 绘出指定条件的圆弧。

　　（4）起点、圆心、弦长画弧　根据圆弧的起始点、圆心及圆弧的弦长绘制圆弧。执行 Arc 命令后，AutoCAD 提示：

　　指定圆弧的起点或［圆心（C)]：*确定圆弧的起始点位置，即执行默认项*

　　指定圆弧的第二点或［圆心（C)/端点（E)]：*键入 C，执行"圆心（C)"选项*

　　指定圆弧的圆心：*确定圆弧的圆心位置*

　　指定圆弧的圆心或［角度（A)/弦长（L)]：*键入 L，执行"弦长（L)"选项*

　　指定弦长：*输入圆弧的弦长*

　　根据提示执行操作后，AutoCAD 绘出指定条件的圆弧

　　（5）起点、终点、角度画弧　根据圆弧的起点、终点及圆弧的包含角绘制圆弧。执行 Arc 命令后，AutoCAD 提示：

　　指定圆弧的起点或［圆心（C)]：*确定圆弧的起始点位置，即执行默认项*

　　指定圆弧的第二点或［圆心（C)/端点（E)]：*键入 E，执行"端点（E)"选项*

　　指定圆弧的端点：*确定圆弧的终止位置*

　　指定圆弧的圆心或［角度（A)/方向（D)/半径（R)]：*键入 A，执行"角度（A)"选项*

　　指定包含角：*确定圆弧的包含角*

　　根据提示执行操作后，AutoCAD 绘出指定条件的圆弧

　　（6）起点、终点、方向画弧　根据圆弧的起点、终止点及圆弧在起始点处的切线方向绘制圆弧。执行 Arc 命令后，AutoCAD 提示：

　　指定圆弧的起点或［圆心（C)]：*确定圆弧的起始点位置，即执行默认项*

　　指定圆弧的第二点或［圆心（C)/端点（E)]：*键入 E，执行"端点（E)"选项*

　　指定圆弧的端点：*确定圆弧的终止位置*

指定圆弧的圆心或 [角度 (A)/方向 (D)/半径 (R)]：键入 D，执行 "方向 (D)" 选项

指定圆弧的起点切向方向：指定切线的方向点

（7）起点、终点、半径画弧　根据圆弧的起点、终点及圆弧的半径绘制圆弧。执行 Arc 命令后，AutoCAD 提示：

指定圆弧的起点或 [圆心 (c)]：确定圆弧的起始点位置，即执行默认项

指定圆弧的第二点或 [圆心 (c)/端点 (E)]：键入 E，执行 "端点 (E)" 选项

指定圆弧的端点：确定圆弧的终止位置

指定圆弧的圆心或 [角度 (A)/方向 (D)/半径 (R)]：键入 R，执行 "半径 (R)" 选项

指定圆弧的半径：输入半径值

（8）绘制连续圆弧　若执行 Arc 命令后在 "指定圆弧的起点或 [圆心 (C)]：" 提示下直接按 <Enter> 键，AutoCAD 会以最后一次绘线或绘圆弧过程中确定的最后一点作为新的圆弧起点，以最后所绘线方向或所绘圆弧终点的切线方向为新圆弧在起始点处的切线方向绘圆弧，同时提示：

指定圆弧的端点：

在此提示下指定圆弧的端点后，AutoCAD 就会绘出相应的圆弧。

2.7　绘制与编辑多线

多线是一种由多条平行线组成的组合对象，如图 2-6 所示，平行线之间的间距和数目是可以调整的。多线常用于绘制建筑图中的墙体等平行线。

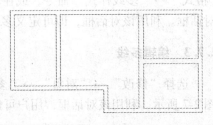

图 2-6　多线示例

2.7.1　绘制多线

1. 命令操作

命令：Mline

命令行显示如下提示信息：

当前设置：对正 = 上，比例 = 20.00，样式 = Standard

指定起点或 [对正 (J)/比例 (S)/样式 (ST)]：指定起点 1

指定下一点：指定点 2

指定下一点或 [放弃 (U)]：指定点 3

指定下一点或 [闭合 (C)/ [放弃 (U)]：指定点 4

指定下一点或 [闭合 (C)/ [放弃 (U)]：按 <Enter> 键，结束命令

操作命令结束。

2. 选项说明

在该提示信息中，第一行说明当前的绘图格式：对正方式为上，比例为 20.00，多线样式为标准型 (Standard)；第二行为绘制多线时的选项，各选项意义如下：

（1）对正　确定绘制多线时的对正方式，即多线上的哪条线将随光标移动。执行该选项，AutoCAD 提示：

输入对正类型 [上 (T)/无 (Z)/下 (B)] 〈上〉：

各选项意义如下：

上（T）：该选项表示当从左向右绘制多线时，多线上位于最顶端的线将随着光标进行移动。

无（Z）：该选项表示绘制多线时，多线的中心线将随着光标点移动。

下（B）：该选项表示当从左向右绘制多线时，多线上最底端的线将随着光标进行移动。

（2）比例（S）　确定多线的宽度，比例越大则多线越宽。比例不影响线型。执行该选项时，AutoCAD 提示：

　　输入多线比例：输入新比例因子值即可

（3）样式（ST）　确定绘制多线时采用的多线样式，默认样式为标准（Standard）型。执行该选项，AutoCAD 提示：

　　输入多线样式名或［?］：可直接输入已有的多线样式名，也可以输入? 来显示已有的多线样式。用户可以根据需要定义多线样式

2.7.2　定义多线样式

多线样式是可以定义的，用户可以根据需要定义不同的线数目和弦的拐角方向等。选择"格式"→"多线样式"命令，或在命令行输入 Mlstyle 命令，AutoCAD 将弹出"多线样式"对话框。利用该对话框，即可定义多线样式。

2.7.3　编辑多线

选择"修改"→"对象"→"多线"命令，系统将打开"多线编辑工具"对话框，如图 2-7 所示。利用该对话框，用户可以编辑多种多线。

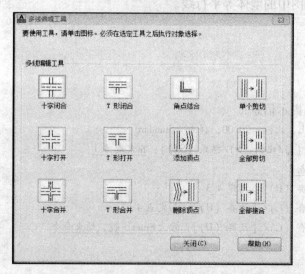

图 2-7　"多线编辑工具"对话框

2.8　绘制与编辑多段线

多段线是一种非常有用的线段对象，它是由多段直线或圆弧组成的一个组合体，如

图 2-8 所示。这些直线或圆弧既可以一起编辑，也可以分别编辑，还可以具有不同的宽度。它可以绘制出不同宽度、厚度、标高和线型的直线与圆弧、渐尖的直线等。它是一种对象类型。在复杂图形中突出表现某对象的最好方法之一，就是改变线的宽度。多段线有一些独特的优点。当使用 Line 命令绘制线时，每条线段都是一个独立的对象。可以使用多段线绘制不规则形状的对象，而每条线都是整个对象的一部分。

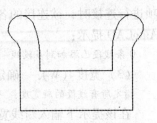

图 2-8　多段线应用示例

2.8.1　绘制二维多段线

选择"常用"→"绘图"→"多段线"命令，在命令行中输入 Pline 命令或在"绘图"工具栏中单击"多段线"按钮，可以绘制多段线。执行 Pline 命令后，命令行显示如下提示信息：

指定起点：确定多段线的起始点
当前线宽为 0.0000
指定一下点或 ［圆弧（A）/半宽（H）/长度（L）/放弃（U）/宽度（W）］：

上面提示中的第 2 行说明当前绘图宽度为 0.0000（该值为上次执行 Pline 命令后设定的宽度值）。如果在该提示下再确定一点，即执行"指定下一个点"选项，AutoCAD 绘出连接两点的多段线，同时给出提示：

指定下一点 ［圆弧（A）/闭合（C）/半宽（H）/长度（L）/放弃（U）/宽度（W）］：

该提示比前述提示多了"闭合（C）"选项。用户依次响应即可。

2.8.2　编辑多段线

用户可以对多段线进行各种形式的编辑，既可以编辑一条多段线，也可以同时编辑多条多段线。选择"常用"→"绘图"→"多段线"命令、在工具栏中单击"编辑多段线"按钮或在命令行中输入 Pedit 命令，即可编辑多段线。

执行 Pedit 命令后，命令行中显示如下提示信息：

选择多段线或 ［多条（M）］：

在该提示下选取要编辑的多段线，即执行"选择多段线"默认项，AutoCAD 提示：

输入选项 ［闭合（C）/合并（J）/宽度（W）/编辑顶点（E）/拟合（F）/样条曲线（S）/非曲线化（D）/线型生成（L）/放弃（U）］：

各选项含义如下：

（1）闭合（C）　执行该选项，AutoCAD 会封闭所编辑的多段线，然后提示：

输入选项 ［打开（O）/合并（J）/宽度（W）/编辑顶点（E）/拟合（F）/样条曲线（S）/非曲线化（D）/线型生成（L）/放弃（U）］：

即把"闭合（C）"项换成了"打开（O）"项。若此时执行"打开（O）"项，AutoCAD 会把多段线从封闭处打开，而提示中的"打开（O）"项又换成了"闭合（C）"。

（2）合并（J）　将线段、圆弧或多段线连接到指定的非闭合多段线上。执行该选项，AutoCAD 提示：

选择对象：

在此提示下选取各对象后，AutoCAD 会将它们连成一条多段线。需注意的是，执行该选项进行连接时，欲连接的各相邻对象必须在形式上彼此已经首尾相连，否则在选取各对象后 AutoCAD 提示：

0 条线段已添加到多段线

（3）宽度（W）　确定所编辑多段线的新宽度。执行该选项，AutoCAD 提示：

指定所有线段的新宽度：

在该提示下输入新线宽值，多段线上的各线段均会变成该宽度。

（4）编辑顶点（E）　编辑多段线的顶点。执行该选项，AutoCAD 提示：

输入顶点编辑选项

[下一个（N）/上一个（P）/打断（B）/插入（I）/移动（M）/重生成（R）/拉直（S）/切向（T）/宽度（W）/退出（X）] <N>：

该提示中各选项含义如下：

1）下一个（N）/上一个（P）。执行"编辑顶点（E）"选项进入编辑多段线顶点操作后，AutoCAD 在屏幕上用小叉标记出多段线的当前编辑点，且以第一个顶点作为当前编辑的顶点。执行"下一个（N）"选项，AutoCAD 把此标记移到多段线的下一个顶点，而执行"上一个（P）"选项，AutoCAD 把标记移到多段线的前一个顶点，这样可改变当前的编辑点。

2）打断（B）。删除多段线上指定两顶点之间的线段。执行该选项，AutoCAD 把当前的编辑顶点作为第一断点，提示：

输入选项 [下一个（N）/上一个（P）/转至（G）/退出（X）] <N>：

其中"下一个（N）"和"上一个（P）"选项分别使编辑顶点后移或前移，以确定第二断点；"转至（G）"选项执行对位于第一断点到第二断点之间的多段线的删除操作，而后返回到上一级提示；"退出（X）"选项则退出"打断（B）"操作，然后返回上一级提示。

3）插入（I）。在当前编辑的顶点后面插入一个新顶点。执行该选项，AutoCAD 提示：

指定新顶点的位置：确定新顶点的位置即可

4）移动（M）。将当前的编辑顶点移动到新位置。执行该选项，AutoCAD 提示：

指定标记顶点的新位置：确定新位置即可

5）重生成（R）。该选项用来重新生成多段线。

6）拉直（S）。拉直多段线中位于指定两顶点之间的线段，即用连接这两点的直线代替原来的折线。执行该选项，AutoCAD 把当前的编辑顶点作为第一拉直端点，并给出如下提示：

输入选项 [下一个（N）/上一个（P）/转至（G）/退出（X）] <N>：

其中"下一个（N）"和"上一个（P）"选项分别用于确定第二拉直点；"转至（G）"选项执行对位于两顶点之间的线段的拉直，即用一条直线代替它们，而后返回到上一级提示；"退出（X）"选项表示退出"拉直（S）"操作，返回到上一级提示。

7）切向（T）。改变当前所编辑顶点的切线方向，该功能主要用于确定对多线进行曲线拟合时的拟合方向。执行该选项，AutoCAD 提示：

指定顶点切向：

用户可以直接输入表示切向方向的角度值，也可以确定一点。确定一点后，AutoCAD 以多段线上的当前点与该点的连线方向作为切线方向。确定顶点的切线方向后，AutoCAD 用箭头表示出其方向。

8）宽度（W）。改变多段线中位于当前编辑顶点之后的那一条线段的起始宽度和终止宽度。执行该选项，AutoCAD 依次提示：

指定下一条线段的起点宽度：

指定下一条线段的端点宽度：

按提示输入起点和终点的宽度后，屏幕上对应的图形会发生相应改变。

9）退出（X）。退出"编辑顶点（E）"操作，返回到执行 Pedit 命令后提示。

（5）拟合（F）　用于创建平滑曲线，它由连接各顶点的弧线段组成，且曲线通过多段线的所有顶点并使用指定的切线方向。图 2-9 所示为用曲线拟合多段线的前后效果；图 2-10 所示为用样条曲线拟合多段线的前后效果。

 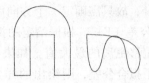

图 2-9　用曲线拟合多段线前后效果　　　　图 2-10　用样条曲线拟合多段线前后效果

2.9　绘制与编辑样条曲线

样条曲线是一种通过或接近指定点的拟合曲线。在 AutoCAD 中，样条曲线的类型是非均匀有理 B 样条（Nurbs）。这种类型的曲线适于表达具有规则变化曲率半径的曲线。

2.9.1　绘制样条曲线

选择"常用"→"绘图"→"样条曲线"命令，在命令行输入 Spline 命令或在"绘图"工具栏中单击"样条曲线"按钮，可以方便地绘制样条曲线。执行 Spline 命令后，命令行显示如下提示信息：

指定第一点或 [对象（O）]：

指定第一个点是指确定样条曲线上的第一个点，为默认项。执行该选项后，AutoCAD 提示：

指定下一点：

在该提示下确定样条曲线上的另一点后，AutoCAD 提示：

指定下一点或 [闭合（C）/拟合公差（F）] <起点切向>：

该提示中各选项意义如下：

（1）指定下一点　继续确定点来绘制样条曲线。指定点后，AutoCAD 继续提示"指定下一点或 [闭合（C）/拟合公差（F）] <起点切向>："。用户可在这样的提示下确定样条曲线上的一系列点。确定完毕后在提示下按 < Enter > 键，即执行该提示中的"起点切向"选项，此时 AutoCAD 提示：

指定起点切向：

该提示要求用户确定样条曲线在起始点处的切线方向，且在起始点与当前光标点之间出现一根橡皮筋线，用来表示样条曲线在起始点处的切线方向。此时，用户既可以直接在该提示下输入表示切线方向的角度值，也可以通过单击鼠标来确定起点切向。如果在"指定起点切向"提示下拖动鼠标,则样条曲线起始点切线方向的橡皮筋线也会随着光标点的移动发生变化,同时样条曲线的形状也发生相应的变化。

确定样条曲线在起始点处的切线方向后,AutoCAD 提示:

指定终点切向:

在该提示下用上述方法确定样条曲线终点处的切线方向后,AutoCAD 将绘出样条曲线。

(2)闭合（C）　闭合样条曲线。执行该选项,将使样条曲线封闭,此时 AutoCAD 提示:

指定切向:

该提示要求确定样条曲线在起始点（也是终止点）处的切线方向。因样条曲线的起始点与终止点重合,故只需确定一个方向后,即可绘出指定条件的封闭样条曲线。

(3)拟合公差（F）　根据给定的拟合公差绘制样条曲线。拟合公差指样条曲线与输入点之间所允许偏移距离的最大值。如果拟合公差为 0,则绘出的样条曲线均通过各个输入点。如果给出了拟合公差,则绘出的样条曲线不都通过各个输入点（但总是过起始点与终止点）。这种方法特别适用于拟合点较多的情况。

2.9.2　编辑样条曲线

在命令行输入 Splinedit 命令,可以编辑样条曲线,样条曲线编辑命令是一个单对象编辑命令,用户一次只能编辑一个样条曲线对象,执行 Splinedit 命令后,AutoCAD 提示:

选择样条曲线:

选择需要编辑的样条曲线后,在样条曲线周围将显示控制点,同时命令行显示如下提示信息:

输入选项 [拟合数据（F)/闭合（C)/移动顶点（M)/精度（R)/反转（E)/放弃（U)]:

如果选中的样条曲线是闭合的,AutoCAD 用"打开（O)"选项代替"闭合（C)"选项。

2.10　图案填充

在 AutoCAD 中,图案填充是指用图案去填充图形中的某个区域,以表达该区域的特征。图案填充的应用非常广泛。

2.10.1　图案填充与渐变色

1.图案填充

选择"常用"→"绘图"→"图案填充"命令,在命令行输入"Bhatch"命令或在"绘图"工具栏中单击"图案填充" ⬚ 按钮,可打开"图案填充"选项板,如图 2-11 所示。

图 2-11　"图案填充"选项板

利用该选项板,用户可以设置图案填充时的图案特性、填充边界以及填充方式等。单击右下角的箭头按钮,还可以弹出"图案填充"选项卡,如图 2-12 所示。

"图案填充"选项卡用来设置与填充图案有关的参数,主要功能如下:

(1)"边界"下拉列表　填充边界是用于确定图案的填充范围,其中"拾取点"是根据指定点形成封闭区域的现有对象确定图案边界。"选择"对象,可以在图形绘制完成后选择要填充的区域,进行填充。添加选择的对象可以是直线、圆、多段线等构成的封闭曲线。

(2)"图案"下拉列表　"图案"下拉列表框用于确定具体的填充图案。用户可以从"图案"下拉列表框中选择填充图案的样式。

(3)"特性"下拉列表　用于确定用户自定义的填充图案。只有通过"图案填充类型"下拉列表框选用"自定义"填充图案类型时,该下拉列表框才有效,用户即可通过该下拉列表框选择

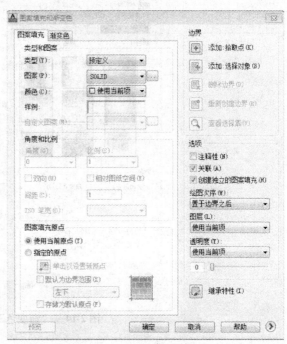

图 2-12　"图案填充"选项卡

自定义的填充图案;"图案填充颜色"用于填充实体和填充图案指定的颜色;"图案填充背景色"是指定填充图案的背景色;"图案填充透明度"是显示图案填充的透明值;"图案填充角度"用于确定填充图案的旋转角度。每种图案在定义时的旋转角度为零。用户既可在"图案填充角度"文本框内输入图案填充时要旋转的角度,也可以从该下拉列表框中进行选择。"图案填充比例"用于确定填充图案时的图案比例,每种图案在定义时的初始比例为 1。用户既可在"比例"文本框内输入比例值,也可以从该下拉列表框进行选择。

2. 渐变色

选择"常用"→"绘图"→"渐变色"命令,可打开"渐变色"选项板,如图 2-13 所示。渐变色填充可以在指定的区域里填充单色或者双色渐变的颜色。也可在"渐变色"选项卡中定义要应用的渐变填充的外观,如图 2-14 所示。

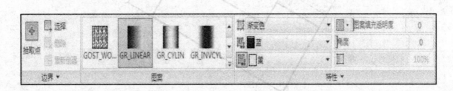

图 2-13　"渐变色"选项板

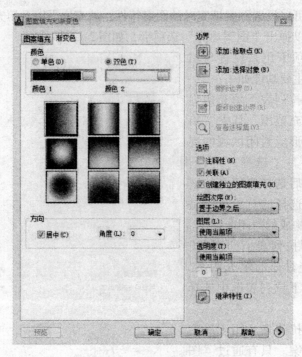

图 2-14　"渐变色"选项卡

本 章 小 结

本章对 AutoCAD 中基本图形元素的绘制方法进行了详细的介绍，读者可以运用已学知识绘制简单的图形，有利于尽快掌握 AutoCAD 的基本操作技能。

复 习 题

1. 绘制图 2-15 所示的倾斜水槽。

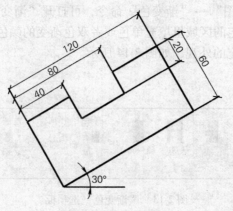

图 2-15　倾斜水槽

2. 用 Line、Arc 等命令完成图 2-16 所示图形。

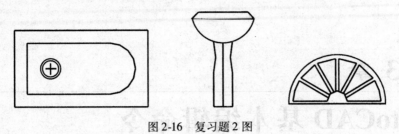

图 2-16　复习题 2 图

3. 绘制图 2-17 所示的楼梯的平面图。

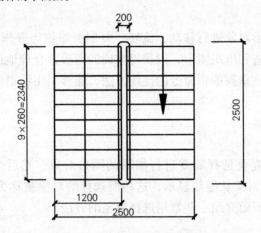

图 2-17　二层楼梯台阶平面图

分析与提示：楼梯中间是一个带倒角的矩形，可以使用矩形命令一次画出；每个踏步的长为 1200mm，宽为 260mm，可用矩形命令一级一级画出，也可以画出一级踏步后用阵列命令复制得到其他踏步。而用多线命令所画的箭头部分，是一个起始宽度和终止宽度不等的线段，其起始宽度为 120mm，终止宽度为 0。

3

第 3 章

AutoCAD 基本编辑命令

图形编辑就是对图形对象进行移动、旋转、复制、缩放等操作。强大的图形编辑功能，可以帮助用户合理地构造和组织图形，以获得准确的图形，合理地运用编辑命令可以极大地提高绘图效率。用户应该掌握编辑命令的使用方法，能够利用编辑命令制作复杂的图形。

3.1　选择对象

在图形编辑前，首先要选择需要进行编辑的图形对象，然后才能对其进行编辑加工。Auto CAD 会将所选择的对象从虚线显示，这些所选择的对象被称为选择集。系统提供了多种构造选择集的方法，下面介绍一些常用选择对象的方法。

1. 直接点取选择

这是一种默认选择方式，提示"选择对象"时，移动光标，当光标压住所选择的对象后，单击鼠标左键，该对象变为虚线显示，表示被选中。可以连续选择其他对象。

2. 全部选择

选取当前图形中的所有对象，如图 3-1 所示。

3. 矩形窗口选择

（1）鼠标从左向右确定矩形　用户在图形元素的左上角（或左下角）单击一点，然后向右拖动鼠标，会显示一个实线矩形窗口，让此窗口完全包含要编辑的图形实体，再单击一点，则矩形窗口中所有对象（不包括与矩形边相交的对象）被选中，被选中的对象将以虚线形式表示出来，如图 3-2 所示。

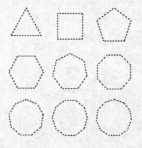

图 3-1　全部选择示例图

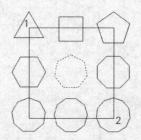

图 3-2　矩形选择窗口（从左向右）

（2）鼠标从右向左确定矩形　在要编辑的图形元素右上角（或右下角）单击一点，然后向左拖动光标，此时出现一个虚线矩形框，使该矩形框包含被编辑对象的一部分，而让其余部分与矩形框边相交，再单击一点，则框内的对象和与框边相交的对象全部被选中，如图 3-3 所示。

4. 圈围

当提示"选择对象"时，输入"WP"命令后按 <Enter> 键，然后输入第一角点，第二角点……绘制出一个不规则的多边形窗口，即可选取完全在多边形窗中的对象，如图 3-4 所示。

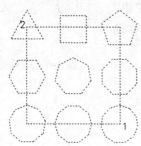
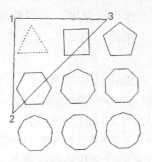

图 3-3　矩形选择窗口（从右向左）　　图 3-4　圈围窗口（WP）

5. 栏选

该方式可指定一个不封闭的多边形窗口，用来选取与窗口线相交的对象。当提示"选择对象"时，输入"F"命令后按 <Enter> 键，再按提示给出多边形窗口，确定后即选中与窗口线相交的实体，如图 3-5 所示。

6. 圈交

当提示"选择对象"时，输入"CP"命令后按 <Enter> 键，然后输入第一角点，第二角点……绘制出一个不规则的多边形窗口，即可选取完全与多边形窗相交的对象。

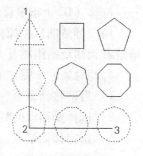

图 3-5　栏选窗口

7. 添加或删除对象

编辑过程中，用户构造选择集常常不能一次完成，需向选择集中添加或从选择集中删除对象。添加对象时，可直接选取或利用矩形窗口、交叉窗口选择要加入的图形元素（一个或多个）。要删除对象，可按住 <Shift> 键，再从选择集中选择要清除的图形元素。

3.2　常用编辑命令

1. 删除命令

该功能可以删除指定的对象，该命令的启动方法如下：

1）菜单栏：选择"常用"→"修改"→✍ 按钮。

2）工具栏：单击"修改"工具栏（通过视图菜单工具栏添加"修改"工具栏），选择"删除"按钮 ✍。

3）命令行：Delete 或 E。

删除命令的步骤如下：

1）启动删除命令。

2）选取删除对象。

3）按＜Enter＞键确认。

例子：用删除命令删除图 3-6a 中圆形，结果如图 3-6b 所示。

2. 移动

移动图形实体的命令是 Move，该命令可以在二维或三维空间中使用，移动命令启动的方法如下：

1）菜单栏：选择"常用"→"修改"→ ✛ 按钮。

2）工具栏：单击"修改"工具栏，选择"移动"按钮 ✛ 。

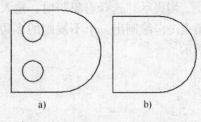

a) 　　　　　　 b)

图 3-6　用 Delete 命令删除图形

3）命令行：Move 或简写 M。

启动命令后，命令行提示如下信息：

指定基点或［位移（D）］＜位移＞：

指定第二个点或＜使用第一个点作为位移＞：

以上各项提示的含义和功能说明如下：

基点：指定移动对象的开始点，移动对象距离和方向的计算会以开始点为基准。

位移（D）：指定移动距离和方向的 X，Y，Z 值。

用户可借助目标捕捉功能来确定移动的位置，移动对象最好是将"极轴"打开，可以清楚看到移动的距离及方位。

移动对象的步骤如下：

1）启动移动命令。

2）选择要移动的对象。

3）指定移动基点。

4）指定第二点。

例子：用 Move 命令将图 3-7a 中上面三个圆向上移动一定的距离，如图 3-7b 所示。

3. 旋转

使用 Rotate 命令可以旋转图形对象，该命令的启动方法如下：

1）菜单栏：选择"常用"→"修改"→ ◔ 按钮。

2）工具栏：单击"修改"工具栏，选择"旋转"按钮 ◔ 。

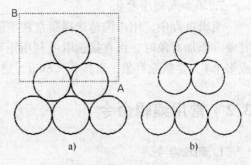

a) 　　　　　　 b)

图 3-7　用 Move 命令移动

3）命令行：Rotate 或简写 RO。

启动命令后，命令行提示如下信息：

指定基点：

指定旋转角度或［复制（C）参照（R）］：

以上各项提示的含义和功能说明如下：

旋转角度：指定对象绕指定点旋转的角度，旋转轴通过指定的基点，并且平行于当前用户坐标系的 Z 轴，旋转角大于 0°时，逆时针旋转；旋转角小于 0°时，顺时针旋转。

复制（C）：在旋转对象的同时创建对象的旋转副本。

参照（R）：将对象从指定的角度旋转到新的绝对角度。

旋转命令的步骤：

1）启动旋转命令。

2）选择要旋转的对象。

3）指定旋转基点。

4）输入旋转角度。

例子：用 Rotate 命令旋转图形，如图 3-8 所示。

4. 复制

复制图形实体的命令是 Copy，该命令可以在二维或三维空间中使用。该命令的启动方法如下：

1）菜单栏：选择"常用"→"修改"→ 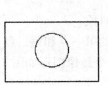 按钮。

2）工具栏：单击"修改"工具栏，选择"复制"按钮 。

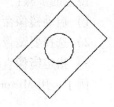

图 3-8 用 Rotate 命令旋转

3）命令行：Copy 或简写 CO。

启动命令后，命令行提示如下信息：

指定基点或 [位移（D）重复（M）]：

指定第二个点或 [阵列（A）] <使用第一个点作为位移>：

以上各项提示的含义和功能说明如下：

基点：通过基点和放置点来定义一个矢量，指定复制对象移动的距离和方向。

位移（D）：通过输入一个三维数值或指定一个点来指定对象副本在 X、Y、Z 轴的方向和位置。

模式（O）：控制复制的模式为单个或多个，确定是否自动重复该命令。

阵列（A）：输入要阵列的项目数，进行多个项目的复制。

复制的步骤如下：

只进行一次复制（默认选择项）：

1）启动复制命令。

2）选择要复制的对象。

3）指定基点和指定位移的第二点。

进行多次复制：

1）命令栏中输入复制命令。

2）选择要复制的对象。

3）输入 M（多个）。

4）指定基点和指定位移的第二点。

5）指定下一个位移点，继续插入，或按 <Enter> 键结束命令。

注意事项：Copy 命令支持对简单的单一对象（集）的复制，如直线、单行文字等，同时也支持对复杂对象（集）的复制，例如多行文字、组对象等。

例子：用 Copy 命令复制圆环，结果如图 3-9 所示。

5. 镜像

利用该功能，不必绘出整个对称图形，而是先绘出图形的一半，另一半用"镜像"命令来完成。这样不但保证了图形的对称性，也提高了绘图速度和准确性，该命令的启动方法如下：

1）菜单栏：选择"常用"→"修改"→⚼按钮。

2）工具栏：单击"修改"工具栏，选择"镜像"按钮⚼。

3）命令行：Mirror 或简写 MI。

镜像的步骤：

1）启动镜像命令。

2）选择要镜像的对象。

3）指定镜像直线的第一点和第二点。

例子：用 Mirror 命令镜像图形如图 3-10 所示。

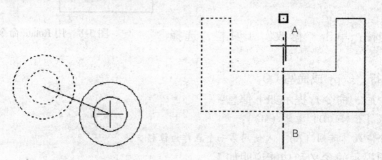

图 3-9　用 Copy 命令复制　　　　图 3-10　用 Mirror 命令镜像

注意事项：若选取的对象为文本，可配合系统变量 MIRRTEXT 来创建镜像文字。当 MIRRTEXT 的值为 1（开）时，文字对象将同其他对象一样被镜像处理。当 MIRRTEXT 的值为 0（关）时，创建的镜像文字对象方向不作改变。

6. 矩形阵列

矩形阵列是指将对象按行列方式进行排列。应确定矩形阵列创建对话框中阵列的行数、列数、行间距及列间距等，如果要沿倾斜方向生成矩形阵列，还应输入阵列的倾斜角度值，"阵列创建"选项板如图 3-11 所示，该命令的启动方法如下：

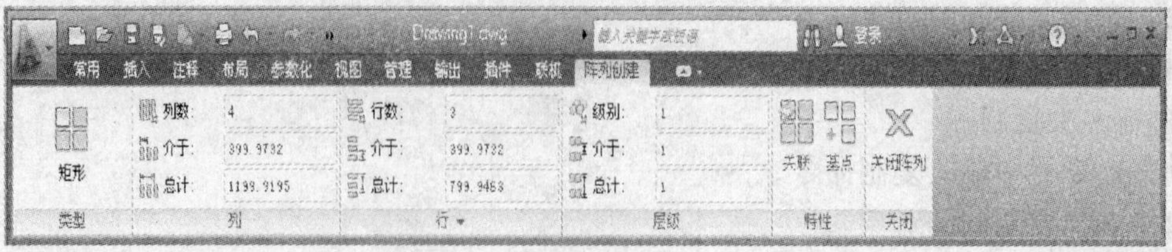

图 3-11　"阵列创建"选项板

1）菜单栏：选择"常用"→"修改"→▦按钮。

2）工具栏：单击"修改"工具栏，选择"矩形阵列"按钮▦。

3）命令行：ArrayRect 或简写 AR。

矩形阵列的步骤：

1）启动矩形阵列命令。

2）选择物体确定，将以默认的行列数形成阵列。

3）选择夹点以编辑阵列或"［关联（AS）/基点（B）/计数（COU）/间距（S）/列数（COL）/行数（R）/层数（L）/退出（X）］"。矩形阵列夹点编辑示例如图 3-12 所示。"基点（B）"指定单元形成阵列的起始点，"计数（COU）"指总的列数及行数，"间距（S）"指行间距及列间距，"列数（COL）"指阵列的列数值，"行数（R）"指阵列的行数值，"层数（L）"指阵列的层数。

图 3-12　矩形阵列夹点编辑示例

4）按 < Enter > 键确定。

说明：一般情况下，实体在阵列中一开始是在左下角位置，如果行间距为正数，则由原图向上排；如果列间距为正数，则由原图向右排；输入要绘制的项数包括被选中的实体本身在内。

7. 环形阵列

环形阵列是指把对象绕阵列中心等角度均匀分布，除了可以对单个对象进行阵列的操作，还可以对多个对象进行阵列的操作，在执行该命令时，系统会将多个对象视为一个整体对象来对待。环形阵列启动的方式如下：

1）菜单栏：选择"常用"→"修改"→按钮。

2）工具栏：单击"修改"工具栏，选择"环形阵列"按钮。

3）命令行：ArrayPolar。

环形阵列的步骤：

1）启动环形阵列命令。

2）选择物体后单击鼠标右键，将以默认的行数及项目数形成阵列。

3）选择夹点以编辑阵列或"［关联（AS）/基点（B）/项目（I）/项目间角度（A）/填充角度（F）/行（ROW）/层（L）/旋转项目（ROT）/退出（X）］"。环形阵列夹点编辑示例如图 3-13 所示。"基点（B）"指定单元形成阵列的起始点。"项目（I）"用于表示环形阵列的个数，其中包括原对象。"项目间角度（A）"指阵列项目之间的角度值，选项间角度值可以为 0°，但当选项间角度值为 0°时，将看不到阵列的任何效果。"填充角度（F）"用于表示环形阵列的圆心角，默认为 360°，阵列角度值不允许为 0°，输入正值，则以逆时针方向旋转，若为负值，则以顺时针方向旋转。"行数（L）"

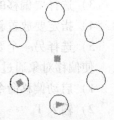

图 3-13　环形阵列夹点编辑示例

指阵列的行数。"旋转项目（ROT）"用于确定是否绕基点旋转阵列对象，默认为旋转阵列对象。

4）按 < Enter > 键确定。

8. 路径阵列

路径阵列是沿整个路径或部分路径平均分布对象副本。路径可以是直线、多段线、三维多段线、样条曲线、螺旋线、圆弧、圆或椭圆，路径阵列效果如图 3-14 所示。该命令的启动方法如下：

1）菜单栏：选择"常用"→"修改"→按钮。

2）工具栏：单击"修改"工具栏，选择"路径阵列"按钮。

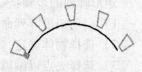

图 3-14 路径阵列效果

3）命令行：Arraypath。

9. 偏移命令

使用 Offset 命令可将对象偏移指定的距离，创建一个与原对象类似的新对象，对块物体不能执行偏移命令，鼠标拖动的方向就是偏移的方向。该命令的启动方法如下：

1）菜单栏：选择"常用"→"修改"→按钮。

2）工具栏：单击"修改"工具栏，选择"偏移"按钮。

3）命令行：Offset。

启动命令后，命令行提示如下信息：

指定偏移距离或 [通过 (T)/删除 (E)/图层 (L)] <通过>:

以上各项提示的含义和功能说明如下：

偏移距离：在距离选取对象的指定距离处创建选取对象的副本。

通过（T）：以指定点创建通过该点的偏移副本。

删除（E）：在创建偏移副本之后，删除或保留源对象。

图层（L）：控制偏移副本是创建在当前图层上还是源对象所在的图层上。

偏移步骤如下：使用 Offset 命令时，可以通过两种方式创建新线段，一种是输入平行线间的距离，另一种是指定新平行线通过的点。

输入平行线间的距离偏移对象的步骤：

1）启动偏移命令。

2）指定偏移距离。

3）选择要偏移的对象。

4）指定要放置新对象的一侧。

5）选择另一个要偏移的对象，或按 < Enter > 键结束命令。

使偏移对象通过一个点的步骤：

1）启动偏移命令。

2）输入 T。

3）选择要偏移的对象。

4）指定通过点。

5）选择另一个要偏移的对象或按 < Enter > 键结束命令。

例子：用 Offset 命令偏移一组同心圆，如图 3-15 所示。

10. 缩放（缩小或放大）

使用 Scale 命令可以将对象按指定的比例因子相对于基点放大或缩小，使用此命令时可以用下面两种方式缩

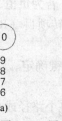

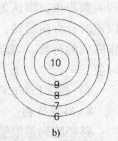

a)   b)

图 3-15 用 Offset 命令偏移对象

放对象。

1）选择缩放对象的基点，然后输入缩放比例因子。在缩放图形的过程中，缩放基点在屏幕上的位置将保持不变，它周围的图元将以此点为中心按给定的比例放大或缩小。

2）输入一个数值或拾取两点来指定一个参考长度（第一个数值），然后再输入新的数值或拾取另外一点（第二个数值），系统将计算两个数值的比率并以此比率作为缩放比例因子。当用户想将某一对象放大到特定尺寸时，就可以使用这种方法。

命令的启动方法如下：

1）菜单栏：选择"常用"→"修改"→□按钮。

2）工具栏：单击"修改"工具栏，选择"缩放"按钮□。

3）命令行：Scale 或简写 SC。

启动命令后，命令行提示如下信息：

指定比例因子或 [复制 (C)/参照 (R)]：

以上各项提示的含义和功能说明如下：

比例因子：以指定的比例值放大或缩小选取的对象。当输入的比例值大于 1 时，则放大对象，若为 0 和 1 之间的小数，则缩小对象。

复制 (C)：在缩放对象时，创建缩放对象的副本。

参照 (R)：按参照长度和指定的新长度缩放所选对象。

缩放的步骤：

1）启动缩放命令。

2）选择要缩放的对象。

3）指定缩放基点，基点一般选择线段的端点、角的顶点。

4）输入缩放的比例因子，确定即可。

例子：将矩形以 0.5 倍的因子缩放，结果如图 3-16 所示。

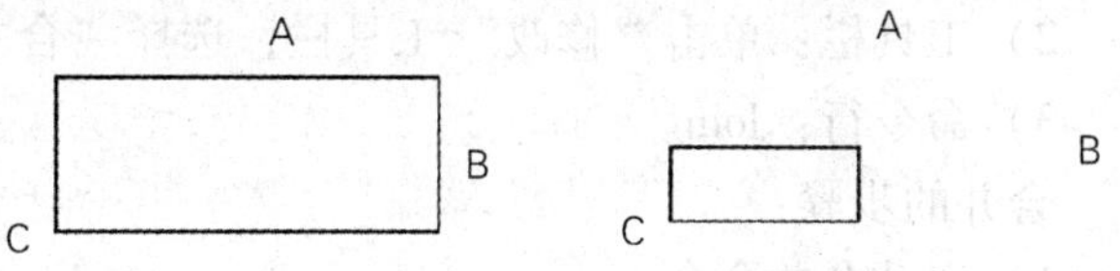

图 3-16　用 Scale 命令缩放对象

11. 打断命令

打断命令 Break 可以删除对象的一部分，此命令既可以在一个点处打断对象，也可以在指定的两个点间打断对象。该命令的启动方法如下：

1）菜单栏：选择"常用"→"修改"→□按钮。

2）工具栏：单击"修改"工具栏，选择"打断"按钮□。

3）命令行：Break 或简写 BR。

启动命令后，命令行提示如下信息：

选取对象：

指定第二个打断点或 [第一点 (F)]：

以上各项提示的含义和功能说明如下：

第一点 (F)：选择要打断的对象，再键入 F 按 <Enter> 键，在选取的对象上指定要切断的起点。

例子：用 Break 命令删除图 3-17a 所示圆的一部分，结果如图 3-17b 所示。

注意事项：

1）系统一般是打断两个打断点之间的部分。当其中一个打断点不在选定的对象上，系统将选择离此点最近的对象上的一点为打断点来处理。

2）若选取的两个打断点在同一个位置，也可将对象切开，但并未删除任何部分。

3）在打断圆或多边形等封闭区域对象时，系统默认以逆时针方向打断两个打断点之间的部分。在图 3-18 中，使用打断命令时，单击点 A 和点 B 与单击点 B 和点 A 产生的效果是不同的。

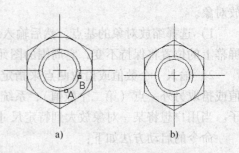

图 3-17　用 Break 命令打断图形

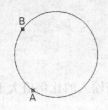 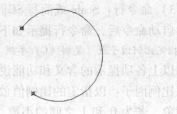

图 3-18　逆时针方向打断示例

12. 合并

将对象合并以形成一个完整的对象。在其公共端点处合并一系列有限的线性和开放的弯曲对象，以创建单个二维或三维对象，产生的对象类型取决于选定的对象类型、首先选定的对象类型以及对象是否共面。该命令的启动方法如下：

1）菜单栏：选择"常用"→"修改"→ ⊬ 按钮。

2）工具栏：单击"修改"工具栏，选择"合并"按钮 ⊬ 。

3）命令行：Join。

合并的步骤：

1）启动合并命令。

2）选择源对象或要一次合并的多个对象。

3）按 < Enter > 键结束对象选择。

例子：用 Join 命令连接图 3-19a 所示两段直线，结果如图 3-19b 所示。

13. 倒斜角

该功能可以对相交的直线或多段线等对象绘制倒斜角，该命令的启动方法如下：

● 菜单栏：选择"常用"→"修改"→▱按钮。

● 工具栏：单击"修改"工具栏，选择"倒斜角"按钮▱。

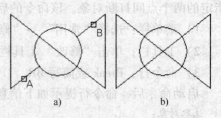

图 3-19　用 Join 命令连接图形

● 命令行：Chamfer 或简写 CHA。

启动命令后，命令行提示如下信息：

选择第一条直线或 ［放弃（U）/ 多段线（P）/ 距离（D）/ 角度（A）/ 修剪（T）/ 方式（E）/ 多个（M）/］：

各选项含义如下：

多段线（P）：可以以当前设置的倒角人小对多段线的各顶点（交角）倒斜角。

距离（D）：设置倒斜角距离尺寸。

角度（A）：指定第一条线的长度和第一条线与倒斜角后形成的线段之间的角度值。

修剪（T）：设置倒斜角后是否保留原拐角边。

方式（E）：选择倒斜角方式。倒斜角处理的方式有两种，"距离 – 距离"和"距离 – 角度"。

多个（M）：可为多个两条线段的选择集进行倒斜角处理。

例子：用 Chamfer 命令将矩形的四角进行倒斜角，结果如图 3-20 所示。

注意事项：

1）若要做倒斜角处理的对象没有相交，系统会自动修剪或延伸到可以做倒斜角的状态。

2）若为两个倒斜角距离指定的值均为 0，选择的两个对象将自动延伸至相交。

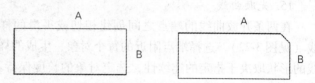

图 3-20　倒斜角示例

3）用户选择"放弃"时，使用倒角命令为多个选择集进行的倒角处理将全部被取消。

4）倒斜角时，倒角距离或倒角角度不能太大，否则无效。

5）如果两条直线平行、发散等，则不能倒斜角。

14. 倒圆角

倒圆角就是利用指定半径的圆弧光滑地连接两个对象，其操作对象包括直线、多段线、样条曲线、圆和圆弧等。对于多段线来说，可一次将多段线的所有顶点都光滑过渡。该命令的启动方法如下：

1）菜单栏：选择"常用"→"修改"→ 按钮。

2）工具栏：单击"修改"工具栏，选择"倒圆角"按钮 。

3）命令行：Fillet 或简写 F。

启动命令后，命令行提示如下信息：

选择第一个对象或 ［放弃（U）/多段线（P）/半径（R）/修剪（T）/多个（M）］：

以上各项提示的含义和功能说明如下：

选择第一个对象：选取要创建圆角的第一个对象。

多段线（P）：在二维多段线中每两条线段相交的顶点处创建圆角。

半径（R）：设置圆角弧的半径。

修剪（T）：此选项确定是否修剪不相交的边使其延伸到圆角弧的端点。

多个（M）：为多个对象创建圆角。

设置圆角的步骤：

1）启动倒圆角命令。

2）输入半径 R，输入圆角半径。

3）选择要进行圆角的对象。

例子：用 Fillet 命令将矩形四角进行倒圆角，结果如图 3-21 所示。

注意事项：

1）若选定的对象为直线、圆弧或多段线，系统将自动延伸这些直线或圆弧直到它们相交，然后再创建圆角。

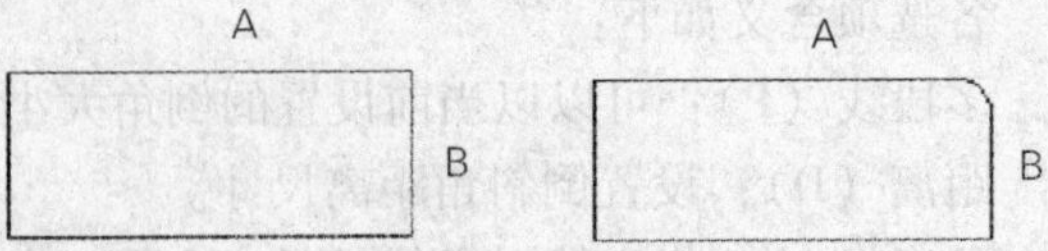

图 3-21　倒圆角示例

2）若选取的两个对象不在同一图层，系统将在当前图层创建圆角线。同时，圆角的颜色、线宽和线型的设置也是在当前图层中进行。

3）若选取的对象为一条直线和一条圆弧或一个圆，可能会有多个圆角的存在，系统将默认选择最靠近选中点的端点来创建圆角。

15. 光顺曲线

在两条开放曲线的端点之间创建相切或平滑的样条曲线（见图 3-22），选择端点附近的每个对象，生成的样条曲线的形状取决于指定的连续性，选定对象的长度保持不变。该命令的启动方法如下：

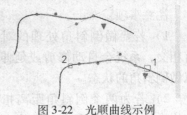

图 3-22　光顺曲线示例

1）菜单栏：选择"常用"→"修改"→ 按钮。

2）工具栏：单击"修改"工具栏，选择"光顺曲线"按钮 。

3）命令行：Blend。

16. 修剪命令

该命令的启动方法如下：

1）菜单栏：选择"常用"→"修改"→ 按钮。

2）工具栏：单击"修改"工具栏，选择"修剪"按钮 。

3）命令行：Trim 或简写 TR。

启动命令后，命令行提示如下信息：

选择要修剪的对象，或按住 Shift 键选择要延伸的对象，或 ［栏选（F）/窗交（C）/投影（P）/边（E）/删除（R）/放弃（U）］：

以上各项提示的含义和功能说明如下：

要修剪的对象：该选项为默认值，指定要修剪的对象，系统将该对象修剪到指定的边界边。

按住 Shift 键选择要延伸的对象：利用 <Shift> 键可以在修剪和延伸功能之间进行切换。

栏选（F）：用栏选的方式进行修剪。

窗交（C）：用窗交的方式进行修剪。

投影（P）：指定修剪对象时使用的投影模式。

边（E）：用来确定执行修剪的模式。

放弃（U）：撤销使用 Trim 最近对对象进行的修剪操作。

修剪命令的使用步骤：

1）启动修剪命令。

2）选择作为剪切边的对象。

3）选择要修剪的对象。

例子：用 Trim 命令将 AB 弧剪掉，结果如图 3-23 所示。

注意事项：

1）选取目标时必须点在要删除的一侧。

2）选边界可以是一个或多个，圆的切点也可作边界。

3）如果要修剪一个圆，至少要有两个交点。

4）用户可指定多个对象进行修剪。

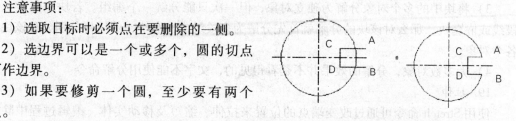

图 3-23　修剪命令示例

17. 延伸命令

利用 Extend 命令可以将线段、曲线等对象延伸到一个边界对象上，使其与边界对象相交。有时边界对象可能是隐含边界，即延伸对象而形成的边界，这时对象延伸后并不与实体直接相交，而是与边界的隐含部分（延长线）相交。该命令的启动方法如下：

1）菜单栏：选择"常用"→"修改"→⊣按钮。

2）工具栏：单击"修改"工具栏，选择"延伸"按钮⊣。

3）命令行：Extend 或简写 EX。

延伸命令的使用步骤：

1）启动延伸命令。

2）选择作为边界的对象。

3）选择要延伸的对象。

例子：用 Extend 命令延伸图 3-24a，使之成为 3-24b 所示的图形。

18. 分解命令

将多个对象组合而成的合成对象（如图块、多段线等）分解为独立对象。命令的启动方法如下：

1）菜单栏：选择"常用"→"修改"→⊡按钮。

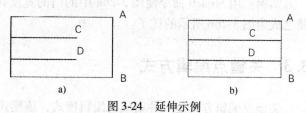

a)　　　　　　　　　b)

图 3-24　延伸示例

2）工具栏：单击"修改"工具栏，选择"分解"按钮⊡。

3）命令行：Explode 或简写 X。

分解命令的步骤：

1）启动分解命令。

2）选择要分解的对象。

例子：用 Explode 命令炸开矩形，令其成为 4 条单独的直线，如图 3-25 所示。

注意事项：

1）系统可同时分解多个合成对象，并将合成对象中的多个部件全部分解为独立对象。但若使用的是脚本或运行时扩展函数，则一次只能分解一个对象。

2）分解后，颜色、线型和线宽可能会发生改变，而其他结果要取决于所分解的合成对象的类型。

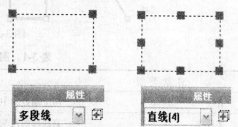

图 3-25　分解图形示例

3）将块中的多个对象分解为独立对象，但一次只能分解一个编组。若块中包含一个多段线或嵌套块，那么对该块的分解就首先分解为多段线或嵌套块，然后再分别分解该块中的各个对象。

4）大多数对象，分解的效果并不是看得见的，文字不能使用分解命令。

19. 拉伸

使用 Stretch 命令可通过改变端点的位置来拉伸、缩短及移动实体，编辑过程中除被伸长、缩短的对象外，其他图元的大小及相互间的几何关系将保持不变。命令的启动方法如下：

1）菜单栏：选择"常用"→"修改"→⬛按钮。

2）工具栏：单击"修改"工具栏，选择"拉伸"按钮⬛。

3）命令行：Stretch 或简写 S。

启动命令后，命令行提示如下信息：

指定基点或［位移（D）］＜位移＞：点选一点，指定拉伸基点

指定第二个点或＜使用第一个点作为位移＞：水平向右点选一点，指定拉伸距离

以上各项提示的含义和功能说明如下：

指定基点：使用 Stretch 命令拉伸选取窗口内或与之相交的对象。

实例：用 Stretch 命令使图 3-26a 中的门的宽度拉伸，使之成为图 3-26b 所示的样子。

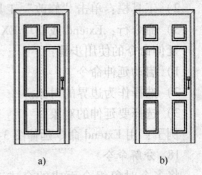

a)   b)

图 3-26   用 Stretch 拉伸门的宽度

3.3   关键点编辑方式

关键点编辑方式是一种集成的编辑模式，该模式包含了 5 种编辑方法。默认情况下，系统的关键点编辑方式是开启的。当用户选择实体后，实体上将出现若干方框，这些方框被称为"关键点"，如图 3-27 所示，图形对象的关键点特征见表 3-1。用户所选的点视所修改对象类型与所采用的编辑方式而定。举例来说，要移动直线对象，则拖动直线中点处的关键点；要拉伸直线，则拖动直线端点处的关键点。

图 3-27   关键点示例

表 3-1   图形对象的关键点特征

对 象 类 型	关键点特征
直线	两个端点和中点
多段线	直线段的两端点、圆弧段的中点和两端点
构造线	控制点以及线上的邻近两点

（续）

对 象 类 型	关键点特征
射线	起点以及线上的一个点
多线	控制线上的两个端点
圆弧	两个端点和中点
圆	四个象限点和圆心
椭圆	四个顶点和中心点
椭圆弧	端点、中点和中心点
填充	形心点
文字	插入点
线性标注、对齐标注	尺寸线和尺寸界限的端点，尺寸文字的中心点
角度标注	尺寸线端点和指定尺寸标注弧的端点，支持文字的中点
半径标注、直径标注	半径或直径标注的端点，支持文字的中心点
坐标标注	标注点、引出线端点和尺寸文字的中心点

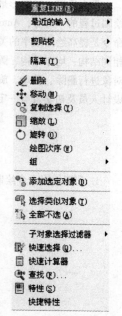

图 3-28　关键点编辑的快捷菜单

　　将十字光标靠近方框并单击鼠标左键，激活关键点编辑状态，此时系统将自动进入"拉伸"编辑方式，连续按下＜Enter＞键，就可以在所有编辑方式间进行切换。此外，用户也可在激活关键点后再单击鼠标右键，弹出快捷菜单，如图 3-28 所示，通过此菜单选择某种编辑方法。

　　在不同的编辑方式间进行切换时，系统为每种编辑方法提供的选项基本相同，其中"基点（B）""复制（C）"选项是所有编辑方式所共有的。

　　基点（B）：该选项使用户可以拾取某一个点作为编辑的基点。例如，当进入了旋转编辑模式，并要指定一个点作为旋转中心时，就使用"基点（B）"选项。默认情况下，编辑的基点是热关键点（选中的关键点）。

　　复制（C）：如果用户在编辑的同时还需复制对象，则选取此选项。

　　1. 使用关键点移动

　　使用关键点移动模式可以编辑单一对象或一组对象，在此方式下使用"复制（C）"选项就能在移动实体的同时进行复制，这种编辑模式与普通的 Move 命令很相似。

　　2. 利用关键点旋转对象

　　旋转对象的操作是绕旋转中心进行的，当使用关键点编辑模式时，热关键点就是旋转中心，用户也可以指定其他点作为旋转中心。这种编辑方法与 Rotate 命令相似，它的优点在于一次可将对象旋转且复制到多个方位。旋转操作中的"参照（R）"选项有时非常有用，该选项可以使用户旋转图形实体，使其与某个新位置对齐。

3. 利用关键点镜像对象

进入镜像模式后，系统直接提示"指定第二点"。默认情况下，热关键点是镜像线的第一点，在拾取第二点后，此点便与第一点一起形成镜像线。如果用户要重新设定镜像线的第一点，就选取"基点（B）"选项。

4. 利用关键点缩放对象

关键点编辑方式也提供了缩放对象的功能，当切换到缩放模式时，当前激活的热关键点就是缩放的基点。用户可以输入比例系数对实体进行放大或缩小，也可以利用"参照（R）"选项将实体缩放到某一尺寸。

5. 利用关键点拉伸对象

在拉伸编辑模式下，当热关键点是线段的端点时，将有效地拉伸或缩短对象。如果热关键点是线段的中点、圆或圆弧的圆心或者属于块、文字及尺寸数字等实体时，这种编辑方式将只能移动对象。

本 章 小 结

没有任何一幅图形是不经修改就可以完成的。由于各种原因需要对图形进行修改。一些编辑过程就是绘图过程的一部分，AutoCAD 2013 提供了强大的编辑工具，用来修改和编辑图形，灵活、快捷地使用编辑命令是提高绘图效率的关键，任何复杂的图形都会含有许多典型结构，如倾斜结构、平行结构、对称结构、相同结构、均布结构、圆角、倒角、相切圆弧等，编辑命令主要是绘制这些典型结构的命令，用户需要对对象进行删除、移动、旋转和缩放等操作，本章结合实例就其中大量的基本编辑功能进行了论述，对工程设计人员及初学者有一定的指导作用。

复 习 题

1. 利用编辑命令绘制图 3-29 所示图形。

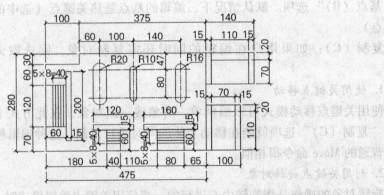

图 3-29　复习题 1 图

2. 利用关键点编辑方式绘制图 3-30 所示图形。

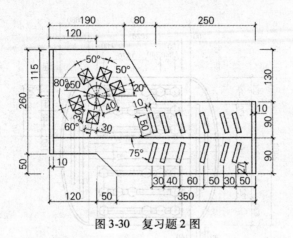

图 3-30　复习题 2 图

3. 运用 Offset 及 Array 等命令绘制如图 3-31 所示图形。

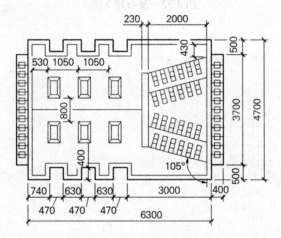

图 3-31　复习题 3 图

4. 使用 Line、Offset 及 Trim 等命令绘制图 3-32 所示建筑立面图。

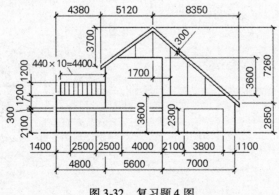

图 3-32　复习题 4 图

5. 用 Line、Polygon、Ellipse 及 Mirror 等命令绘制图 3-33 所示图形。

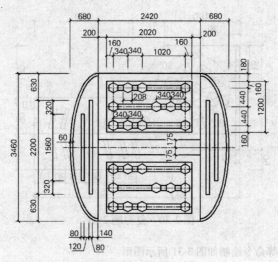

图 3-33　复习题 5 图

3. 运用 Offset 及 Array 命令，绘制如图 3-31 所示图形。

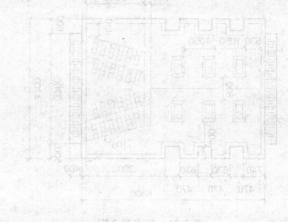

图 3-31　复习题 3 图

4. 用用 Line、Offset 及 Trim 等命令绘制如图 3-32 所示立面图。

图 3-32　复习题 4 图

5. 用 Line、Polygon、Ellipse 及 Mirror 等命令绘制如图 3-33 所示图形。

第 4 章

尺寸及文字标注

4.1 尺寸标注基础

在标注尺寸前，一般都要创建尺寸样式。尺寸样式是尺寸变量的集合，只要调整样式中的某些尺寸变量，就能改变标注的外观。系统默认的尺寸样式为 ISO—25，用户可以改变这个样式或者生成自己的尺寸样式。标注时只需指定某个样式为当前样式，就能创建相应的标注形式。尺寸标注包括尺寸线、尺寸界线、标注文字及尺寸起止符号等，如图 4-1 所示，这些组成部分的格式都由尺寸样式来控制。

尺寸界线：从图形的轮廓线、轴线或对称中心线引出，有时也可以利用轮廓线代替，用以表示尺寸起止位置，一般情况下，尺寸界线应与尺寸线相互垂直。

尺寸线：为标注指定方向和范围，对于线性标注，尺寸线显示为一直线段；对于角度标注，尺寸线显示为一段圆弧。

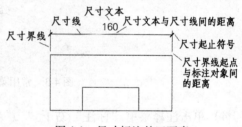

图 4-1　尺寸标注的四要素

尺寸箭头：可以设置尺寸线和引线箭头的类型及尺寸大小，箭头的样式很多，在短距离的连续标注时，由于箭头太大，容纳不下，可调整为小圆点，小圆点只是针对特殊的要求进行局部调整。

尺寸文字：显示测量值的字符串，可包括前缀、后缀和公差等。

4.2 标注样式管理器

AutoCAD "标注样式管理器" 对话框如图 4-2 所示，可以预览标注样式、创建新的标注样式、修改现有的标注样式、设置标注样式替代值、比较标注样式等。标注样式管理器打开方法：

1）单击 "标注" 工具栏中的 ◢ 按钮。标注工具栏是进行尺寸标注时输入命令最快捷的方式，所以在进行尺寸标注时应使该工具栏弹出，放在绘图区旁。

2）单击 "注释" 下拉菜单中的 ◢ 按钮，打开标注样式管理器，如图 4-3 所示。

3）快捷键为 < D > 键确定或 < Ctrl + M >。

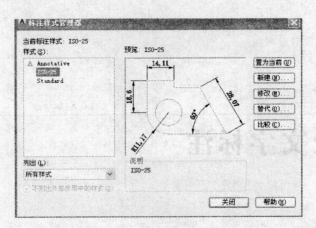

图 4-2　"标注样式管理器"对话框

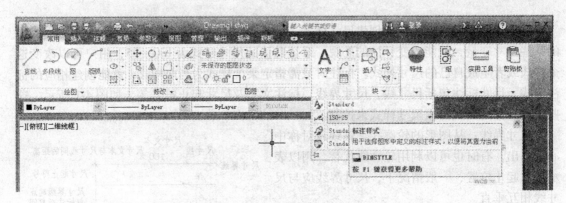

图 4-3　常用菜单标注样式启动方式

4) 单击注释菜单"标注"右下"↘"。

样式区为样式名列表,显示当前图中已有的尺寸标注样式名称,"列出"下拉列表框用来控制样式名列表中所显示的尺寸标注样式名称的范围,预览区显示的是当前尺寸标注样式的名称。

4.2.1　新建标注样式

单击"标注样式管理器"对话框中的"新建"按钮,弹出"创建新标注样式"对话框,如图 4-4 所示。

单击"继续"按钮,弹出"新建标注样式"对话框,如图 4-5 所示。

"新建标注样式"对话框有 7 个选项卡,下面分别进行介绍。

1. "线"选项卡

(1) "尺寸线"选项区　可以设置尺寸线的颜色、线型、线宽等属性。该选项区中各选项含义如下:

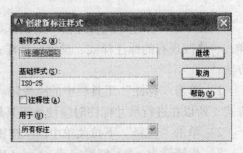

图 4-4　"创建新标注样式"对话框

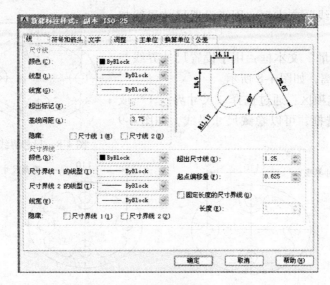

图 4-5 "新建标注样式"对话框

1）"颜色"下拉列表框：用于设置尺寸线的颜色。

2）"线宽"下拉列表框：用于设置尺寸线的宽度。

3）"超出标记"微调框：当尺寸线的箭头采用倾斜线、小点、积分或无标记等样式时，使用该文体框可以设置尺寸线超出尺寸界线的长度。

4）"基线间距"文本框：进行基线尺寸标注时，可以设置各尺寸线之间的距离，如图 4-6 所示。

5）"隐藏"选项区：通过选择"尺寸线 1"或"尺寸线 2"复选框，可以隐藏第一段或第二段尺寸线及其相应的箭头，如图 4-7 所示。

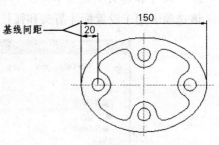

图 4-6 尺寸线间距控制示例

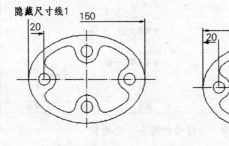

图 4-7 消隐尺寸线的示例

（2）"尺寸界线"选项区 可以设置尺寸界线的颜色、线型、线宽等属性。该选项区中各选项含义如下：

1）"颜色"下拉列表框：用于设置尺寸界线的颜色。

2）"线宽"下拉列表框：用于设置尺寸界线的宽度。

3）"超出尺寸线"文本框：用于设置尺寸界线超出尺寸线的距离。

4）"起点偏移量"文本框：用于设置尺寸界线与标注起点偏移的距离，如图 4-8 所示。

5）"隐藏"选项区：通过选择"尺寸界线 1"或"尺寸界线 2"复选框，可以隐藏尺寸界线，如图 4-9 所示。

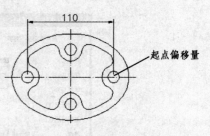

图 4-8　尺寸界线起点偏移示例

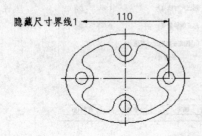 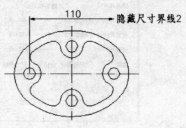

图 4-9　消隐尺寸界线的示例

2. "符号和箭头"选项卡

该选项卡用于设置标注箭头和弧长符号的样式，如图 4-10 所示。

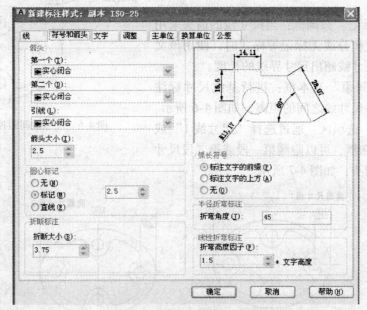

图 4-10　"符号和箭头"选项卡

（1）"箭头"选项区　可以设置尺寸线和引线箭头的类型及尺寸大小。

1）"第一个"下拉列表框：列出尺寸线第一个端点起止符号的名称及图例。

2）"第二个"下拉列表框：列出尺寸线第二个端点起止符号的名称及图例。

尺寸起止符号标准库中有 19 种图例，在工程中常用的主要包含实心闭合（即箭头）、无、倾斜（45°斜线）、建筑标记（中粗 45°斜线）、小圆点五种。

（2）"圆心标记"选项区　在"圆心标记"选项组中，可以设置圆或圆弧的圆心标记类型，如"标记""直线"和"无"。其中，选择"标记"选项可对圆或圆弧绘制圆心标记；选择"直线"选项，可对圆或圆弧绘制中心线；选择"无"选项，则没有任何标记。

（3）"引线"下拉列表框　执行引线标注方式时，列出引线端点起止符号的名称及图例。可从中选取所需的形式。

（4）"箭头大小"文本框　确定尺寸起止符号（箭头、45°斜线、圆点）的大小，一般设为3~4mm。

3. "文字"选项卡

文字选项卡主要用来设置尺寸数字的样式、高度、位置和对齐方式等，分为"文字外观""文字位置""文字对齐"3个选项区，如图4-11所示。

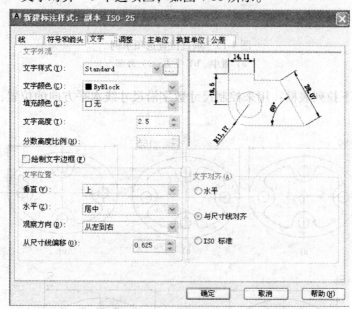

图4-11　"文字"选项卡

（1）"文字外观"选项区　可以设置文字的样式、颜色、高度以及控制是否绘制文字的边框，该选项区中各选项含义如下：

1）"文字样式"下拉列表框：用于选择标注文字的样式。

2）"文字颜色"下拉列表框：用于设置标注文字的颜色。

3）"文字高度"文本框：用于设置标注文字的高度。

4）"分数高度比例"文本框：用来设置基本尺寸中分数数字的高度，在其中输入一个数值，AutoCAD将用该数值与尺寸数字高度的乘积来指定基本尺寸中分数数值的高度。

5）"绘制文字边框"复选框：用于设置是否给标注文字加边框，如图4-12所示。

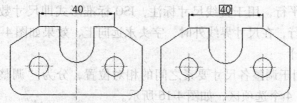

图4-12　绘制文字边框示例

（2）"文字位置"选项区　可以设置文字的垂直、水平位置以及距尺寸线的偏移量。

1）"垂直"下拉列表框：用来控制尺寸数字沿尺寸线垂直方向的位置，效果如图4-13所示。

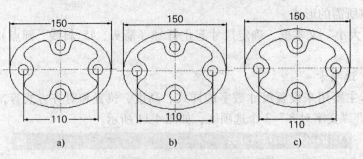

图4-13　垂直位置选项示例

a）置中　b）上方　c）外部

2）"水平"下拉列表框：用来控制尺寸数字沿尺寸线水平方向的位置，效果如图4-14所示。

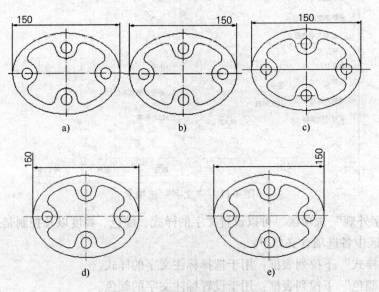

图4-14　文字水平位置选项示例

a）第一条尺寸界线　b）第二条尺寸界线　c）置中　d）第一条尺寸界线上方　e）第二条尺寸界线上方

（3）"文字对齐"选项区　可以设置标注文字是保持水平还是与尺寸线平行。水平形式即尺寸数字字头永远向上，用于引出标注和角度尺寸标注。文字与尺寸线对齐形式即尺寸数字字头方向与尺寸线平行，用于直线尺寸标注，ISO标准形式即尺寸数字在尺寸界线内时，字头方向与尺寸线平行，在尺寸界线外时，字头永远向上，效果如图4-15所示。

4. "调整"选项卡

"调整"选项卡用于调整各尺寸要素之间的相对位置，分为"调整选项""文字位置""标注特征比例优化"4个选项区，如图4-16所示。

（1）"调整选项"选项区　该区域用于调整尺寸文本与尺寸箭头之间的相互位置关系。

在标注尺寸时，如果没有足够的空间将尺寸文本与尺寸箭头全写在两尺寸界线之间时，可选择如图 4-17 的摆放形式，来调整尺寸文本与尺寸箭头的摆放位置。

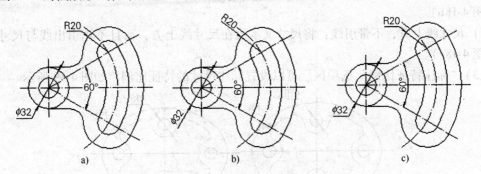

图 4-15　文字对齐示例

a）水平　b）与尺寸线对齐　c）ISO 标准

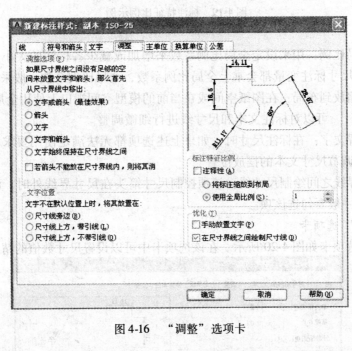

图 4-16　"调整"选项卡

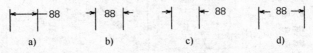

图 4-17　尺寸文本与尺寸箭头摆放位置示例

a）文字　b）箭头　c）文字与箭头　d）文字始终保持在尺寸线之间

（2）"文字位置"选项区　该区域用来设置特殊尺寸文本的摆放位置。如果尺寸文本不能按上面所规定的位置摆放时，可以通过下面的单选项来确定其位置，如图 4-18 所示。

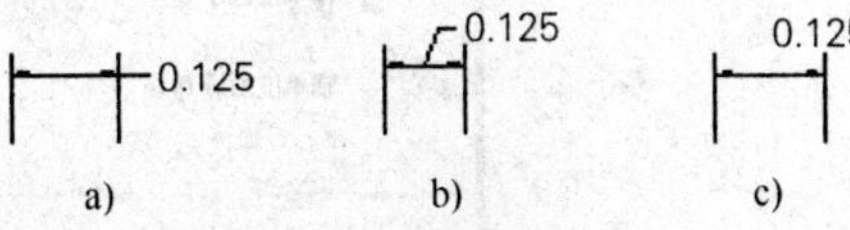

图 4-18　文字位置区选项示例

1）尺寸线旁边：将尺寸文本放在尺寸线旁边（图 4-18a）。

2）尺寸线上方，带引线：将尺寸文本放在尺寸线上方，并用引出线将文字与尺寸线相连（图 4-18b）。

3）尺寸线上方，不带引线：将尺寸文本放在尺寸线上方，而且不用引出线与尺寸线相连（图 4-18c）。

（3）"标注特征比例"选项区　可以设置标注尺寸的特征比例，如图 4-19 所示。

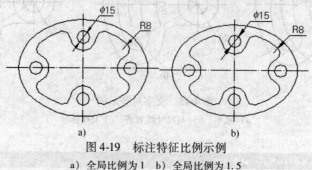

图 4-19　标注特征比例示例
a）全局比例为 1　b）全局比例为 1.5

1）使用全局比例：用来设定全局比例系数来增加或减少各标注的大小，尺寸四要素的大小及偏移量的尺寸标注变量都会乘上全局比例系数，全局比例系数一般采用默认值 1。

2）将标注缩放到布局：在图纸空间或在当前的模型空间视口上使用全局比例系数。

（4）"优化"　可以对标注文本和尺寸线进行细微调整。

1）手动放置文字：在标注尺寸时，如果上述选项都无法满足使用要求，则可以选择此项，用手动方式调节尺寸文本的摆放位置。

2）在尺寸界线之间绘制尺寸线：该项控制尺寸箭头在尺寸界线外时，两尺寸界线之间是否画尺寸线，一般要勾选该项。

5．"主单位"选项卡

"主单位"选项卡如图 4-20 所示。在该选项卡中可以设置尺寸数值的精度及尺寸数值比

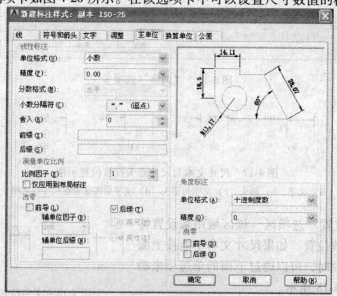

图 4-20　"主单位"选项卡

例因子，并能给标注文本加入前缀或后缀。"舍入"是为除角度之外的所有标注类型设置标注测量值的舍入规则，如果输入 0.25，则所有标注距离都为 0.25 为单位进行舍入。如果输入 1.0，则所有标注距离都舍入为最接近的整数，小数点后显示的位数取决于"精度"设置。

6. "换算单位"选项卡

"换算单位"选项卡用于设置换算单位的格式和精度，如图 4-21 所示。通过换算单位，用户可以在同一尺寸上表现用两种单位测量的结果，一般情况下很少采用此种标注。

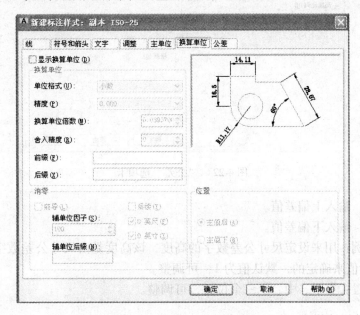

图 4-21　"换算单位"选项卡

1）显示换算单位：选择是否显示换算单位，选择此项后，将给标注文字添加换算测量单位。

2）单位格式：可以在其下拉列表中选择单位替换的类型，有"科学""小数""工程""建筑堆叠""分类堆叠"等。

3）精度：列出不同换算单位的精度。

4）换算单位倍数：调整替换单位的比例因子。

5）舍入精度：调整标注的替换单位与主单位的距离。

6）前缀/后缀：输入尺寸文本前缀或后缀，可以输入文字或用控制码显示特殊符号。

7）消零：选择是否省略标注换算线性尺寸时的零。

8）位置：选项组控制换算单位的放置位置。

7. "公差"选项卡

此选项卡用于设置是否标注公差，以及以何种方式进行标注。该对话框用于设置测量尺寸的公差样式，如图 4-22 所示。

1）方式：共有 5 种方式，分别是无、对称、极限偏差、极限尺寸、基本尺寸。

2）精度：根据具体工作环境要求，设置相应精度。

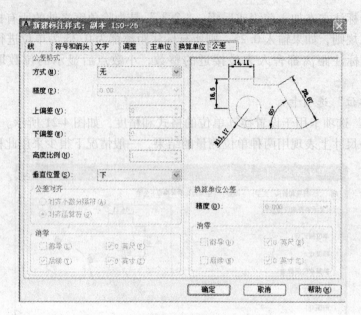

图 4-22　"公差"选项卡

3）上偏差：输入上偏差值。

4）下偏差：输入下偏差值。

5）高度比例：用来设定尺寸公差数字的高度，该高度是由尺寸公差数字字高与基本尺寸数字高度的比值来确定的，默认值为 1，可调整。

6）垂直位置：有下、中、上三个位置，可调整。

4.2.2　修改尺寸标注样式

若要修改某一尺寸标注样式，可按以下步骤操作：

1）打开"标注样式管理器"对话框。

2）从"样式"列表框中选择所有修改的尺寸标注样式名，单击"修改"按钮，弹出"修改标注样式"对话框。

3）在"修改标注样式"对话框中进行所需的修改。

4）修改后单击"确定"按钮，AutoCAD 2013 按原有样式名存储所作的修改，并返回"标注样式管理器"对话框，完成修改。

5）单击"关闭"按钮，结束命令。

修改后，所有按该尺寸标注样式标注的尺寸（包括已经标注和将要标注的尺寸）均自动按新设置的尺寸标注样式进行更新。

4.2.3　尺寸标注样式的替代

在进行尺寸标注时，常有个别尺寸与所设尺寸标注样式相近但不相同，若修改相近的尺寸标注样式，将使所有使用该样式标注的尺寸都发生改变，若再创建新的尺寸标注样式又显得很繁琐，AutoCAD 2013 提供尺寸标注样式替代功能，可设置一种临时的尺寸标注样式，方便地解决了这一问题。操作过程如下：

1）打开"标注样式管理器"对话框。

2）从"样式"列表中选择相近的尺寸标注样式，然后单击"替代"按钮，弹出"替代标注样式"对话框。

3）在"替代标注样式"对话框中进行所需的修改。

4）修改后单击"确定"按钮，返回"标注样式管理器"对话框，AutoCAD 将在所选样式下自动生成一个临时尺寸标注样式，并在"样式"列表框中显示 AutoCAD 定义的临时尺寸标注样式名称。

5）单击"关闭"按钮，结束命令。

4.2.4　两种尺寸标注样式的比较

AutoCAD 2013 尺寸样式比较功能用于显示两种尺寸标注样式之间标注系统变量的不同之处，需要时，可以按以下步骤操作：

1）打开"标注样式管理器"对话框。

2）从"样式"列表框中选择所要比较的两种尺寸标注样式之一，然后单击"比较"按钮，弹出"比较标注样式"对话框。

3）"比较标注样式"对话框列表将显示所要比较的两种尺寸标注样式的不同之处，如图 4-23 所示。

4）浏览后单击"关闭"按钮，返回"标注样式管理器"对话框。

5）单击"关闭"按钮，结束命令。

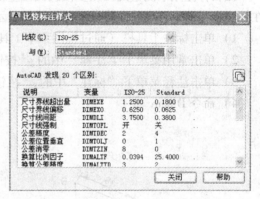

图 4-23　"比较标注样式"对话框

4.3　尺寸标注的类型

AutoCAD 2013 提供多种标注尺寸的方式，可根据需要进行选择，在标注尺寸时，一般应打开固定目标捕捉和极轴追踪，这样可以更准确、快速进行尺寸标注。尺寸标注工具栏如图 4-24 所示。

图 4-24　尺寸标注工具栏

1. 线性标注

使用水平、竖直或旋转的尺寸线创建线性标注。标注时，若要使尺寸线倾斜，可输入"R"选项，然后再输入尺寸线的倾角即可，示例如图 4-25 所示。线性标注启动方法如下：

1）单击标注工具栏（通过视图菜单工具栏添加）上的 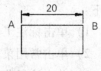 按钮。

2）单击常用菜单下"注释"中的 按钮。

3）单击注释菜单下"标注"中的 按钮。

图 4-25　线性标注示例

4）命令 Dimlinear 或简写 DIMLIN。

2. 对齐标注

要标注倾斜对象的真实长度可使用对齐尺寸，对齐尺寸的尺寸线平行于倾斜的标注对象，示例如图 4-26 所示。如果用户通过选择两个点来创建对齐尺寸，则尺寸线与两点的连线平行。对齐标注命令一般用于倾斜对象的尺寸标注。标注时系统能自动将尺寸线调整为与被标注线段平行，而无须用户自己设置。对齐标注启动方法如下：

1）单击标注工具栏中的 ➘ 按钮。

2）单击常用菜单下"注释"中的 ➘ 按钮。

3）单击注释菜单下"标注"中的 ➘ 按钮。

4）命令 Dimaligned 或简写 DIMALI。

3. 弧长标注

弧长标注用于测量圆弧或多段线圆弧上的距离，弧长标注的尺寸界线可以正交或径向，在标注文字的上方或前面将显示圆弧符号，示例如图 4-27 所示。弧长标注的启动方式如下：

1）单击标注工具栏（通过视图菜单工具栏添加）上的 ✐ 按钮。

2）单击常用菜单下"注释"中的 ✐ 按钮。

3）单击注释菜单下"标注"中的 ✐ 按钮。

4）命令 Dimarc。

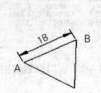

图 4-26　对齐标注示例

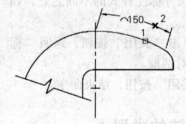

图 4-27　弧长标注示例

4. 坐标标注

坐标标注用于自动测量从原点（称为基准）到要素沿一条简单的引线显示的水平或垂直距离，采用绝对坐标值，示例如图 4-28 所示，坐标尺寸标注包括一个 X-Y 坐标系统和引出线。X 坐标尺寸标注显示了沿 X 轴线方向的距离；Y 坐标尺寸标注显示了沿 Y 轴线方向的距离，坐标标注的启动方法如下：

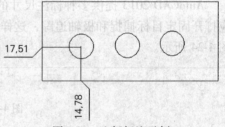

图 4-28　坐标标注示例

1）单击标注工具栏（通过视图菜单工具栏添加）上的 ⊾ 按钮。

2）单击常用菜单下"注释"中的 ⊾ 按钮。

3）单击注释菜单下"标注"中的 ⊾ 按钮。

4）命令 Dimordinate 或简写 DIMORD。

坐标标注的操作步骤如下：

1）启动坐标标注。

2）指定点坐标：选择引线的起点。

3）指定引线端点或〔X 坐标（X）/Y 坐标（Y）/多行文字（M）/文字（T）/角度（A）〕：指定引线端点或选项。

以上各项提示的含义和功能说明如下：

X 基准（X）：选择该选项后，则使用 X 坐标标注。

Y 基准（Y）：选择该选项后，则使用 Y 坐标标注。

多行文字（M）：选择该项后，系统打开"多行文字"对话框，在对话框中可输入指定的尺寸文字。

文字（T）：选择该项后，系统提示："标注文字 < 当前值 >:"，用户可在此输入新的文字。

角度（A）：用于修改标注文字的倾斜角度。

5. 直径和半径尺寸标注

在标注直径和半径尺寸时，AutoCAD 自动在标注文字前面加入"∅"或"R"符号。实际标注中，直径和半径尺寸的标注形式多种多样，工程图中直径和半径尺寸的典型标注样例如图 4-29 所示。

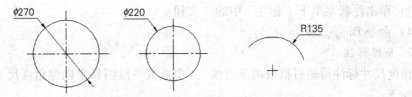

图 4-29　工程图中直径和半径尺寸标注示例

（1）标注直径尺寸　测量选定圆或圆弧的直径，并显示前面带有直径符号的标注文字，直径标注的启动方法如下：

1）单击标注工具栏（通过视图菜单中工具栏添加）上的 ⊘ 按钮。

2）单击常用菜单下"注释"中的 ⊘ 按钮。

3）单击注释菜单下"标注"中的 ⊘ 按钮。

4）命令 Dimdiameter 或简写 DIMDIA。

创建直径标注的步骤：

1）启动直径标注。

2）选择要标注的圆或圆弧。

3）根据需要输入选项：要编辑标注文字内容，请输入 T（文字）或 M（多行文字）。要改变标注文字角度，请输入 A（角度）。

4）指定引线的位置。

（2）标注半径尺寸　标注半径尺寸的过程与标注直径尺寸的过程类似，标注半径的启动方法如下：

1）单击标注工具栏（通过视图菜单中工具栏添加）上的 ⊘ 按钮。

2）单击常用菜单下"注释"中的 ⊘ 按钮。

3）单击注释菜单下"标注"中的 ⊘ 按钮。

4）命令 Dimradius 或简写 DIMRAD。

创建半径标注的步骤：

1）启动半径标注。

2）选择要标注的圆或圆弧。

3）根据需要输入选项：要编辑标注文字内容，请输入 T（文字）或 M（多行文字）。要改变标注文字角度，请输入 A（角度）。

4）指定引线的位置。

6. 圆和圆弧的折弯标注

当圆弧或圆的中心位于布局之外并且无法在其实际位置显示时，将创建折弯半径标注，如图 4-30 所示，可以在更方便的位置指定标注的原点（这称为中心位置替代）。圆和圆弧的折弯标注的启动方法如下：

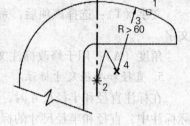

1）单击标注工具栏（通过视图菜单工具栏添加）上的 $\overline{\nearrow}$ 按钮。

2）单击常用菜单下"注释"中的 $\overline{\nearrow}$ 按钮。

3）单击注释菜单下"标注"中的 $\overline{\nearrow}$ 按钮。

图 4-30　折弯标注示例

4）命令 Dimjogged。

7. 角度标注

角度尺寸标注可通过拾取两条边线、3 个点或一段圆弧来创建角度尺寸。角度标注启动方法如下：

1）单击标注工具栏（通过视图菜单中工具栏添加）上的 △ 按钮。

2）单击常用菜单下"注释"中 △ 按钮。

3）单击注释菜单下"标注"中 △ 按钮。

4）命令 Dimangular 或简写 DIMANG。

角度标注的步骤如下：

1）启动角度标注。

2）使用下列方法之一标注角度尺寸：

① 要标注两条非平行线间角度，先选择第一条直线，然后选择第二条直线，如图 4-31 所示。

② 标注圆上某部分角度尺寸，先在圆上指定角度的第一端点，然后指定角的第二端点，如图 4-32 所示。

③ 三点形式的角度标注，指定角度顶点，然后指定第一条边端点及第二条边端点。

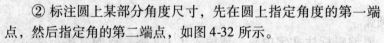

图 4-31　角度标注示例

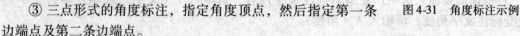

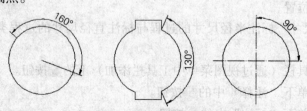

图 4-32　角度尺寸标注示例

④ 标注整段圆弧角度尺寸，选择圆弧上任意一点即可。

3）根据需要输入选项。要编辑标注文字内容，请输入 T（文字）或 M（多行文字）。要改变标注文字的角度值可以输入 A（角度）。放置尺寸线位置可以输入 Q，进而确定尺寸线放置的象限。

8. 基线标注

基线标注以一个统一的基准线为标注起点，所有尺寸线都以该基准线为标注的起始位置，以继续建立线性、角度或坐标的标注，如图 4-33 所示。基线标注启动方法如下：

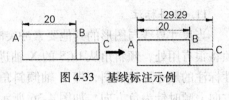

图 4-33　基线标注示例

1）单击标注工具栏（通过视图菜单中工具栏添加）上的 按钮。

2）单击注释菜单下"标注"中的 按钮。

3）命令 Dimbaseline 或简写 DIMBASE。

创建基线线性标注的步骤如下：

1）启动基线标注。默认情况下，上一个创建的线性标注的原点用做新基线标注的第一尺寸界线。

2）使用对象捕捉选择第二条尺寸界线原点，或按 < Enter > 键选择任意标注作为基准标注。

3）使用对象捕捉指定下一个尺寸界线原点。

4）根据需要可继续选择尺寸界线原点。

5）按两次 < Enter > 键结束命令。

9. 连续标注

连续标注可以创建一系列端对端放置的标注，如图 4-34 所示，每个连续标注都自动从创建的上一个线性约束、角度约束或坐标标注继续创建其他标注，或者从选定的尺寸界线继续创建其他标注，将自动排列尺寸线。和基线标注一样，在进行连续标注之前，必须先创建一个线性、坐标或角度标注作为基准标注，以确定连续标注所需的前一尺寸界限。连续标注启动方法如下：

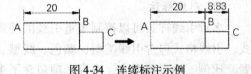

图 4-34　连续标注示例

1）单击标注工具栏（通过视图菜单中工具栏添加）上的 按钮。

2）单击注释菜单下"标注"中的 按钮。

3）命令 Dimcontinue 或简写 DIMCONT。

创建连续线性标注的步骤如下：

1）启动连续标注。

2）使用对象捕捉指定其他尺寸界线原点。

3）按两次 < Enter > 键结束命令。

10. 等距标注

调整线性标注或角度标注之间的间距，如图 4-35 所示。平行尺寸线之间的间距将设为相等，也可以通过使用间距值 0 使一系列线性标注

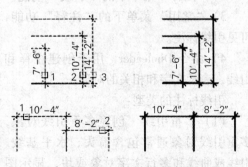

图 4-35　等距标注示例

或角度标注的尺寸线齐平。等距标注的启动方法如下：

1）单击标注工具栏（通过视图菜单中工具栏添加）上的 ▥ 按钮。

2）单击注释菜单下"标注"中的 ▥ 按钮。

3）命令 Dimspace。

11. 倾斜标注

当尺寸界线与图形的其他要素冲突时，"倾斜"选项将很有用处，倾斜角从 UCS 的 X 轴进行测量，使线性标注的尺寸界线倾斜，即 X 轴倾斜角度逆时针为正方向，顺时针为负方向，如图 4-36 所示。倾斜标注的启动方法如下：

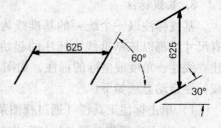

图 4-36　倾斜标注示例

1）单击注释菜单下"标注"中的 ⊢ 按钮。

2）命令 Dimedit。

12. 圆心标记

创建圆和圆弧的圆心标记或中心线，如图 4-37 所示。圆心标记是绘制在圆心位置的特殊标记。圆心标记的启动方法如下：

1）单击标注工具栏（通过视图菜单中工具栏添加）上的 ⊙ 按钮。

2）单击注释菜单下"标注"中的 ⊙ 按钮。

3）命令 Dimcenter。

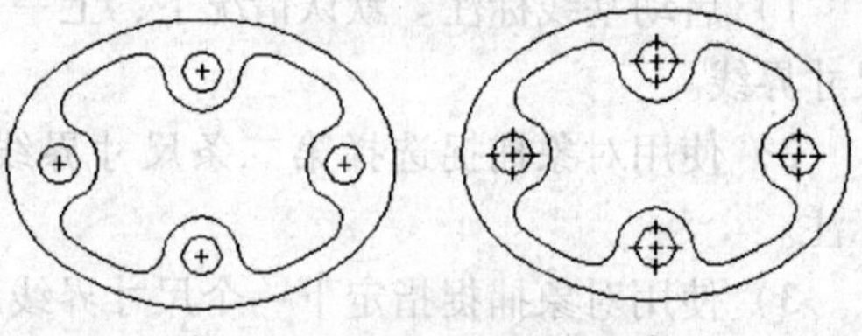

图 4-37　圆心标记示例
a）标记效果　b）直线效果

操作步骤：启动圆心标注，使用对象选择方式选取所需标注的圆或圆弧，系统将自动标注该圆或圆弧的圆心位置。

13. 引线标注

多重引线样式可以控制多重引线的外观，这些样式可指定基线、引线、箭头、内容等格式。引线格式包含引线类型、颜色、线型、线宽、箭头大小等内容。引线结构包含了基线设置、比例、约束等内容。内容选项包含了多重引线类型、引线连接等内容。

引线标注的启动方法如下：

1）单击视图菜单工具栏中的"多重引线"，弹出"多重引线"对话框，如图 4-38 所示。

2）"注释"菜单下的"引线"功能。

3）"常用"菜单下的"注释"功能，可见引线标注。

4）命令 Dimleader，用于创建注释和引线，表示文字和相关的对象。

引线标注的类型：

（1）多重引线　创建多重引线对象，多重引线对象通常包含箭头、水平基线、引线或曲线和多行文字对象或块，显示图

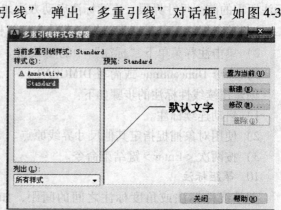

图 4-38　"多重引线样式管理器"对话框

标为 。

（2）添加引线 将引线添加至选定的多重引线对象，根据光标的位置，新引线将添加到选定多重引线的左侧或右侧，显示图标为 。添加引线示例如图 4-39 所示。

（3）删除引线 将引线从现有的多重引线对象中删除，显示图标为 。删除引线示例如图 4-40 所示。

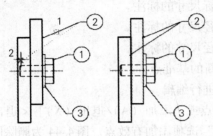
图 4-39 添加引线示例

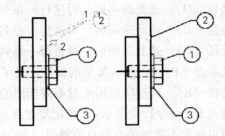
图 4-40 删除引线示例

（4）对齐引线 将选定多重引线对象对齐并按一定间距排列，选择多重引线后，指定所有其他多重引线要与之对齐的多重引线，显示图标为 。对齐引线示例如图 4-41 所示。

（5）合并引线 将包含块的选定多重引线组织到行或列中，并使用单引线显示结果，显示图标为 。合并引线示例如图 4-42 所示。

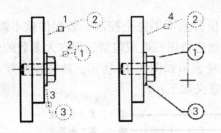
图 4-41 对齐引线示例

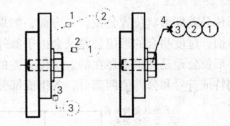
图 4-42 合并引线示例

在创建引线标注时，常遇到文本与引线的位置不合适的情况，用户可以通过夹点编辑的方式来调整引线与文本的位置。

14. 快速标注

快速标注可以快速创建标注布局，快速标注能一次标注多个对象，可以标注成基准型、连续型、坐标型的标注。快速标注命令的启动方法如下：

1）单击标注工具栏（通过视图菜单中工具栏添加）上的 按钮。

2）单击注释菜单下"标注"中的 按钮。

3）命令 Qdim。

操作步骤如下：

1）执行 Qdim 命令。

2）选择要标注的几何图形：拾取要标注的几何对象。

3）选择要标注的几何图形：按 <Enter> 键或继续拾取对象。

4）指定尺寸线位置或［连续（C）/并列（S）/基线（B）/坐标（O）/半径（R）/直径（D）/基准点（P）/编辑（E）/设置（T）］<连续>。

5）指定一点，确定标注位置。

以上各项提示的含义和功能说明如下：

连续（C）：选此选项后，可进行一系列连续尺寸的标注。

并列（S）：选此选项后，可标注一系列并列的尺寸。

基线（B）：选此选项后，可进行一系列的基线尺寸的标注。

坐标（O）：选此选项后，可进行一系列的坐标尺寸的标注。

半径（R）：选此选项后，可进行一系列的半径尺寸的标注。

直径（D）：选此选项后，可进行一系列的直径尺寸的标注。

基准点（P）：为基线类型的标注定义了一个新的基准点。

编辑（E）：此选项可用来对系列标注的尺寸进行编辑。

键入 E，命令行会提示："指定要删除的标注点或［添加（A）/退出（X）］＜退出＞"，用户可以删除不需要的有效点或通过"添加（A）"选项添加有效点。图 4-44 为删除图 4-43 所示图形中间有效点后的标注。

图 4-43　快速标注的有效点　　　图 4-44　删除中间有效点后的标注

15. 公差标注

形位公差即形状位置公差，一方面，如果形位公差不能完全控制，装配件就不能装配；另一方面，过度吻合的形位公差又会由于额外的制造费用而造成浪费，但在大多数的建筑图形中，形位公差是几乎不存在的。形位公差的符号表示如图 4-45 所示，特征控制框至少包含几何特征符号和公差值两部分，各组成部分的意义如下：

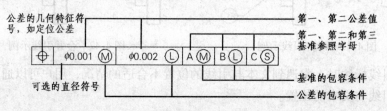

图 4-45　形位公差符号示例

几何特征：用于表明位置、同心度或共轴性、对称性、平行性、垂直性、角度、圆柱度、平直度、圆度、直度、面剖、线剖、环形偏心度及总体偏心度等。

直径：用于指定一个圆形的公差带、并放于公差值前。

公差值：用于指定特征的整体公差的数值。

包容条件：用于大小可变的几何特征，有Ⓜ、Ⓛ、Ⓢ和空白四个选择。Ⓜ表示最大包容条件，几何特征包含规定极限尺寸内的最大容量；Ⓛ表示最小包含条件，几何特征包含规定有限尺寸内的最小包含量；Ⓢ表示不考虑特征尺寸，这时几何特征可能是规定极限尺寸内的任意大小。

基准：特征控制框中的公差值，最多可跟随三个可选的基准参照字母及其修饰符号。

"形位公差"对话框如图 4-46 所示。

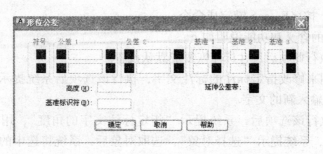

图 4-46 "形位公差"对话框

公差标注命令的启动方法：

1）单击标注工具栏（通过视图菜单中工具栏添加）上的 ▦ 按钮。

2）单击注释菜单下"标注"中的 ▦ 按钮。

3）命令 Tolerance。

操作步骤：

1）输入命令，弹出"形位公差"对话框。

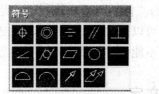

2）注写公差符号，如图 4-47 所示。

3）注写公差框格内的其他内容。

图 4-47 符号及附加符号示例图

4）单击"确定"按钮。

16. 折弯线性

在线性或对齐标注上添加或删除折弯线。标注中的折弯线表示所标注的对象中的折断，标注值表示实际距离，而不是图形中的测量的距离。

折弯线性的启动方式如下：

1）单击标注工具栏（通过视图菜单工具栏添加）上的 ∿ 按钮。

2）单击注释菜单下"标注"中的 ∿ 按钮。

3）命令 Dimjogline。

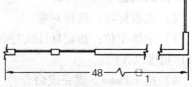

折弯线性标注示例如图 4-48 所示。

图 4-48 折弯线性标注示例

4.4 尺寸标注编辑

用户要对已存在的尺寸标注进行修改，这时可不必将需要修改的对象删除，再进行重新标注，可以用一系列尺寸标注编辑命令进行修改。该命令的启动方法如下：

1）单击标注工具栏（通过视图菜单工具栏添加）上的 ⟋ 按钮。

2）命令 Dimedit 可用于对尺寸标注的尺寸界线的位置、角度等进行编辑。

操作步骤：

1）启动尺寸标注编辑命令。

2）输入标注编辑类型"［默认（H）/新建（N）/旋转（R）/倾斜（O）］<默认>"。

3）选择对象。

4）选择对象：按 < Enter > 键完成命令。

以上各项提示的含义和功能说明如下：

默认（H）：执行此项后尺寸标注恢复成默认设置。

新建（N）：用来修改指定标注的标注文字，执行该选项后系统提示："新标注文字 < > :"，用户可在此输入新的文字。

旋转（R）：执行该选项后，系统提示"指定标注文字的角度"，用户可在此输入所需的旋转角度；然后，系统提示"选择对象"，选取对象后，系统将选中的标注文字按输入的角度放置。

倾斜（O）：执行该选项后，系统提示"选择对象"，在用户选取目标对象后，系统提示"输入倾斜角度"，在此输入倾斜角度或按 < Enter > 键（不倾斜），系统按指定的角度调整线性标注尺寸界线的倾斜角度。

注意事项：

1）标注菜单中的"倾斜"项，执行的就是"倾斜"选项的 Dimedit 命令。

2）Dimedit 命令可以同时对多个标注对象进行操作。

3）Dimedit 命令不能修改尺寸文本放置位置。

4.5 编辑标注文字

该命令的启动方法如下：

1）单击标注工具栏（通过视图菜单工具栏添加）上的 按钮。

2）命令 Dimedit 可以重新定位标注文字。

操作步骤：

1）启动命令 Dimedit。

2）选取标注：选择对象。

3）字体定位：指定标注文字的新位置或［左对齐（L）/右对齐（R）/居中（C）/默认（H）/角度（A）］。

4）按 < Enter > 键完成命令。

以上的各项说明如下：

左对齐（L）：尺寸文字沿尺寸线左对齐。

右对齐（R）：尺寸文字沿尺寸线右对齐。

居中（C）：选择此项后，可将标注文字移到尺寸线的中间。

默认（H）：执行此项后尺寸标注恢复成默认设置。

角度（A）：将所选文本旋转一定的角度。

注意事项：

1）用户还可以用 Ddedit 命令来修改标注文字，但 Dimedit 命令无法对尺寸文本重新定位，要 Ddedit 命令才可对尺寸文本重新定位。

2）在对尺寸标注进行修改时，如果对象的修改内容相同，用户可选择多个对象一次性完成修改。

3）Dimedit 命令中的"左对齐（L）/右对齐（R）"这两个选项仅对长度型、半径型、直径型标注起作用。

4.6　文字样式的设置

文字样式主要是控制与文本连接的字体、字符宽度、文字倾斜角度及高度等项目，另外，用户还可通过它设计出相反的、颠倒的以及竖直方向的文本。用户可以针对每一种不同风格的文字创建对应的文字样式，这样在输入文本时就可以使用相应的文字样式来控制文本的外观。例如，用户可建立专门用于控制尺寸标注文字及设计说明文字外观的文本样式。

4.6.1　字体

只有定义了中文字库的字体，如宋体、楷体或者大字体中的相关中文字体后才能够正确地显示中文文字，否则将出现乱码，如果是由于字体的原因在打开的图形中不能正确地显示中文文字，在文字样式设置中将相应的字体名改为中文字体即可修正错误。

4.6.2　设置文字样式

该命令的启动方法如下：

1）单击文字工具栏（通过视图菜单工具栏添加文字工具栏或样式工具栏）上的 $\overline{A}$ 按钮，出现"文字样式"对话框，如图 4-49 所示。文字工具栏是进行文字标注时输入命令最快捷的方式，所以在进行文字标注时应使该工具栏弹出，放在绘图区旁。

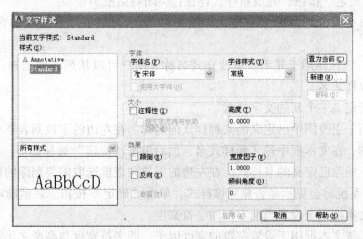

图 4-49　"文字样式"对话框

2）单击常用菜单"注释"下拉出现的 A 按钮，如图 4-50 所示。

3）命令 Style/Ddstyle 或简写 ST。

4）单击注释菜单"文字"右下"↘"。

实例：设置样式名为仿宋的新文字样式，其操作步骤如下：

1）启动"文字样式"对话框。

2）单击"文字样式"对话框的"新建"按钮，系统弹出"新建文字样式"对话框，如图 4-51 所示。

图 4-50　常用菜单中文字样式启动方式

3）在"样式名"文本框中输入"仿宋"，单击"确定"按钮，设定新样式名仿宋并回到主对话框。

4）在文本字体框中选仿宋_ GB2312，设定新字体。

图 4-51　"新建文字样式"对话框

5）在文本度量框中设定字体的高度、宽度、角度。

6）单击"应用"按钮，将新样式仿宋加入图形。

7）单击"确定"按钮，完成新样式设置，关闭对话框。

读者可以自行设置其他的文字样式。图 4-49 所示对话框中各选项的含义和功能介绍如下：

样式（S）：该区域用于显示及更改样式名称，用户可以从列表框选择已定义的样式置为当前或者更改样式名。

新建：用于定义一个新的文字样式。

重命名：用于更改图中已定义的某种样式的名称。在左边的下拉列表框中选取需更名的样式，单击右键，在文本框中输入新样式名，然后单击"确定"按钮即可。

删除：用于删除已定义的某样式。在左边的下拉列表框选取需要删除的样式，然后单击"删除"按钮，系统将会提示是否删除该样式，单击"确定"按钮。表示确定删除。

高度：该文本框用于设置当前字型的字符高度。

宽度因子：该文本框用于设置字符的宽度因子，即字符宽度与高度之比。取值为 1 表示保持正常字符宽度，大于 1 表示加宽字符，小于 1 表示使字符变窄。

倾斜角度：该文本框用于设置文本的倾斜角度。大于 0 度时，字符向右倾斜；小于 0 度时，字符向左倾斜。

反向：选择该复选框后，文本将反向显示。

颠倒：选择该复选框后，文本将颠倒显示。

垂直：选择该复选框后，字符将以垂直方式显示字符。

预览：该区域用于预览当前字型的文本效果。

注意事项：

1）系统默认样式为 Standard 样式，用户需预先设定文本的样式，并将其指定为当前使用样式，系统才能将文字按用户指定的文字样式写入字形中。

2）更名和删除选项对 Standard 样式无效，图形中已使用样式不能被删除。

3）对于每种文字样式而言，其字体及文本格式都是唯一的，即所有采用该样式的文本都具有统一的字体和文本格式。如果想在一幅图形中使用不同的字体设置，则必须定义不同的文字样式。对于同一字体，可将其字符高度、宽度因子、倾斜角度等文本特征设置为不同，从而定义成不同的字形。

4）可用 Change 或 Ddmodify 命令改变选定文本的字型、字体、字高、字宽、文本效果等设置，也可选中要修改的文本后单击鼠标右键，在弹出的快捷菜单中选择属性设置，改变文本的相关参数。

4.6.3　修改文字样式

修改文字样式的操作也是在"文字样式"对话框中进行的，其过程与创建文字样式相似，这里不再重复。修改文字样式时应注意以下几点：

1）修改完成后单击"文字样式"对话框中的　应用(A)　按钮，则修改生效，系统立即更新图样中与此文字样式关联的文字。

2）当修改文字样式连接的字体文件时，系统将改变所有文字的外观。

3）当修改文字的"颠倒""反向"及"垂直"特性时，系统将改变单行文字的外观。修改"文字高度""宽度因子"及"倾斜角度"时，不会引起已有单行文字外观的改变，但将影响此后创建的文字对象。

4）对于多行文字，只有"垂直""宽度因子"及"倾斜角度"选项才会影响已有的多行文字的外观。

4.7　文本标注

1. 单行文本标注

创建单行文字，默认情况下，该文字所关联的文字样式是"Standard"，采用的字体是"TXT. SHX"。如果用户要输入中文，应修改当前文字样式，使其与中文字体相联，此外，也可创建一个采用中文字体的新文字样式。

（1）单行文本标注的启动方法

1）单击文字工具栏（通过视图菜单工具栏添加文字工具栏）上的 A 按钮。

2）单击常用菜单中"注释"中的 A 按钮。

3）单击注释菜单"文字"中的 A 按钮。

4）命令 Dtext 或简写 DT。

使用 Dtext 命令可以非常灵活地创建文字项目。执行此命令后，用户不仅可以设置文本的对齐方式及文字的倾斜角度，而且还能用十字光标在不同的地方定位文本的位置（系统变量 DTEXTED 等于 1），该特性使用户只执行一次命令，就能在图形的任何区域放置文本。另外，Dtext 命令还提供了屏幕预演的功能，即在输入文字的同时将该文字在屏幕上显示出来，这样用户就能很容易地发现文本输入的错误，以便及时修改。

（2）单行文字的对齐方式 启动单行文字命令，系统提示用户输入文本的插入点，此点和实际字符的位置关系由"对齐方式［对正（J）］"所决定。对于单行文字，系统提供了十多种对正选项，默认情况下，文本是左对齐的，即指定的插入点是文字的左基线点，如图 4-52 所示。

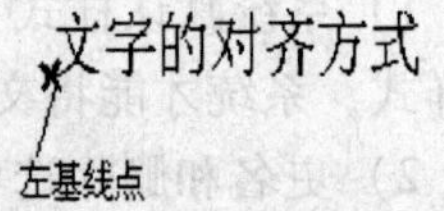

文字的对齐方式

左基线点

图 4-52 单行文字插入点与左基线点重合示例图

如果要改变单行文字的对齐方式，可使用"对正（J）"选项。在"指定文字的起点或［对正（J）/样式（S）］"提示下输入"J"，则系统提示"［对齐（A）/布满（F）/居中（C）/中间（M）/右对齐（R）/左上（TL）/中上（TC）/右上（TR）/左中（ML）/正中（MC）/右中（MR）/左下（BL）/中下（BC）/右下（BR）］"，下面对以上选项进行详细说明。

对齐（A）：使用此选项时，系统提示指定文本分布的起始点和结束点。当用户选定两点并输入文本后，系统会将文字压缩或扩展，使其充满指定的宽度范围，文字的高度则按适当比例变化，以使文本不至于被扭曲。

布满（F）：使用此选项时，系统增加了"指定高度:"的提示。使用此选项也将压缩或扩展文字，使其充满指定的宽度范围，但文字的高度值等于指定的数值。分别利用"对齐（A）"和"布满（F）"选项在矩形框中填写文字，结果如图 4-53 所示。

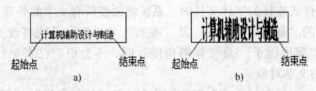

a)   b)

图 4-53　对齐及布满选项示例图
a) 对齐（A）选项　b) 布满（F）选项

通过"居中（C）/中间（M）/右对齐（R）/左上（TL）/中上（TC）/右上（TR）/左中（ML）/正中（MC）/右中（MR）/左下（BL）/中下（BC）/右下（BR）"这些选项设置文字的插入点，各插入点位置如图 4-54 所示。

图 4-54　文字对正示例图

居中（C）：标注文本中点与指定点对齐。

中间（M）：标注文本的文本中心和高度中心与指定点对齐。

右对齐（R）：在图形中指定的点与文本基线的右端对齐。

左上（TL）：在图形中指定的点与标注文本顶部左端点对齐。

中上（TC）：在图形中指定的点与标注文本顶部中点对齐。

右上（TR）：在图形中指定的点与标注文本顶部右端点对齐。

左中（ML）：在图形中指定的点与标注文本左端中间点对齐。

正中（MC）：在图形中指定的点与标注文本中部中心点对齐。

右中（MR）：在图形中指定的点与标注文本右端中间点对齐。

左下（BL）：在图形中指定的点与标注文本底部左端点对齐。

中下（BC）：在图形中指定的点与字符串底部中点对齐。

右下（BR）：在图形中指定的点与字符串底部右端点对齐。

ML、MC、MR 三种对齐方式中所指的中点均是文本大写字母高度的中点，即文本基线到文本顶端距离的中点；MIDDLE 所指的文本中点是文本的总高度（包括如 J、Y 等字符的下沉部分）的中点，即文本底端到文本顶端距离的中点，如图 4-55 所示。如果文本串中不含 J、Y 等下沉字母，则文本底端线与文本基线重合，MC 与 MIDDLE 相同。

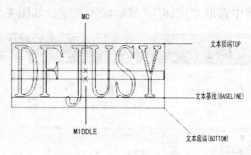

图 4-55　文本底端到文本顶端距离的中点

（3）在单行文字中加入特殊字符　工程图中用到的许多符号都不能通过标准键盘直接输入，如文字的下划线、直径代号等。当利用 Dtext 命令创建文字注释时，必须输入特殊的代码来产生特定的字符，这些代码及其对应的特殊符号见表 4-1。如果输入的"％％"后如无控制字符（如 C、P、D）或数字，系统将视其为无定义，并删除"％％"及后面的所有字符；如果用户只输入一个"％"，则此"％"将作为一个字符标注于图形中。

表 4-1　特殊符号示例表

代　　码	字　　符	代　　码	字　　符
％％o	文字的上画线	％％p	表示"±"
％％u	文字的下画线	％％c	直径代号
％％d	角度的度符号		

2. 多行文本标注

多行文本标注可以创建复杂的文字说明。多行文字由任意数目的文字行组成，所有的文字构成一个单独的实体。创建多行文字时，首先要建立一个文本边框，此边框表明了段落文字的左右边界，然后在文本边框的范围内输入文字，指定了文本分布的宽度，文字沿竖直方向可无限延伸。另外，用户还能设置及修改多行文字中单个字符或某一部分文字的属性（包括文本的字体、倾斜角度和高度等）。

（1）多行文本标注的启动方法

1）单击文字工具栏（通过视图菜单工具栏添加文字工具栏）上的 A 按钮。

2）单击常用菜单中"注释"中的 A 按钮。

3）单击注释菜单"文字"中的 A 按钮。

4）命令 Mtext。

（2）添加特殊字符　下面通过实例演示如何在多行文字中加入特殊字符，文字内容如下：

管道穿墙及穿楼板时，应装 φ40 的钢质套管。

供暖管道管径 DN≤32 采用螺纹连接。

1）设定绘图区域大小为10000mm×10000mm。

2）启动"文字样式"对话框，设定文字高度为"100"，其余采用默认选项。

3）单击 A 按钮，再指定文字分布的宽度，打开多行文字编辑器，在"字体"下拉列表中选取"宋体"，然后输入文字，如图 4-56 所示。

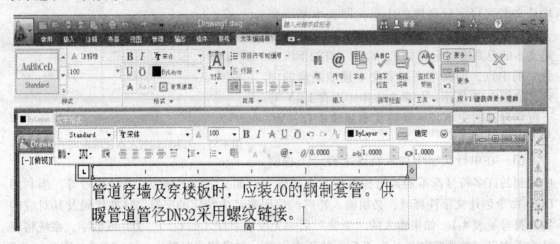

图 4-56　多行文字编辑器

4）在要插入直径符号的位置单击鼠标左键，再指定当前字体为"TXT"，然后单击鼠标右键，弹出快捷菜单，选取"符号"／"直径"选项，结果如图 4-57 所示。

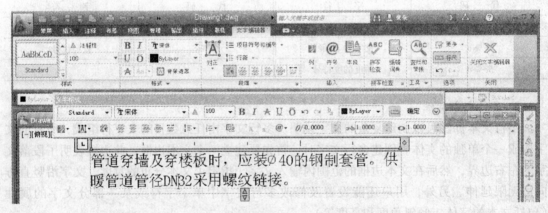

图 4-57　文字编辑器输入符号"φ"示例图

5）在文本输入窗口中单击鼠标右键，弹出快捷菜单，选取"符号"／"其他"选项，打开"字符映射表"对话框。

6）在对话框的"字体"下拉列表中选取"宋体"，然后选取需要的字符"≤"，如图 4-58 所示。

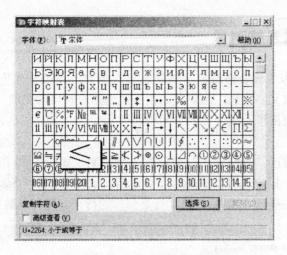

图 4-58　"字符映射表"对话框

7）单击 选择(S) 按钮，再单击 复制(C) 按钮。

8）返回多行文字编辑器，在需要插入"≤"符号的地方单击鼠标左键，然后单击鼠标右键，弹出快捷菜单，选取"粘贴"选项，结果如图 4-59 所示。

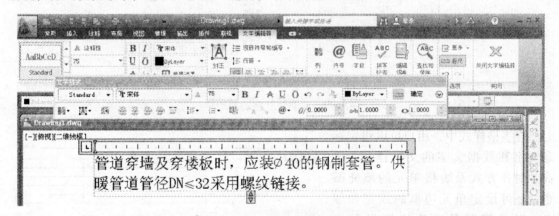

图 4-59　文字编辑器输入符号"≤"示例

9）单击 确定 按钮，完成操作。

4.8　文本编辑

编辑文字的常用方法有两种。一种使用 Ddedit 命令编辑单行或多行文字，选择不同对象，系统将打开不同的对话框。针对单行或多行文字，系统将分别打开"编辑文字"对话框和多行文字编辑器。使用 Ddedit 命令编辑文本的优点是，此命令连续地提示用户选择要编辑的对象，因而只要执行 Ddedit 命令，就能一次修改许多文字对象。另一种使用 Properties 命令修改文本。选择要修改的文字后执行 Properties 命令，打开"特性"对话框，在该对话框中用户不仅能修改文本的内容，还能编辑文本的其他许多属性，如倾斜角度、对齐方式、高度和文字样式等。

4.9 创建及编辑表格对象

在 AutoCAD 中可以生成表格对象。创建表格对象时，系统首先生成一个空白表格，随后用户可在该表中填入文字信息。用户可以很方便地修改表格的宽度、高度及表中文字，还可按行、列方式删除表格单元或合并表中的相邻单元。

1. 表格样式

表格对象的外观通过"表格样式"对话框进行控制，如图 4-60 所示。默认情况下的表格样式是"Standard"，用户也可以根据需要创建新的表格样式。"Standard"表格的外观如图 4-61 所示，其中第一行是标题行，第二行是列标题行，其他行是数据行。

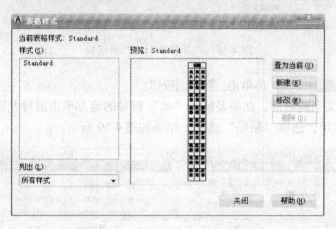

图 4-60 "表格样式"对话框

在表格样式中，用户可以设定标题文字和数据文字的文字样式、字高、对齐方式及表格单元的填充颜色，还可设定单元边框的线宽和颜色，以及控制是否将边框显示出来等。

图 4-61 "Standard"表格外观示例

2. 表格样式对话框的启动方法

1）通过视图菜单工具栏添加"样式"工具，单击 按钮。

2）单击常用菜单"注释"中的 按钮。

3）单击注释菜单"表格"右下"↘"。

4）命令 Tablestyle。

3. 创建及修改空白表格

使用 Table 命令创建空白表格，空白表格外观由当前表格样式决定。使用该命令时，用户要输入的主要参数有"行数""列数""行高"及"列宽"等。创建及修改空白表格命令启动方法如下：

1）单击常用菜单"注释"中的■按钮。

2）单击注释菜单"表格"中的■按钮。

3）命令 Table。

通过以上各种启动方法，系统将打开"插入表格"对话框，如图 4-62 所示。在该对话框中用户可选择表格样式，并指定表的行、列数目及相关尺寸来创建表格。

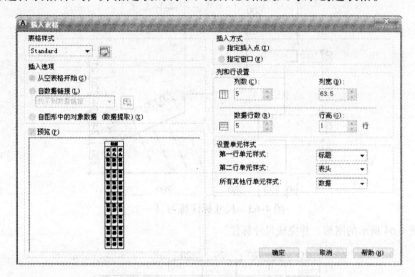

图 4-62　"插入表格"对话框

4. 在表格中填写文字

在表格单元中可以很方便地填写文字信息。创建表格后，系统会亮显表格的第一个单元，同时打开"文字格式"工具栏，此时即可输入文字了。此外，用户双击某一单元也能将其激活，从而可在其中填写或修改文字。当要移动到相邻的下一个单元时，可按 < Tab > 键，或使用箭头键向左、右、上或下移动。

本 章 小 结

在绘图过程中，有时需要给图形标注一些恰当的文本说明，使图形更加明白、清楚。从而完整地表达其设计意图。文字标注是建筑图中非常重要的组成部分，它可以表达设计师用图纸表达不出来的一些东西，在建筑图中，通常会标明建筑物的名称、房间的功能、特殊的施工做法等，这就需要在图纸中加入一些特有的文字说明，才能更好地表达出设计师的想法。本章主要介绍标注样式的创建方法和标注尺寸的方法。学完本章后，读者应该对尺寸标注有一个清楚的了解，初步掌握根据自己的特殊需要创建出合适的尺寸标注样式或改变尺寸标注样式。

同时本章介绍了标注文字和编辑文字的方法，以及字体设置、文本标注、特殊字符输入等。对于文本工具中的文本调整和文本对齐等，也可用其他的办法来解决，比如采用夹点就可十分方便地完成。Auto-CAD 2013 文本标注功能比以前版本更为强大。通过学习本章的内容，用户应当能熟练地标注各种样式、各种内容的文本。建议用户应牢记并熟练掌握 Text、Mtext、Style、Ddedit 等命令。

复　习　题

1. 标注图 4-63 中的尺寸。

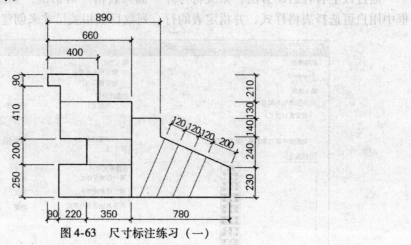

图 4-63　尺寸标注练习（一）

2. 制作图 4-64 所示的图形，并完成尺寸标注。

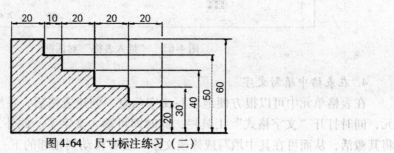

图 4-64　尺寸标注练习（二）

3. 根据工作试设置几种新的文字样式，并写出字体。

4. 用 Dimradius 命令标注图 4-65 所示圆弧的半径。

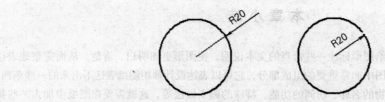

图 4-65　圆弧半径标注

5. 用 Dimleader 命令标注图 4-66 所示关于圆孔的说明文字。

注意四孔去除所有的锋利的边

图 4-66　圆孔说明文字标注

6. 填写图 4-67 所示标题栏。

门窗编号	洞口尺寸	数量	位置
M1	4260×2700	2	阳台
M2	1500×2700	1	主入口
C1	1800×1800	2	楼梯间
C2	1020×1500	2	卧室

图 4-67　标题栏

第 5 章

天正建筑平面图绘制

前面介绍了 AutoCAD 的基本内容及使用方法，但在实际的建筑工程设计中，直接用 AutoCAD 绘图只占其中的一部分，更多的是采用二次开发的建筑软件，本书的第 5 ~ 8 章就主要介绍天正建筑 2013 软件的使用。

本章主要介绍天正建筑 2013 版本的平面设计方法，主要内容包括轴网、柱、墙体、门窗、房间与屋顶及室内外设施等，其中门窗及室内外设施作为智能块可直接插入平面图形。

5.1 轴网与柱

轴网是由两组到多组轴线与轴号、尺寸标注组成的平面网格，是建筑物单体平面布置和墙柱构件定位的依据。完整的轴网由轴线、轴号和尺寸标注三个相对独立的系统构成。

5.1.1 直线轴网的绘制

直线轴网功能用于生成正交轴网、斜交轴网或单向轴网，由命令"绘制轴网"中的"直线轴网"选项卡执行。

执行方式

命令行：HZZW

菜单："轴网柱子"→"绘制轴网"

正交轴网中构成轴网的两组轴线间的夹角为 90°，如图 5-1 所示。

操作步骤

1）执行"绘制轴网"命令，打开"绘制轴网"对话框中的"直线轴网"选项卡，如图 5-2 所示。

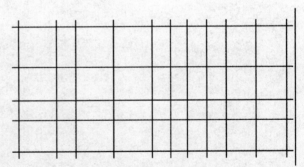

图 5-1 正交轴网图

2）选择默认的"下开"，在轴间距内输入 6000、3000、6000、6000、3000、2700、3000、3000、4800、4800。

3）选择"左进"，在轴间距内输入 4800、3000、5100、6300。

4）输入所有尺寸数据后单击"确定"按钮，命令行显示如下：

单击位置或 [转90度 (A)/左右翻 (S)/上下翻 (D)/对齐 (F)/改转角 (R)/改基点 (T)] <退出>：

<u>点选轴网基点位置</u>

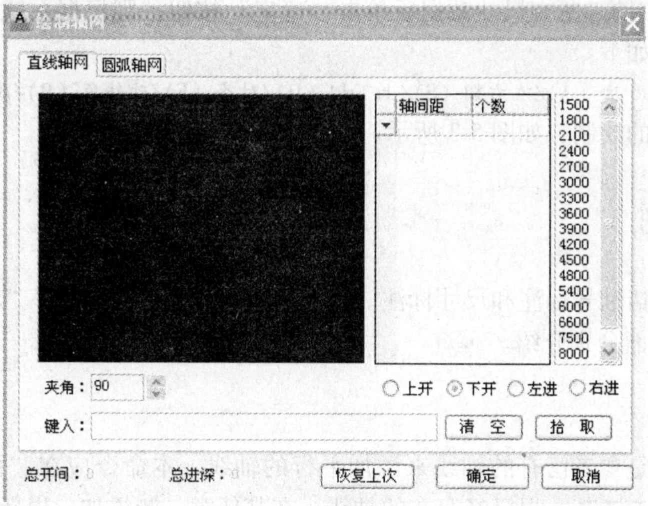

图 5-2　"直线轴网"选项卡

完成直线轴网的绘制，如图 5-1 所示。

5.1.2　绘制圆弧轴网

圆弧轴网是由弧线和径向直线组成的定位轴线，如图 5-3所示。

执行方式

命令行：HZZW

菜单："轴网柱子"→"绘制轴网"

操作步骤

1）执行"绘制轴网"命令，打开"绘制轴网"对话框后，打开其中的"圆弧轴网"选项卡，如图 5-4 所示。

2）选中"圆心角"，默认已选中该项，即左面的圆圈中出现圆点，也可单击选中。

3）选择"圆心角"和"顺时针"两种方式，在"轴夹角"内输入 180，个数输入1，其他对话框中输入数据。选中"进深"方式，在"轴间距"内输入

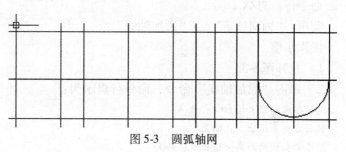

图 5-3　圆弧轴网

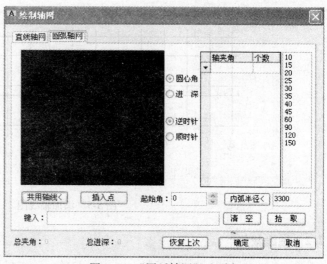

图 5-4　"圆弧轴网"选项卡

4800，"插入点"选择轴线交点，其他对话框中输入数据。

4）在对话框中输入所有尺寸数据后单击"确定"按钮，则根据系统提示输入所需要的参数，命令行显示如下：

单击位置或［转90度（A）/左右翻（S）/上下翻（D）/对齐（F）/改转角（R）/改基点（T）］退出：

完成圆弧轴网的绘制，如图5-3所示。

5.2　编辑轴网

轴网的标注包括轴号标注和尺寸标注。轴网编辑用到"添加轴线""轴线裁剪"和"轴改线型"命令，下面分别介绍。

5.2.1　添加轴线

添加轴线功能是参考已有的轴线来添加平行的轴线。本命令应在"两点轴标"命令完成后执行，功能是参考某一根已经存在的轴线，在其任意一侧添加一根新轴线，同时根据用户的选择赋予新的轴号，把新轴线和轴号一起融入到存在的参考轴号系统中。

执行方式

命令行：TJZX

菜单："轴网柱子"→"添加轴线"

操作步骤

1）打开图5-3。

2）单击"添加轴线"命令，命令行提示为：

选择参考轴线＜退出＞：选A

偏移方向＜退出＞：向上

距参考轴线的距离＜退出＞：3900

3）B、C、D点的操作步骤同上。

4）选择要完成的参考线名称、偏移方向及距参考轴线的距离等，输入不同的参数，完成后的效果如图5-5所示。

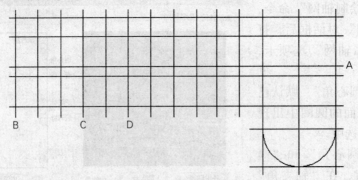

图5-5　添加轴线图

5.2.2　轴线裁剪

本命令可根据设定的多边形与直线范围，裁剪多边形内的轴线或者直线某一侧的轴线。

轴线裁剪命令可以控制轴线长度，同样也可以应用 AutoCAD 中的相关命令进行操作，实际画图过程中相互配合使用的较多。

执行方式

命令行：ZXCJ

菜单："轴网柱子"→"轴线裁剪"

操作步骤

1）首先，用已经学过的"绘制轴网"命令绘制图 5-6 所示的源文件。

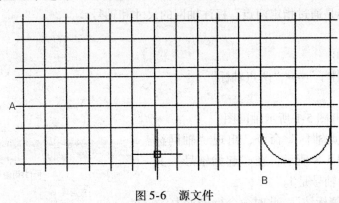

图 5-6　源文件

2）单击"轴线裁剪"命令，系统默认为矩形裁剪，可直接给出矩形的对角线完成操作，命令交互执行方式如下：

矩形的第一个角点或 ［多边形裁剪（P）/轴线取齐（F）］＜退出＞：选 A

另一个角点＜退出＞：选 B

裁剪结果如图 5-7 所示。

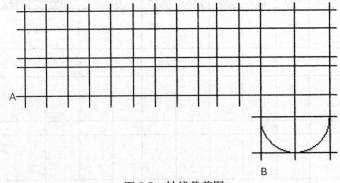

图 5-7　轴线裁剪图

5.2.3　轴改线型

轴改线型命令是将轴网命令中生成的默认线性实线改为点画线。

执行方式

菜单："轴网柱子"→"轴改线型"

在单击菜单命令后，图中轴线按照比例显示为点画线或连续线。实现轴改线型也可以通过在 AutoCAD 命令中将轴线所在图层的线型改为点画线。在实际作图中轴线先用连续线，出图时转换为点画线。

5.3　轴网标注

本节主要讲解轴网标注中的轴号、进深和开间等的标注功能。

5.3.1　两点轴标

两点轴标功能是通过指定两点，标注轴网的尺寸和轴号。

执行方式

命令行：LDZB

菜单："轴网柱子"→"两点轴标"

操作步骤

1）首先，打开图5-1所示轴网图。

2）单击"两点轴标"命令，出现"轴网标注"对话框，如图5-8所示，在"起始轴号"文本框中的默认起始轴号是1。

3）选择"单侧标注"，此时命令行提示为：

请选择起始轴线＜退出＞：选择起始轴线 A

请选择终止轴线＜退出＞：选择终止轴线 B

请选择起始轴线＜退出＞：按＜Enter＞键退出

图5-8　"轴网标注"对话框

完成从左至右的轴网标注，如图5-9所示。

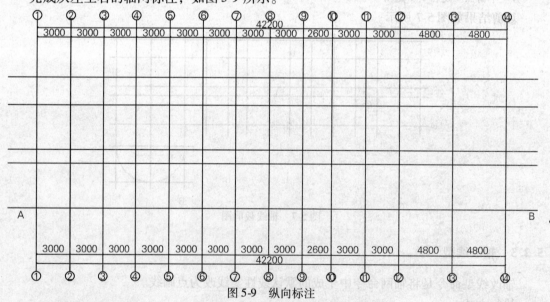

图5-9　纵向标注

4）单击"两点轴标"命令，出现"轴网标注"对话框，如图5-8所示，在"起始轴号"文本框中的默认起始轴号是 A。

5）选择"共用轴号"，此时命令行提示同"单侧标注"相同。

完成直线轴网标注，如图5-10所示。

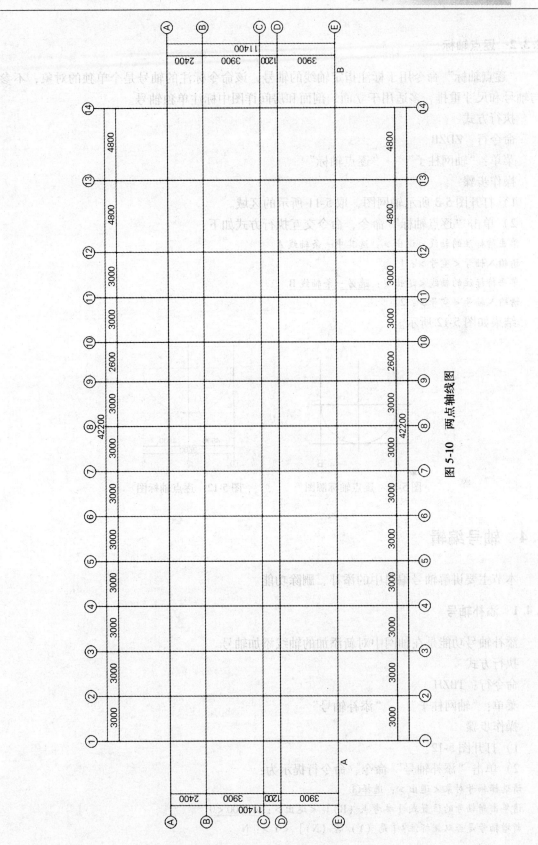

图 5-10 两点轴线图

5.3.2　逐点轴标

"逐点轴标"命令用于标注指定轴线的轴号,该命令标注的轴号是个单独的对象,不参与轴号和尺寸重排,多适用于立面、剖面和房间详图中标注单独轴号。

执行方式

命令行:ZDZB

菜单:"轴网柱子" → "逐点轴标"

操作步骤

1)打开图 5-3 所示轴网图,取 5-11 所示的区域。

2)单击"逐点轴标"命令,命令交互执行方式如下:

单击待标注的轴线 < 退出 >:选其中一条轴线 A

请输入轴号 < 空号 >:1

单击待标注的轴线 < 退出 >:选另一条轴线 B

请输入轴号 < 空号 >:2

结果如图 5-12 所示。

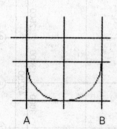

图 5-11　逐点轴标源图

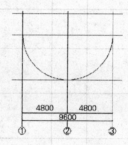

图 5-12　逐点轴标图

5.4　轴号编辑

本节主要讲解轴号编辑中的添补、删除功能。

5.4.1　添补轴号

添补轴号功能是在轴网中对新添加的轴线添加轴号。

执行方式

命令行:TBZH

菜单:"轴网柱子" → "添补轴号"

操作步骤

1)打开图 5-12。

2)单击"添补轴号"命令,命令行提示为:

请选择轴号对象 < 退出 >:选择③

请单击新轴号的位置或 [参考点(R)] < 退出 >:@ 1000 < 0

新增轴号是否双侧标注?[是(Y)/否(N)] < Y >:N

新增轴号是否为附加轴号？［是（Y）/否（N）］＜N＞：N

则添补④轴号，如图 5-13 所示。

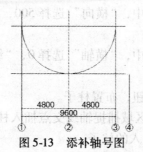

图 5-13　添补轴号图

5.4.2　删除轴号

删除轴号功能用于删除不需要的轴号，可支持一次删除多个轴号。

执行方式

命令行：SCZH

菜单："轴网柱子"→"删除轴号"

操作步骤

1）打开图 5-9。

2）单击"删除轴号"命令，框选要删除轴号，本例选择"不重排轴号"的执行方式，结果如图 5-14 所示。

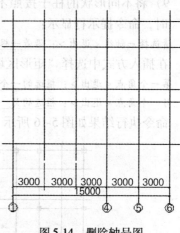

图 5-14　删除轴号图

5.5　柱子的创建

本节主要讲解柱子创建的功能。

柱子是建筑物中起到主要支承作用的结构构件，有些时候柱子也用于纯粹的装饰。本节主要介绍标准柱、角柱、构造柱的创建方法。

5.5.1　标准柱

标准柱功能用来在轴线的交点处或任意位置插入矩形、圆形、正三角形、正五边形、正六边形、正八边形和正十二边形断面柱。

执行方式

命令行：BZZ

菜单："轴网柱子"→"标准柱"

操作步骤

1）打开图 5-7。

2）执行"标准柱"命令，打开"标准柱"对话框，如图 5-15所示。

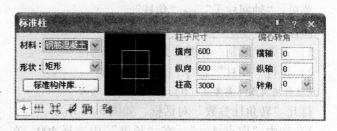

图 5-15　"标准柱"对话框

3）在"材料"中选择默认数值为钢筋混凝土。

4）在"形状"中选择默认数值为矩形。

5）在"柱子尺寸"选项区域中，"横向"选择 500，"纵向"选择 500，"柱高"选择默认数值为 3000。

6）在"偏心转角"选项区域中，"横轴"选择 0，"纵轴"选择 130，"转角"选择默认值 0。

7）单击"点选插入柱子"按钮，布置柱子。

8）参数设定完毕后，在绘图区域捕捉轴线交点插入柱子，没有轴线交点时即为在所选点位置插入柱子，图中即可显示插入的柱子。

9）将不同形状的柱子按照不同的插入方式进行操作，在插入方式中选择"沿轴线布置"时，命令提示行显示：

请选择一轴线 <退出>：沿着一根轴线布置，位置在所选轴线与其他轴线相交点处

在插入方式中选择"矩形区域布置"时，命令提示行显示：

第一个角点 <退出>：框选的一个角点

另一个角点 <退出>：框选的另一个对角点

命令执行结果如图 5-16 所示。

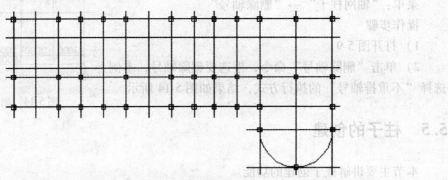

图 5-16　标准柱图

5.5.2　角柱

角柱用来在墙角插入形状与墙角一致的柱子，可改变柱子各肢的长度和宽度，并且能自动适应墙角的形状。

执行方式

命令行：JZ

菜单："轴网柱子"→"角柱"

操作步骤

1）首先，绘制一源图，如图 5-17 所示。

2）执行"角柱"命令，命令行提示：

请选取墙角或［参考点（R）］<退出>：选 A

打开"转角柱参数"对话框，如图 5-18 所示。

3）选中"取点 A <"，在"长度"中选择 400，在"宽度"中选择默认值 240。

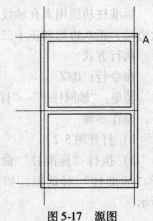

图 5-17　源图

4）选中"取点 B <"，在"长度"中选择 500，在"宽度"中选择默认值 240。

5）单击"确定"按钮，结果如图 5-19 所示。

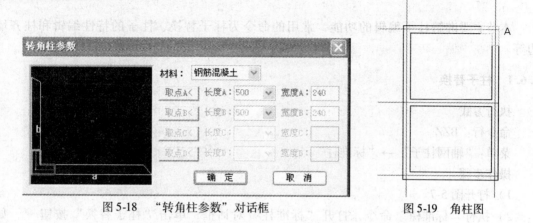

图 5-18　"转角柱参数"对话框　　　　　图 5-19　角柱图

5.5.3　构造柱

构造柱可以在墙角和墙内插入依照所选择的墙角形状为基准，输入构造柱的具体尺寸，指出对齐方向。由于生成的为二维尺寸仅用于二维施工图中，因此不能用对象编辑命令修改。

执行方式

命令行：GZZ

菜单："轴网柱子"→"构造柱"

操作步骤

1）打开图 5-17。

2）执行"构造柱"命令，命令行提示：

请选取墙角或［参考点（R）］＜退出＞：选 A

出现"构造柱参数"对话框，如图 5-20 所示，默认构造柱材料为钢筋混凝土。

3）在"A—C"中选择 A。

4）在"B—D"中选择 B。

5）单击"确定"按钮，结果如图 5-21 所示。

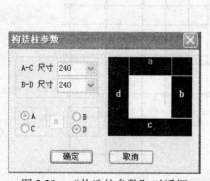

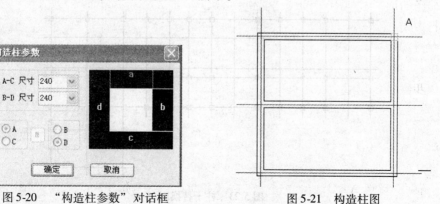

图 5-20　"构造柱参数"对话框　　　　　图 5-21　构造柱图

5.6　柱子编辑

本节主要讲解柱子编辑的功能，常用的命令为柱子替换、柱子的特性编辑和柱齐墙边等。

5.6.1　柱子替换

执行方式

命令行：BZZ

菜单："轴网柱子" → "标准柱"

操作步骤

1）打开图5-7。

2）执行"标准柱"命令，打开"标准柱"对话框，单击"柱子替换"按钮，如图5-22所示。

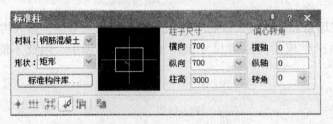

图5-22　"标准柱"对话框

3）在"柱子尺寸"选项区中，"横向"选择700，"纵向"选择700，"柱高"选择默认值3000。

4）在"偏心转角"选项区中，"横轴"选择0，"纵轴"选择0，"转角"选择默认值0。

5）在插入方式中选择"柱子替换"。

6）参数设定完毕后，在绘图区域单击激活。

命令执行后的结果如图5-23所示。

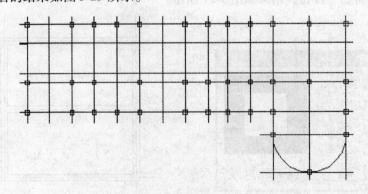

图5-23　柱子替换图

5.6.2 柱子编辑

已经插入图中的柱子，用户如需要成批修改，可使用柱子替换功能或者特性编辑功能，当需要个别修改时应充分利用夹点编辑和对象编辑功能。柱子对象编辑采用双击要替换的柱子，显示与"标准柱"相似的对话框，修改参数后单击"确定"按钮即可更改所选中的柱子。

操作步骤

1）首先，绘制一源图，如图 5-24 所示。

2）双击图 5-24 中要替换的柱子 A，打开"标准柱"对话框，如图 5-22 所示。

3）在"横向"中选择 700，在"纵向"中选择 700。

4）单击"确定"按钮，结果如图 5-25 所示。

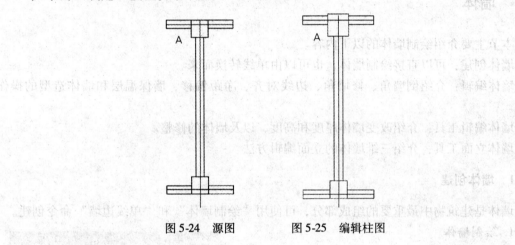

图 5-24 源图   图 5-25 编辑柱图

5.6.3 柱齐墙边

"柱齐墙边"命令用来移动柱子边与墙边线对齐，可以选择多个柱子与墙边对齐。

执行方式

命令行：ZQQB

菜单："轴网柱子"→"柱齐墙边"

操作步骤

1）取图 5-23 中图 5-26 所示部位。

2）执行"柱齐墙边"命令，打开"柱齐墙边"对话框，命令行提示如下：

请点取墙边 < 退出 >：选 A 侧下边的外墙

请点取柱边 < 退出 >：A

请点取柱边 < 退出 >：B

请点取柱边 < 退出 >：C

执行上述命令，对齐剩余柱子，结果如图 5-27 所示。

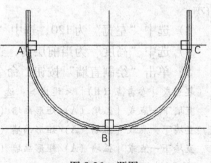

图 5-26 源图

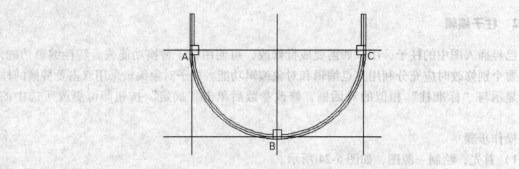

图 5-27　柱齐墙边图

5.7　墙体

本节主要介绍绘制墙体的以下内容。

墙体创建：可以直接绘制墙体，也可以由单线转换而来。

墙体编辑：介绍倒墙角、修墙角、边线对齐、净距偏移、墙保温层和墙体造型的操作方法。

墙体编辑工具：介绍改变墙体厚度和高度，以及墙体的修整。

墙体立面工具：介绍三维墙体的立面编辑方法。

5.7.1　墙体创建

墙体是建筑物中最重要的组成部分，可使用"绘制墙体"和"单线边墙"命令创建。

1. 绘制墙体

单击"绘制墙体"菜单，打开图 5-28 所示对话框，绘制的墙体自动处理墙体交接处的接头形式。

执行方式

命令行：HZQT

菜单："墙体"→"绘制墙体"

操作步骤

图 5-28　"绘制墙体"对话框

1）打开图 5-7。

2）执行"绘制墙体"命令，绘制连续双线直墙和弧墙，"绘制墙体"对话框如图 5-28 所示。

3）选中"左宽"为120，选中"右宽"为120，在"墙基线"中选"中"。

4）选中"高度"为当前层高，选中"材料"为砖墙，在"用途"中为一般墙。

5）单击"绘制直墙"按钮，命令行提示：

起点或 [参考点（R）] ＜退出＞：选 A

直墙下一点或 [弧墙（A）/矩形画墙（R）/闭合（C）/回退（U）] ＜另一段＞：C

直墙下一点或 [弧墙（A）/矩形画墙（R）/闭合（C）/回退（U）] ＜另一段＞：D

直墙下一点或 [弧墙（A）/矩形画墙（R）/闭合（C）/回退（U）] ＜另一段＞：B

绘制结果为直墙。

6）单击"矩形绘墙"按钮，命令行提示：

起点或［参考点（R）］＜退出＞：选 <u>E</u>

另一个角点或［直墙（L）/弧墙（A）］＜取消＞：选 <u>F</u>

绘制结果为 C-D 段的直墙，

7）单击"绘制弧墙"按钮，命令行提示：

起点或［参考点（R）］＜退出＞：选 <u>B</u>

弧墙终点＜取消＞：选 <u>A</u>

单击弧上任意点或［半径（R）］＜取消＞：选 <u>G</u>

绘制结果为 E-F 段的直墙，如图 5-29 所示。

2. 等分加墙

等分加墙是在墙段的每一等分处，做与所选墙体垂直墙体，所加墙体延伸至与指定边界相交。

执行方式

命令行：DFJQ

菜单："墙体"→"等分加墙"

操作步骤

1）打开图 5-29。

2）执行"等分墙体"命令，选择等分所参照的墙段。打开"等分加墙"对话框，如图 5-30 所示。

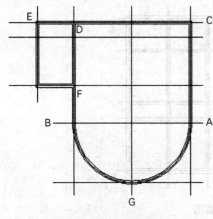

图 5-29 绘制墙体图 图 5-30 "等分加墙"对话框

3）在"等分数"中选择 2，"墙厚"中选择 240，在"材料"中选择砖墙，在"用途"中选择一般墙。

4）在绘图区域内单击，进入绘图区，选择作为另一边界的墙段。

命令执行完毕后结果如图 5-31 所示。

3. 单线变墙

单线变墙可以把 AutoCAD 绘制的直线，以圆、圆弧为基准生成墙体，也可以基于设计好的轴网创建墙体。

执行方式

命令行：DXBQ

菜单："墙体" → "单线变墙"

操作步骤

1）打开图 5-1。

2）执行"单线变墙"命令，打开"单线变墙"对话框，如图 5-32 所示。

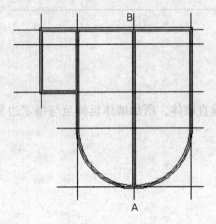

图 5-31　等分加墙图

图 5-32　"单线变墙"对话框

3）单击绘图区域，选择要变成墙体的直线、圆弧、圆或多段线，指定对角点（A、B）：共找到 13 个。生成的墙体如图 5-33 所示。

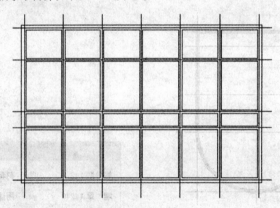

图 5-33　单线变墙图

5.7.2　墙体编辑

本小节主要讲解墙体编辑的功能。

墙体编辑可采用 TARCH 命令，也可采用 AutoCAD 命令进行编辑，还可以双击墙体进入参数编辑。

1. 倒墙角

倒墙角用于处理两段不平行墙体的端头交角。

执行方式

命令行：DQJ

菜单："墙体" → "倒墙角"

操作步骤

1）打开图 5-33。

2）执行"倒墙角"命令，命令行提示如下：

选择第一段墙线 ［设圆角半径（R），当前 = 0］＜退出＞：R

请输入圆角半径＜0＞：1000

选择第一段墙线 ［设圆角半径（R），当前 = 3000］＜退出＞：选中 A 处一墙线

选择另一段墙＜退出＞：选中 A 处另一墙线

完成 A 处倒墙角操作。

3）使用"倒墙角"命令完成 B、C、D 处操作。

绘制结果如图 5-34 所示。

2. 修墙角

修墙角用于对属性相同的墙体相交处的清理，当运用某些编辑命令造成墙体相交部分未打断时，可以采用"修墙角"命令进行处理。

执行方式

命令行：XQJ

菜单："墙体" → "修墙角"

单击命令菜单后，命令行显示为：

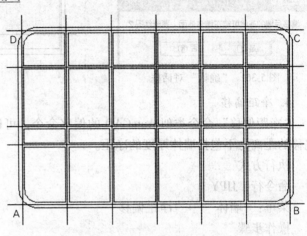

图 5-34　倒墙角图

请单击第一角点或 ［参考点（R）］＜退出＞：请框选需要处理的墙角、柱子或墙体造型，输入第一点

单击另一个角点＜退出＞：单击对角另一点

由于命令执行方式比较简单，不再详细介绍。

3. 边线对齐

边线对齐是指墙边线通过指定点，偏移到指定位置的形式，把在同一延长线方向上多个墙段都对齐。

执行方式

命令行：BXDQ

菜单："墙体" → "边线对齐"

操作步骤

1）取图 5-33 中图 5-35 所示部分。

2）执行"边线对齐"命令，命令提示行如下：

请单击墙角边应通过的点或 ［参考点（R）］＜退出＞：选 A

请单击一段墙＜退出＞：选 B

打开"确认"对话框，如图 5-36

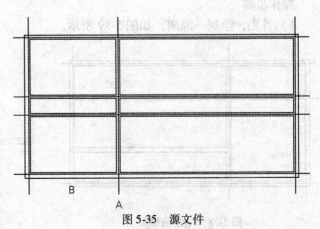

图 5-35　源文件

所示，单击"是（Y）"按钮，结果如图 5-37 所示。

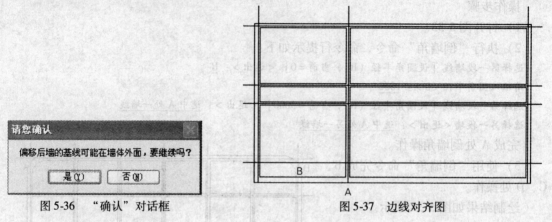

图 5-36 "确认"对话框　　　　　　　　图 5-37 边线对齐图

4. 净距偏移

"净距偏移"命令类似 AutoCAD 的偏移命令，可以复制双线墙，并自动处理墙端接头，偏移的距离为不包括墙体厚度的净距。

执行方式

命令行：JJPY

菜单："墙体"→"净距偏移"

操作步骤

1）打开图 5-35。

2）单击"净距偏移"命令，输入偏移距离。生成的墙体 B 如图 5-38 所示，墙线之间距离为净距。

5. 墙保温层

"墙保温层"命令可以在墙体上加入或删除保温墙线，遇到门自动断开，遇到窗自动把窗厚度增加。

执行方式

命令行：QBWC

菜单："墙体"→"墙保温层"

操作步骤

1）首先，绘制一源图，如图 5-39 所示。

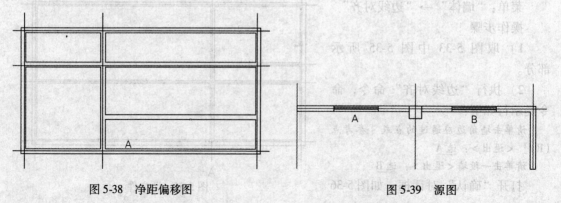

图 5-38 净距偏移图　　　　　　　　　　图 5-39 源图

2) 确定墙体厚度，执行"墙保温层"命令，命令提示如下：

指定墙体保温的一侧或 ［外墙内侧（T）/外墙外侧（E）/消保温层（D）/保温层厚（当前 = 200）（T）］
＜退出＞：<u>T</u>

保温层厚＜200＞：<u>100</u>

改变墙体厚度从 200 变为 100

3) 加 A 处墙体的内保温，执行"墙保温层"命令，命令提示如下：

指定墙体保温的一侧或 ［外墙内侧（T）/外墙外侧（E）/消保温层（D）/保温层厚（当前 = 200）（T）］
＜退出＞：<u>选择墙体</u>

4) 墙体保温层图如图 5-40 所示。

6. 墙体造型

墙体造型命令可在平面墙体上绘制凸出的墙体，并与原有墙体附加在一起形成一体，也可由多段线外框生成与墙体关联的造型。

执行方式

命令行：QTZX

菜单："墙体"→"墙体造型"

操作步骤

1) 打开图 5-37。

2) 执行"墙体造型"命令，命令提示行为：

墙体造型轮廓起点或 ［单击图中曲线（P）/单击参考点（R）］ ＜退出＞：<u>选择 A 处外墙与轴线交点</u>

直段下一点或 ［弧段（A）/回退（U）］ ＜结束＞：<u>@0，-500</u>

直段下一点或 ［弧段（A）/回退（U）］ ＜结束＞：<u>@600，0</u>

直段下一点或 ［弧段（A）/回退（U）］ ＜结束＞：<u>@0，500</u>

直段下一点或 ［弧段（A）/回退（U）］ ＜结束＞：<u>按＜Enter＞键结束</u>

墙体造型效果如图 5-41 中 A 处墙体所示。

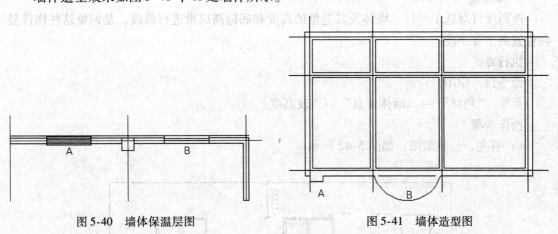

图 5-40　墙体保温层图　　　　　图 5-41　墙体造型图

3) 加 B 处墙体的墙体造型，执行"墙体造型"命令，命令提示行为：

墙体造型轮廓起点或 ［单击图中曲线（P）/单击参考点（P）］ ＜退出＞：<u>选择 B 处外墙与轴线交点</u>

直段下一点或 ［弧段（A）/回退（U）］ ＜结束＞：<u>A</u>

弧段下一点或 ［弧段（L）/回退（U）］ ＜结束＞：<u>选择 B 处外墙与轴线另一交点</u>

单击弧上一点或 ［输入半径（R）］：<u>＜正交 关＞选择 B 点</u>

直段下一点或 [弧段 (A)/回退 (U)] <结束>：**按 <Enter> 键结束**

墙体造型效果如图 5-41 中 B 处墙体所示。

5.7.3 墙体编辑工具

主要讲解墙体编辑工具中进行墙体编辑和修改的功能。

墙体编辑可采用双击墙体进入参数编辑，采用墙体编辑工具可方便地对墙体进行编辑。

1. 改墙厚

改墙厚用于批量修改多段墙体的厚度，墙线一律改为居中。

执行方式

命令行：GQH

菜单："墙体"→"墙体工具"→"改墙厚"

操作步骤

1）打开图 5-33。

2）执行"改墙厚"命令，选择墙体，输入新的墙宽。

2. 改外墙厚

改外墙厚用于整体修改外墙厚度。

执行方式

命令行：GWQH

菜单："墙体"→"墙体工具"→"改外墙厚"

操作步骤

1）打开图 5-33。

2）执行"改外墙厚"命令，选择外墙，输入内、外侧宽。

3. 改高度

改高度可对选中的柱、墙体及其造型的高度和底标高成批进行修改，是调整这些构件竖向位置的主要手段。

执行方式

命令行：GGD

菜单："墙体"→"墙体工具"→"改高度"

操作步骤

1）首先，绘制源图，如图 5-42 所示。

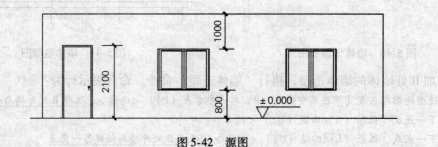

图 5-42　源图

2）执行"改高度"命令，命令提示行如下：

请选择墙体、柱子或墙体造型：选墙体

新的高度 < 3000 > ：<u>3000</u>

新的标高 < 0 > ：<u>– 300</u>

是否维持窗墙底部间距不变？[是（Y）/否（N）：<u>Y</u>

命令执行后结果如图 5-43a 所示。

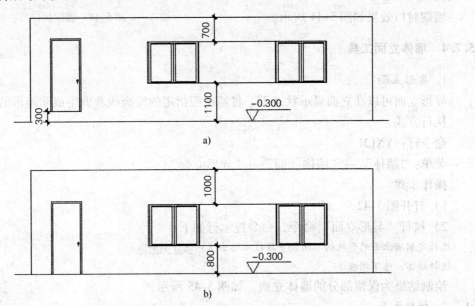

图 5-43　改高度

a）改高度时门窗底标高不变图　b）改高度时门窗底标高改变图

3）执行"改高度"命令，命令提示行如下：

请单击墙边应通过的点或［参考点（R）］< 退出 > ：<u>选A</u>

请选择墙体、柱子或墙体造型：选墙体

请选择墙体、柱子或墙体造型：

新的高度 < 3000 > ：<u>3000</u>

新的标高 < 0 > ：<u>– 300</u>

是否维持窗墙底部间距不变？[是（Y）/否（N）] < N > ：<u>N</u>

命令执行后结果如图 5-43b 所示。

4. 改外墙高

改外墙高仅是改变外墙高度，同"改高度"命令类似，执行前先做内外墙识别工作，自动忽略内墙。

5. 墙端封口

本命令可以改变墙体对象自由端的二维显示形式，墙端封口命令可以使墙端在封口和开口两种形式之间转换。

执行方式

命令行：QDFK

菜单："墙体" → "墙体工具" → "墙端封口"

操作步骤

1）打开图 5-39。

2）执行"墙端封口"命令，命令行提示如下：

选择墙体：选 A

选择墙体：选 B

墙端封口效果如图 5-44 所示。

图 5-44　墙端封口图

5.7.4　墙体立面工具

1. 异形立面

异形立面可以在立面显示状态下，将墙按照指定的轮廓线裁剪生成非矩形的立面。

执行方式

命令行：YXLM

菜单："墙体"→"墙体立面"→"异形立面"

操作步骤

1）打开图 5-42。

2）执行"异形立面"命令，命令提示行如下：

选择定制墙立面的形状的不闭合多段线 <退出>：选分割斜线

选择墙体：选下侧墙体

绘制结果为保留部分的墙体立面，如图 5-45 所示。

2. 矩形立面

矩形立面是异形立面的反命令，可将异形立面墙恢复为标准的矩形立面图。

执行方式

命令行：JXLM

菜单："墙体"→"墙体立面"→"矩形立面"

操作步骤

1）打开图 5-45。

2）执行"矩形立面"命令，命令提示行如下：

选择墙体：选择要创建的矩形立面墙体

执行完毕后如图 5-46 所示。

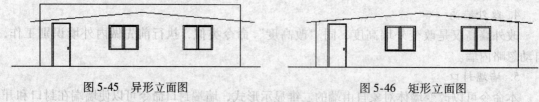

图 5-45　异形立面图　　　　　　　　　图 5-46　矩形立面图

5.8　门窗

门窗创建：介绍普通门窗、转角窗等窗户的创建。

门窗编号和门窗表：介绍门窗编号的方式及检查，门窗表和门窗总表的生成。

门窗编辑和工具：介绍门窗的编号复位，门窗套、加装饰套的操作方式。

5.8.1 门窗创建

本小节主要讲解门窗创建的功能。

门窗是建筑物的重要组成部分，门窗创建就是在墙上确定门窗的位置。

1. 门窗

天正门窗分普通门窗与特殊门窗两类自定义门窗对象。

执行方式

命令行：MC

菜单："门窗" → "门窗"

操作步骤

1）打开图 5-33。

2）执行"门窗"命令，打开"门"对话框，如图 5-47 所示。

图 5-47 "门"对话框

3）在"编号"栏目中输入编号 M-1，在"门高"中输入 2100，在"门宽"中输入 900，在"门槛高"中输入 0。

4）在下侧工具栏图标左侧中选择插入门的方式"自由插入"。

5）在绘图区域中单击，单击门窗插入位置，则 M-1 插入指定位置。

6）选择插窗，弹出插窗"门窗参数"对话框中，绘制命令与选择插门相同。

绘制结果如图 5-48 所示。

2. 转角窗

转角窗可以在墙角两侧插入。转角窗包括普通角窗和角凸窗两种形式。

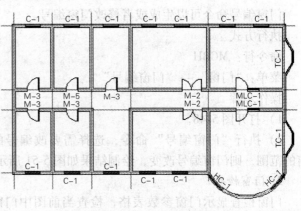

图 5-48 插入门窗图

执行方式

命令行：ZJC

菜单："门窗" → "转角窗"

操作步骤

1）打开图 5-19。

2）执行"转角窗"命令，打开"绘制角窗"对话框，弹出如图 5-49 所示"绘制角窗"对话框。

3）定义"延伸 1"为 50，定义"出挑长"为 30，定义"窗高"为 1500，定义"窗台高"为 600，定义"窗编号"为 ZJC-1。

4）单击绘图区域，显示的命令提示行为：

请选取墙内角＜退出＞：<u>选 A 内角点</u>
转角距离 1＜1500＞：<u>2000（变虚）</u>
转角距离 2＜1000＞：<u>1500（变虚）</u>

绘制结果如图 5-50 所示。

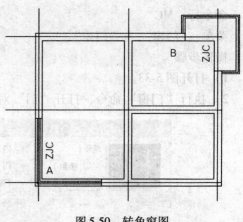

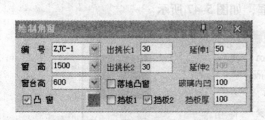

图 5-49　"绘制角窗"对话框

图 5-50　转角窗图

5.8.2　门窗编号与门窗表

本小节主要讲解门窗编号、门窗检查、建立门窗表和门窗总表。

1. 门窗编号

门窗编号命令可以生成或者修改门窗编号。

执行方式

命令行：MCBH

菜单："门窗"→"门窗编号"

操作步骤

1）打开图 5-48。

2）执行"门窗编号"命令，选择需要改编号的门窗的范围，则门窗编号改变，绘制结果如图 5-51 所示。

2. 门窗检查

门窗检查显示门窗参数表格，检查当前图中门窗数据是否合理。

执行方式

命令行：MCJC

菜单："门窗"→"门窗检查"

执行"门窗检查"命令，打开"门窗检查"对话

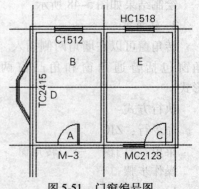

图 5-51　门窗编号图

框,如图 5-52 所示。

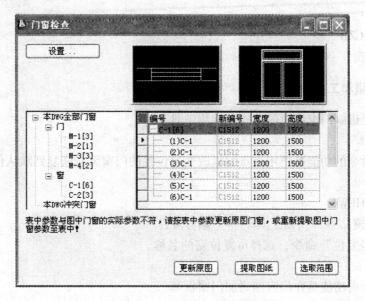

图 5-52 "门窗检查"对话框

选择门窗,再单击"观察"对话框,检查当前图中门窗数据是否合理。

3. 门窗表

门窗表命令统计本图中的门窗参数。

执行方式

命令行:MCB

菜单:"门窗"→"门窗表"

操作步骤

1)打开图 5-48。

2)执行"门窗表"命令,命令提示行如下:

请选择当前层门窗:框选门窗 A—B

门窗表位置(左上角点)或 [参考点(R)] <退出>:点选门窗表插入位置

命令执行后结果如图 5-53 所示。

门窗表

类型	设计编号	洞口尺寸/mm	数量	图集名称	页次	选用型号	备注
门	M-1	1800X2100	1				
	M-3	900X2100	2				
	C1512	1800X1500	1				
窗	C-1	1200X1500	2				
	C-2	1800X1500	2				

图 5-53 门窗表图

4. 门窗总表

门窗总表用于生成整座建筑的门窗表,统计本工程中多个平面图使用的门窗编号,生成门窗总表。

执行方式

命令行：MCZB

菜单："门窗"→"门窗总表"

5.8.3　门窗编辑和工具

本小节主要讲解门窗编辑的方式和常用工具。

1. 编号复位

编号复位命令的功能是把用夹点编辑改变过位置的门窗编号恢复到默认位置。

执行方式

命令行：BHFW

菜单："门窗"→"门窗工具"→"编号复位"

执行"编号复位"命令，选择待复位窗的名称。

2. 门窗套

门窗套命令的功能是在门窗四周加门窗框套。

执行方式

命令行：MCT

菜单："门窗"→"门窗工具"→"门窗套"

操作步骤

1）打开图 5-48。

2）执行"门窗套"命令，弹出图 5-54 所示的"门窗套"对话框，定义"伸出墙长度"为 200，定义"门窗套宽度"为 200，选中"加门窗套"复选框。

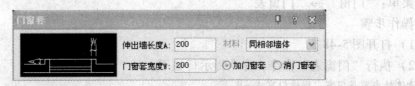

图 5-54　"门窗套"对话框

命令执行后结果如图 5-55 所示。

3. 加装饰套

加装饰套命令用于添加门窗套线，可以选择各种装饰风格和参数的装饰套。装饰套描述了门窗属性的三维特征，用于室内设计中的立剖面图的门窗部位。

执行方式

命令行：JZST

菜单："门窗"→"门窗工具"→"加装饰套"。

操作步骤

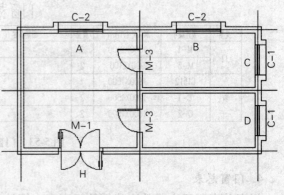

图 5-55　门窗套图

1）打开图 5-48。

2）执行"加装饰套"命令，弹出图 5-56 所示的"门窗套设计"对话框，在相应栏目中填入截面的形式和尺寸参数。

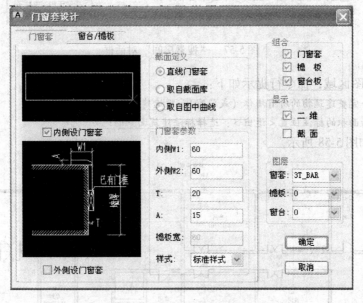

图 5-56 "门窗套设计"对话框

5.9 房间和屋顶

房间面积的创建：介绍搜索房间、查询面积、套内面积和面积计算的操作方式。

房间布置：介绍房间加踢脚板、奇数分格、偶数分格、布置洁具、布置隔断、布置隔板。

屋顶创建：介绍搜屋顶线、人字坡顶、任意坡顶，攒尖屋顶、加老虎窗、加雨水管的绘制。

5.9.1 房间面积的创建

本小节主要讲解房间面积可以通过多种命令创建，房间面积分为建筑面积、使用面积和套内面积。

1. 搜索房间

搜索房间是新生成或更新已有的房间信息对象，同时生成房间地面，标注位置位于房间的中心。

执行方式

命令行：SSFJ

菜单："房间屋顶"→"搜索房间"

操作步骤

1）打开图 5-48。

2）执行"搜索房间"命令，弹出"搜索房间"对话框，如图 5-57 所示。

图 5-57　"搜索房间"对话框

3）单击绘图区域，命令行提示如下：

请选择构成一完整建筑物的所有墙体（或门窗）：<u>框选建筑物</u>

请单击建筑物面积的标注位置 < 退出 >：<u>选择标注建筑面积的地方</u>

绘制结果如图 5-58 所示。

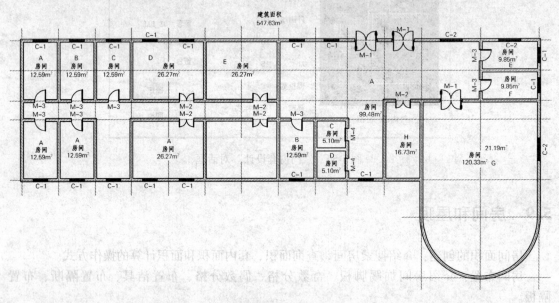

图 5-58　搜索房间

想更改房间名称直接在房间名称上双击更改即可。

2. 查询面积

查询面积命令可以查询由墙体组成的房间面积、阳台面积和闭合多段线面积。

执行方式

命令行：CXMJ

菜单："房间屋顶"→"查询面积"

"查询面积"与搜索房间命令相似。可参照搜索房间命令。

3. 套内面积

套内面积命令的功能是计算住宅单元的套内面积，并创建套内面积的房间对象。

执行方式

命令行：TNMJ

菜单："房间屋顶"→"套内面积"

操作步骤

1）打开图 5-58。

2）执行"搜索房间"命令，弹出"套内面积"对话框，如图 5-59 所示。

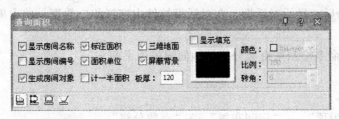

图 5-59 "套内面积"对话框

3）执行"套内面积"命令，命令行提示如下：

请选择构成一套房子的所有墙体（或门窗）：窗选住宅单元

请选择构成一套房子的所有墙体（或门窗）：

请点取面积标注位置＜中心＞：

绘制结果如图 5-60 所示。

4. 面积计算

面积计算命令对选取的房间使用面积、阳台面积、建筑平面的建筑面积等数值合计。

执行方式

命令行：MJJS

菜单："房间屋顶"→"面积计算"

"面积计算"与"套内面积"命令相似，可参照套内面积命令，计算结果如图 5-61 所示。

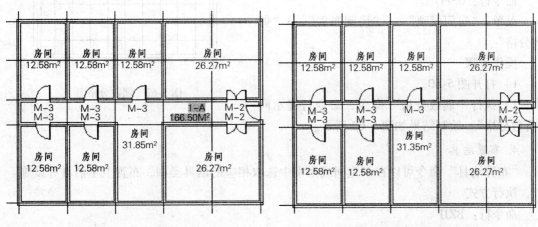

图 5-60 套内面积图 　　　　　　　　　　图 5-61 面积计算图

5.9.2 房间布置

本节主要讲解房间布置中添加踢脚板、分格线、洁具布置等。

1. 加踢脚板

"加踢脚板"命令的功能是生成房间的踢脚板。

执行方式

命令行：JTJX

菜单："房间屋顶" → "房间布置" → "加踢脚线"

单击菜单命令后，显示对话框，在对话框控件中选择相应数据，单击确定完成操作。

2. 奇数分格

"奇数分格" 命令绘制按奇数分格的地面或吊顶平面。

执行方式

命令行：JSFG

菜单："房间屋顶" → "房间布置" → "奇数分格"

操作步骤

1) 打开图 5-60。

2) 执行 "奇数分格" 命令，命令行提示如下：

请用三点定一个要奇数分格的四边形，第一点＜退出＞：<u>选 A 内角点</u>

第二点＜退出＞：<u>选 B 内角点</u>

第二点＜退出＞：<u>选 C 内角点</u>

第一、二点方向上的分格宽度（小于 100 为格数）＜500＞：<u>600</u>

第二、三点方向上的分格宽度（小于 100 为格数）＜600＞：

完成房间奇数分格。

3. 偶数分格

"偶数分格" 命令绘制按偶数分格的地面或
吊顶平面。

执行方式

命令行：OSFG

菜单："房间屋顶" → "房间布置" → "偶
数分格"

操作步骤

1) 打开图 5-60。

2) 执行 "偶数分格" 命令，命令行提示同
"奇数分格"。绘制结果如图 5-62 所示。

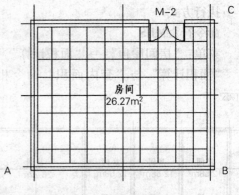

图 5-62 偶数分格图

4. 布置洁具

"布置洁具" 命令可以在卫生间或浴室中选取相应的洁具类型，布置卫生洁具等设施。

执行方式

命令行：BZJJ

菜单："房间屋顶" → "房间布置" → "布置洁具"

在对话框控件中选择不同类型的洁具后，系统自动给出与该类型相适应的布置方法。在
右侧预览框中双击所需布置的卫生洁具根据弹出的对话框和命令行在图中布置洁具。

操作步骤

1) 打开图 5-58，取卫生间或浴室。

2) 执行 "布置洁具" 命令，打开 "天正洁具" 对话框，如图 5-63 所示。

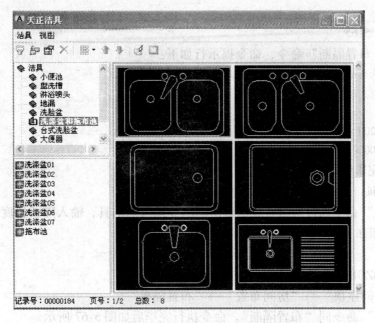

图 5-63　"天正洁具"对话框

3）单击"洗涤盆和拖布池"，右侧双击选定的洗涤盆，弹出"布置洗涤盆 02"对话框，如图 5-64 所示。在对话框中设定洗涤盆的参数。

4）单击绘图区域，单击墙体边线或选择已有洁具，绘制结果如图 5-65 所示。

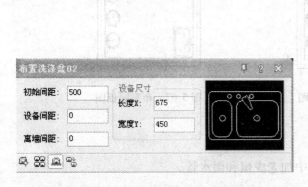

图 5-64　"布置洗涤盆 02"对话框

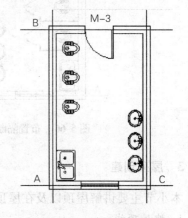

图 5-65　布置洁具图

5）其他卫生洁具的布置方法同"洗涤盆和拖布池"。

5. 布置隔断

"布置隔断"命令是通过使用两点直线来选取房间已经插入的洁具，输入隔板长度和隔断门宽来布置卫生间隔断。

执行方式

命令行：BZGD

菜单："房间屋顶" → "房间布置" → "布置隔断"

操作步骤

1）打开图 5-65。

2）执行"布置隔断"命令，命令提示行如下：

输入一直线来选洁具！

起点：选 A

终点：选 B

隔板长度 <1200>：1200

隔断门宽 <600>：600

命令执行完毕后如图 5-66 所示。

6. 布置隔板

"布置隔板"命令通过两点直线选取房间已经插入的洁具，输入隔板长度完成卫生间小便器之间的隔板布置。

执行方式

命令行：BZGB

菜单："房间屋顶"→"房间布置"→"布置隔板"

"布置隔板"命令同"布置隔断"。命令执行完毕后如图 5-67 所示。

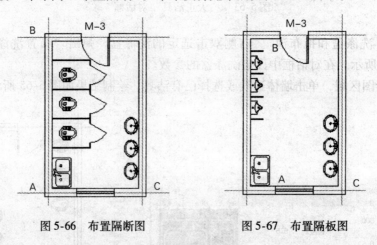

图 5-66　布置隔断图　　　　　图 5-67　布置隔板图

5.9.3　屋顶创建

本小节主要讲解屋顶以及在屋顶中加老虎窗和雨水管。

1. 搜屋顶线

"搜屋顶线"命令是搜索整体墙线，按照外墙的外边生成屋顶平面的轮廓线。

执行方式

命令行：SWDX

菜单："房间屋顶"→"搜屋顶线"

操作步骤

1）打开图 5-60。

2）执行"搜屋顶线"命令，命令行提示如下：

请选择构成一完成建筑物的所有墙体（或门窗）：框选建筑物

偏移外皮距离 <600 >：

绘制结果如图 5-68 所示。

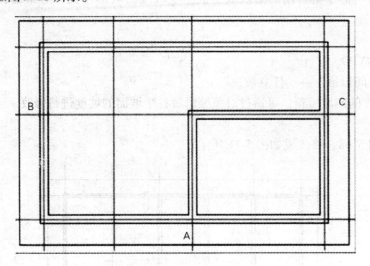

图 5-68　搜屋顶线图

2. 人字坡顶

人字坡顶命令可由封闭的多段线生成指定坡度角的单坡或双坡屋面对象。

执行方式

命令行：RZPD

菜单："房间屋顶"→"人字坡顶"

操作步骤

1）打开图 5-68。

2）执行"人字坡顶"命令，命令行提示如下：

请选择一封闭的多段线 <退出 >：选择图 5-68 中的 A 点

请输入屋脊线的起点 <退出 >：选择图 5-68 中的 B 点

请输入屋脊线的终点 <退出 >：选择图 5-68 中的 C 点

3）弹出图 5-69 所示的"人字坡顶"对话框，设置参数，然后单击"确定"按钮，绘制结果如图 5-70 所示。

图 5-69　"人字坡顶"对话框

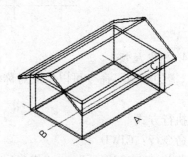

图 5-70　人字坡顶图

3. 任意坡顶

"任意坡顶"命令由封闭的多段线生成指定坡度的坡形屋面,对象编辑可分别修改各坡度。

执行方式

命令行:RYPD

菜单:"房间屋顶"→"任意坡顶"

生成等坡度的四坡屋顶,可通过对象编辑对各个坡面的坡度进行修改。

操作步骤

1)打开图5-68,修改成如图5-71所示。

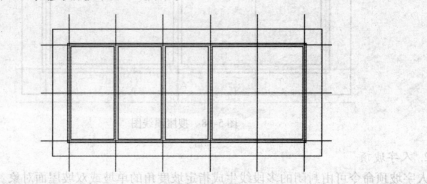

图5-71　多段线图

2)执行"任意坡顶"命令,命令行提示如下:

选择一封闭的多段线<退出>:点选封闭的多段线

请输入坡度<30>:30

出檐长<600>:600

绘制结果如图5-72所示。

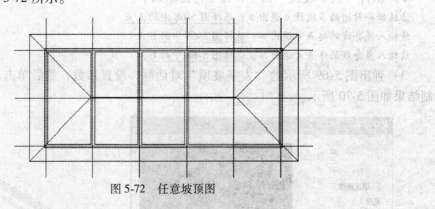

图5-72　任意坡顶图

4. 攒尖屋顶

"攒尖屋顶"命令可以生成对称的正多边锥形攒尖屋顶,考虑出挑与起脊,可加宝顶与尖锥。

执行方式

命令行:CJWD

菜单:"房间屋顶"→"攒尖屋顶"

操作步骤

1）首先，绘制一个源文件，如图 5-73 所示。

2）执行"攒尖屋顶"命令，弹出"攒尖屋顶"对话框，如图 5-74 所示。

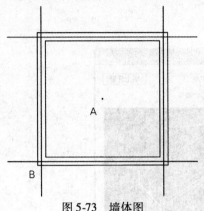

图 5-73　墙体图　　　　　　　　　　　　　图 5-74　"攒尖屋顶"对话框

3）在对话框中输入相应的数值，在"边数"文本框内输入数值 6，在"高度"文本框内输入数值 3000，在"出檐长"文本框内输入数值 600，命令行提示为：

请单击屋顶的中心点：选 A

单击屋顶与墙/柱相交的一角点：选 B

此时返回对话框，单击"确定"按钮，命令行提示：

请输入与墙体连接处标高 . D - 以三维面顶边定/当前值 < 3000 >：

绘制结果如图 5-75 所示。

5. 加老虎窗

"加老虎窗"命令在三维屋顶生成多种老虎窗形式。

执行方式

命令行：JLHC

菜单："房间屋顶"→"加老虎窗"

操作步骤

1）首先，绘制一坡屋顶图，如图 5-76 所示。

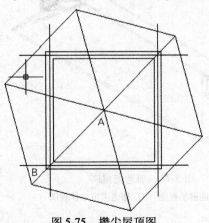

图 5-75　攒尖屋顶图　　　　　　　　　　　图 5-76　坡屋顶图

2）执行"加老虎窗"命令，命令提示行如下：

请选择三维坡屋顶坡面 <退出>：选 A 所在坡面

弹出"老虎窗设计"对话框，如图 5-77 所示，在相应框中输入数值。

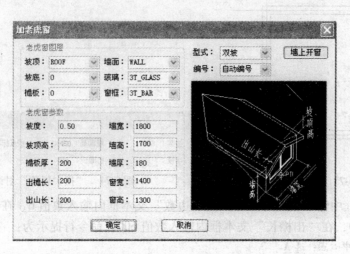

图 5-77　"老虎窗设计"对话框

单击"确定"按钮，命令行提示为：

老虎窗的插入位置或［参考点（R）<退出>：选 A

老虎窗的插入位置或［参考点（R）<退出>：选 B

完成 AB 处老虎窗插入。

命令执行完毕后如图 5-78 所示。

6. 加雨水管

"加雨水管"命令在屋顶平面图中绘制雨水管。

执行方式

命令行：JYSG

菜单："房间屋顶"→"加雨水管"

操作步骤

1）打开图 5-76。

2）执行"加雨水管"命令，给出雨水管的起始点（入水口），结束点（出水口），命令执行完毕后生成落水管 A、B，如图 5-79 所示。

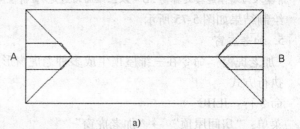

a)

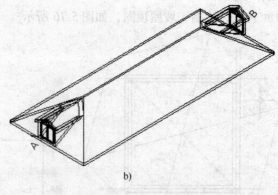

b)

图 5-78　加老虎窗图

a）老虎窗平视图　b）加老虎窗立体视图

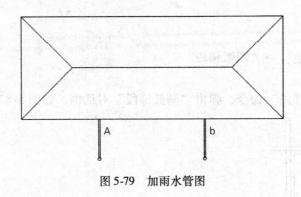

图 5-79　加雨水管图

5.10　楼梯及其他设施

5.10.1　各种楼梯的创建

本小节主要讲解普通楼梯的创建，插入多种形式的楼梯。

1. 直线梯段

"直线梯段"命令在对话框中输入梯段参数绘制直线梯段，用来组合复杂楼梯。

执行方式

命令行：ZXTD

菜单："楼梯其他" → "直线梯段"

操作步骤

执行"直线梯段"命令，弹出"直线梯段"对话框，如图 5-80 所示。

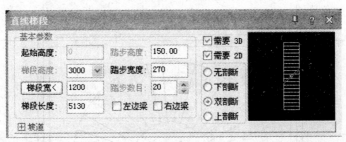

图 5-80　"直线梯段"对话框

命令行提示如下：

单击位置或［转 90 度（A）/左右翻（S）/上下翻（D）/对齐（F）/改转角（R）/改基点（T）］＜退出＞：<u>T</u>

输入插入点或［参考点（R）］＜退出＞：<u>选梯段的右小角点</u>

单击位置或［转 90 度（A）/左右翻（S）/上下翻（D）/对齐（F）/改转角（R）/改基点（T）］＜退出＞：<u>选 A</u>

绘制结果如图 5-81 所示。

2. 圆弧梯段

"圆弧梯段"命令可在对话框中输入梯段参数，绘制弧形楼梯，用来组合复杂楼梯。

执行方式

命令行：YHTD

菜单："楼梯其他"→"圆弧梯段"

操作步骤

1）执行"圆弧梯段"命令，弹出"圆弧梯段"对话框，如图5-82所示。

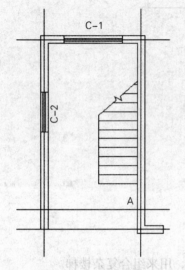

图5-81　直线梯段图

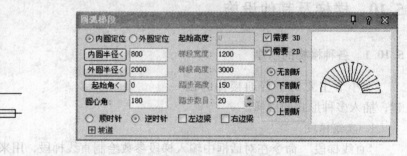

图5-82　"圆弧梯段"对话框

2）在对话框中输入相应的数值，单击"确定"按钮，命令行提示如下：

单击位置或［转90度（A）/左右翻（S）/上下翻（D）/对齐（F）/改转角（R）/改基点（T）］＜退出＞：

选A

绘制结果如图5-83所示。

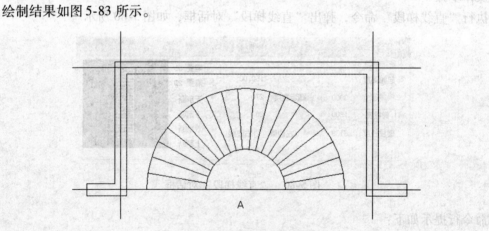

图5-83　圆弧梯段图

3. 任意梯段

任意梯段命令可以选择图中直线或圆弧作为梯段边线输入踏步参数绘制楼梯。

执行方式

命令行：RYTD

菜单："楼梯其他"→"任意梯段"

操作步骤

1）首先，绘制一边线图，如图5-84所示。

2）执行"任意梯段"命令，命令行提示如下：

请单击梯段左侧边线（LINE/ARC）：选A

请单击梯段右侧边线（LINE/ARC）：选B

3）弹出"任意梯段"对话框，在对话框输入相应的数值，单击"确定"按钮，绘制结果如图5-85所示。

任意梯段的三维显示如图5-86所示。

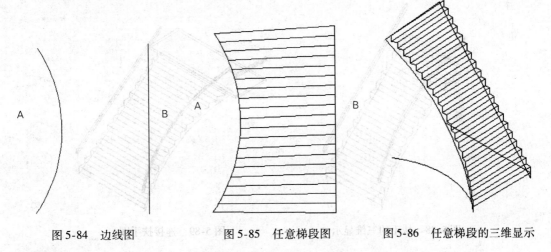

图5-84　边线图　　　　图5-85　任意梯段图　　　　图5-86　任意梯段的三维显示

4. 添加扶手

"添加扶手"命令的功能是沿楼梯或PLINE路径生成扶手。

执行方式

命令行：TJFS

菜单："楼梯其他"→"添加扶手"

操作步骤

1）打开图5-85。

2）执行"添加扶手"命令，命令行提示如下：

请选择梯段或作为路径的曲线（线/弧/圆/多段线）：选A

是否为该对象？［是（Y）/否（N）］＜Y＞：Y

扶手宽度＜60＞：60

扶手顶面高度＜900＞：900

扶手距边＜0＞：0

绘制结果如图5-87所示。添加扶手的三维显示如图5-88所示。

双击创建的扶手，可以进入对象编辑状态。

5. 连接扶手

"连接扶手"命令的功能是把两段扶手连成一段。

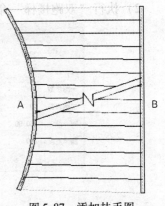

图5-87　添加扶手图

执行方式

命令行：LJFS

菜单："楼梯其他"→"连接扶手"

操作步骤

1）打开图5-88。

2）执行"连接扶手"命令，命令行提示如下：

选择待连接的扶手（注意与顶点顺序一致）：选择第一段扶手

选择待连接的扶手（注意与顶点顺序一致）：选择另一段扶手

绘制结果如图5-89所示。

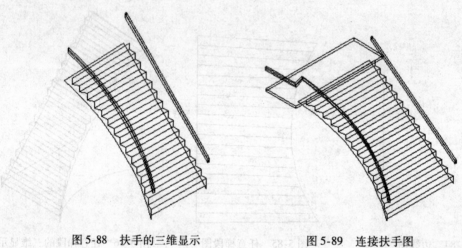

图5-88　扶手的三维显示　　　　　　　图5-89　连接扶手图

6. 双跑楼梯

"双跑楼梯"命令的功能是在对话框中输入楼梯参数，直接绘制双跑楼梯。

执行方式

命令行：SPLT

菜单："楼梯其他"→"双跑楼梯"

操作步骤

1）打开图5-81。

2）执行"双跑楼梯"命令，弹出"双跑楼梯"对话框，如图5-90所示。

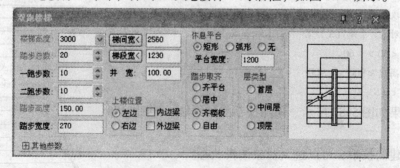

图5-90　"双跑楼梯"对话框

3）在对话框中输入相应的数值，单击"确定"按钮，命令行提示：

单击位置或 [转 90 度（A）/左右翻（S）/上下翻（D）/对齐（F）/改转角（R）/改基点（T）] ＜退出＞：点选房间左上内角点

绘制结果如图 5-91 所示。双跑楼梯的三维显示如图 5-92 所示。

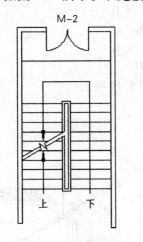 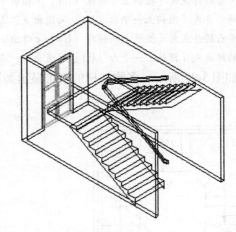

图 5-91　双跑楼梯图　　　　　　　图 5-92　双跑楼梯的三维显示

7. 多跑楼梯

"多跑楼梯"命令的功能是在输入关键点建立多跑楼梯。

执行方式

命令行：DPLT

菜单："楼梯其他"→"多跑楼梯"

操作步骤

1）执行"多跑楼梯"命令，打开"多跑楼梯"对话框，如图 5-93 所示。在对话框输入相应的数值。

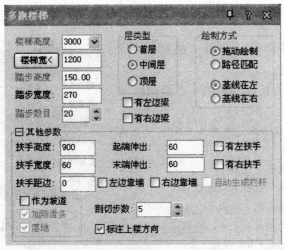

图 5-93　"多跑楼梯"对话框

2）单击"确定"按钮，命令行提示如下：

单击位置或［转90度（A）/左右翻（S）/上下翻（D）/对齐（F）/改转角（R）/改基点（T）］＜退出＞：点选房间左上内角点

起点＜退出＞：选A

输入新梯段的终点＜退出＞：选B

输入新休息平台的终点或［撤销上一梯段（U）］＜退出＞：选D

输入新梯段的终点或［撤销上一平台（U）］＜退出＞：选E

输入新休息平台的终点或［撤销上一梯段（U）］＜退出＞：选G

输入新梯段的终点或［撤销上一平台（U）］＜退出＞：选H

绘制结果如图5-94所示。多跑楼梯的三维显示如图5-95所示。

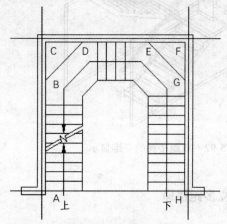

图5-94　多跑楼梯图

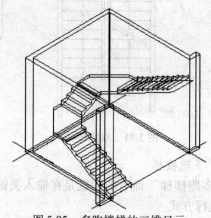

图5-95　多跑楼梯的三维显示

8. 电梯

"电梯"命令的功能是在电梯间井道内插入电梯，绘制电梯简图。

执行方式

命令行：DT

菜单："楼梯其他"→"电梯"

操作步骤

1）执行"电梯"命令，弹出"电梯参数"对话框，如图5-96所示。

2）在对话框中输入相应的数值，在绘图区域单击，命令行提示如下：

请给出电梯间的一个角点或［参考点（R）］＜退出＞：选A

再给出上一角点的对焦点：选B

请单击开电梯门的墙线＜退出＞：选C

请单击平衡块的所在的一侧＜退出＞：选E

请单击其他开电梯门的墙线＜无＞：选D

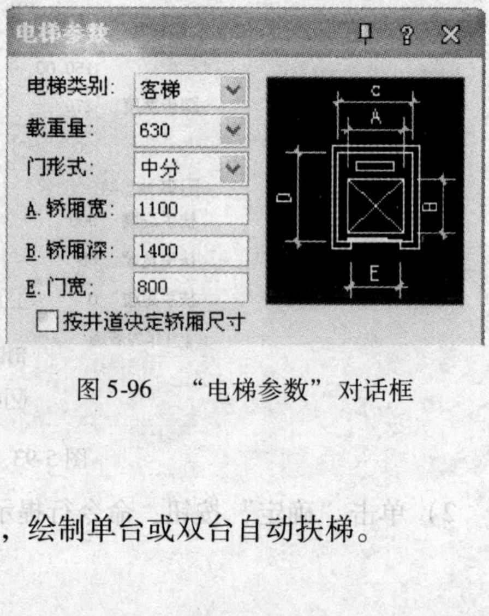

绘制电梯图结果如图5-97所示。

图5-96　"电梯参数"对话框

9. 自动扶梯

"自动扶梯"命令可以在对话框中输入梯段参数，绘制单台或双台自动扶梯。

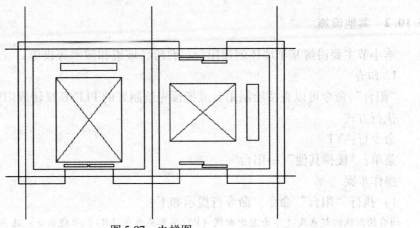

图 5-97 电梯图

执行方式

命令行：ZDFT

菜单："楼梯其他"→"自动扶梯"

操作步骤

1）执行"自动扶梯"命令，弹出"自动扶梯"对话框，如图 5-98 所示。

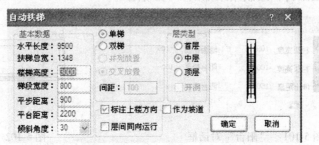

图 5-98 "自动扶梯"对话框

2）在对话框中输入相应的数值，选择"单梯"选项，命令行提示为：

请给出自动扶梯的插入点 <退出>：点选插入点

绘制结果如图 5-99 所示。

3）"双梯"选项，绘制方法同"单梯"。绘制结果如图 5-100 所示。

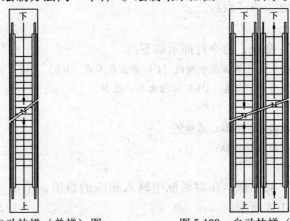

图 5-99 自动扶梯（单梯）图   图 5-100 自动扶梯（双梯）图

5.10.2　其他设施

本小节主要讲解基于墙体创建阳台、台阶、坡道和散水等设施。

1. 阳台

"阳台"命令可以直接绘制阳台或把预先绘制好的 PLINE 线转成阳台。

执行方式

命令行：YT

菜单："楼梯其他"→阳台"

操作步骤

1) 执行"阳台"命令，命令行提示如下：

阳台轮廓线的起点或［单击图中曲线（P）/单击参考点（R）］＜退出＞：选 A

直段下一点或［弧段（A）/回退（U）］＜结束＞：选 B

……

直段下一点或［弧段（A）/回退（U）］＜结束＞：

请选择邻接的墙（或门窗）和柱：选墙体

2) 弹出"绘制阳台"对话框，如图 5-101 所示。在对话框中输入相应的数值，单击"确定"按钮，生成阳台，绘制结果如图 5-102 所示。

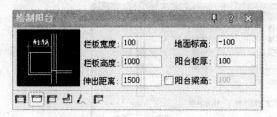

图 5-101　"阳台"对话框

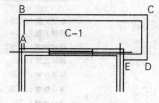

图 5-102　阳台图

2. 台阶

"台阶"命令可以直接绘制台阶或把预先绘制好的 PLINE 线转成台阶。

执行方式

命令行：TJ

菜单："楼梯其他"→"台阶"

操作步骤

1) 执行"台阶"命令，命令行提示如下：

台阶平台轮廓线的起点或［单击图中曲线（P）/单击参考点（R）］＜退出＞：选 A

直段下一点或［弧段（A）/回退（U）］＜结束＞：选 B

……

请选择邻接的墙（或门窗）和柱：选墙体

请选择邻接的墙（或门窗）和柱：

请单击没有踏步的边：

2) 打开"台阶"对话框，在对话框中输入相应的数值，单击"确定"按钮，生成台阶。绘制结果如图 5-103 所示。

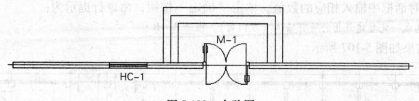

图 5-103 台阶图

3. 坡道

执行方式

命令行：PD

菜单："楼梯其他"→"坡道"

操作步骤

1）执行"坡道"命令，弹出"坡道"
对话框，如图 5-104 所示。

2）在对话框中输入相应的数值，单击
"确定"按钮，命令行提示为：

单击位置或［转 90 度（A）/左右翻（S）/上下翻
（D)/对齐（F）/改转角（R）/改基点（T）］＜退
出＞：

绘制结果如图 5-105 所示。

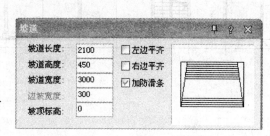

图 5-104 "坡道"对话框

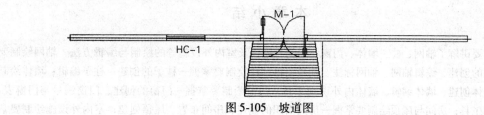

图 5-105 坡道图

4. 散水

"散水"命令可以通过自动搜索外墙线，绘制散水。

执行方式

命令行：SS

菜单："楼梯其他"→"散水"

操作步骤

1）执行"散水"命令，弹出"散水"对话框，如图 5-106 所示。

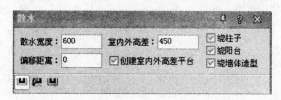

图 5-106 "散水"对话框

2）在对话框中输入相应的数值，单击"确定"按钮，命令行提示为：

请选择构成一完整建筑物的所有墙体（或门窗）：<u>框选 A→B</u>

绘制结果如图 5-107 所示。

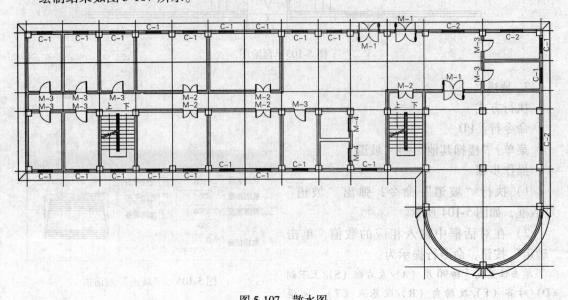

图 5-107　散水图

本 章 小 结

　　本章主要讲解了轴网、柱、墙体、门窗、房间与屋顶及室内外设施等的绘制与编辑方法，轴网绘制要掌握—轴网的创建、编辑轴网、轴网标注、轴号编辑；柱绘制要掌握—柱子的创建、柱子编辑；墙体绘制要掌握—墙体创建、墙体编辑、墙体内外识别工具；门窗绘制要掌握—门窗的创建、门窗编号与门窗表、门窗编辑的工具；房间与屋顶绘制要掌握—房间面积的创建、房间布置、屋顶创建；室内外设施绘制要掌握—各种楼梯的创建及室内其他设施的绘制等。

复 习 题

　　绘制一张一梯三户，进深 12m、开间 15m 的住宅标准层平面图。

第 6 章

天正建筑立面图及建筑剖面图绘制

6

在绘制完工程的平面图后，还需要绘制建筑的立面图和剖面图。建筑立面图主要是用来表示建筑物的外形及外墙面装饰要求等方面的内容。

建筑剖面图是用来表达建筑物的剖面设计细节的图形。天正剖面图是通过平面图中构件的三维信息在指定剖切位置消隐获得的二维图形，除了符号与尺寸标注对象及可见的门窗、阳台图块是天正自定义对象外，墙线、梁线等构成元素都是 AutoCAD 的基本对象。

6.1 建筑立面

立面图绘制由创建立面图和立面编辑两部分完成。

6.1.1 创建立面图

建筑立面图可以形象地表达出建筑物的三维信息，立面的创建可以通过天正命令自动生成。

1. 建筑立面

"建筑立面"命令可以生成建筑物立面，在当前工程为空的时候执行本命令，会出现对话框，请打开或新建一个工程管理项目，并在工程数据库中建立楼层表。

执行方式

命令行：JZLM

菜单："立面" → "建筑立面"

组合楼层有两种方式。

1）如果每层平面图均有独立的图纸文件，此时可将多个平面图文件放在同一文件夹下面，在对话框中单击"打开"按钮打开所需平面，确定每个标准层都有的共同对齐点，然后完成组合楼层。

2）如果多个平面图放在一个图纸文件中，然后在楼层栏的电子表格中分别选取图中的平面图，指定共同对齐点，然后完成组合楼层。同时也可以指定部分平面图在其他图纸文件中，采用方式二比较灵活，适用性也强。

为了综合演示，采用方式一。单击相应按钮，命令行提示如下：

选择第一个角点 <取消>：点选所选标准层的左下角

另一个角点 <取消>：点选所选标准层的右上角

对齐点＜取消＞：<u>选择开间和进深的第一轴线交点</u>

成功定义楼层！

　　此时将所选的楼层定义为第一层，如图 6-1 所示。然后重复上面的操作完成各楼层的定义，如图 6-2 所示。当所在标准层不在同一图纸中的时候，可以通过单击文件后面的方框"选择层文件"选择需要装入的标准层。建筑立面图如图 6-3 所示。

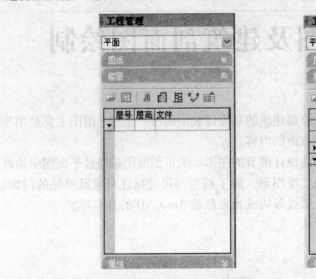

图 6-1　定义第一层　　　　　　　　图 6-2　定义楼层

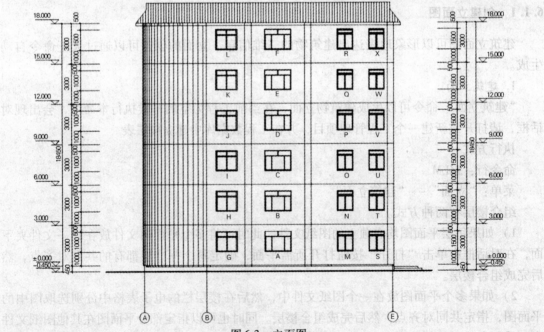

图 6-3　立面图

操作步骤

1）打开图 5-58，绘制成图 6-4 所示平面图。

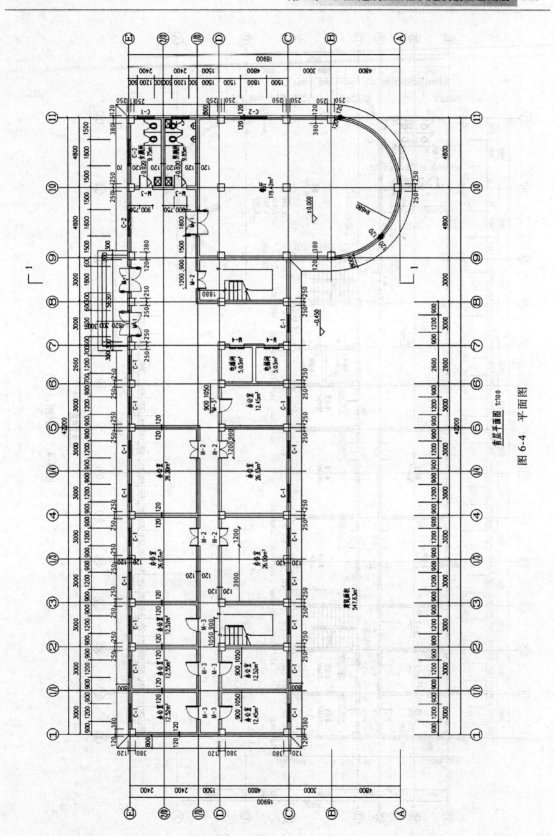

首层平面图 1:100

图 6-4 平面图

图 6-4 平面图（续）

标准平面图 1:100

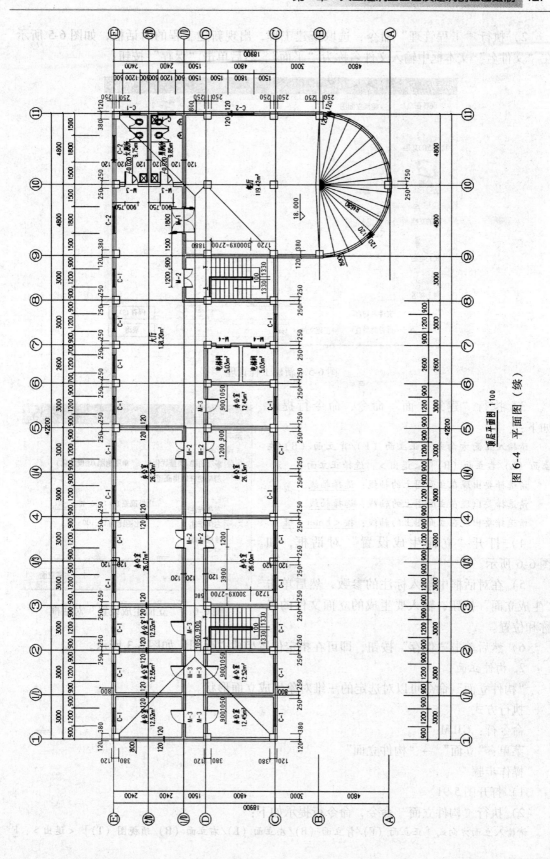

顶层平面图 1:100

图 6-4　平面图（续）

2）执行"工程管理"命令，选取新建工程，出现新建工程的对话框，如图6-5所示。在"文件名"文本框中输入文件名称为"平面"，然后单击"保存"按钮。

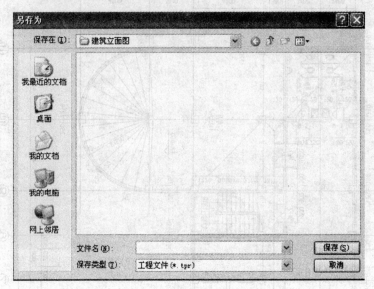

图6-5 新建工程管理

3）执行"建筑立面"命令，命令行提示如下：

请输入立面方向或［正立面（F）/背立面（B）/左立面（L）/右立面（R）］<退出>：选择正立面F

　　请选择要出现在立面图上的轴线：选择轴线

　　请选择要出现在立面图上的轴线：选择轴线

　　请选择要出现在立面图上的轴线：按<Enter>键

4）打开"立面生成设置"对话框，如图6-6所示。

5）在对话框中输入标注的参数，然后单击"生成立面"按钮，输入要生成的立面文件的名称和位置。

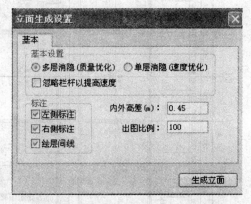

图6-6 "立面生成设置"对话框

6）然后单击"保存"按钮，即可在指定位置生成立面图，如图6-3所示。

2. 构件立面

"构件立面"命令可以对选定的三维对象生成立面形状。

执行方式

命令行：GJLM

菜单："立面"→"构件立面"

操作步骤

1）打开图5-91。

2）执行"构件立面"命令，命令行提示如下：

请输入立面方向或［正立面（F）/背立面（B）/左立面（L）/右立面（R）/顶视图（T）］<退出>：F

请选择要生成立面的建筑构件：

请选择要成成立面的建筑构件：按<Enter>键结束选择

请单击放置位置：选择楼梯立面

此时直接按<Enter>键，最终由图6-7所示平面图绘制的立面图如图6-8所示。

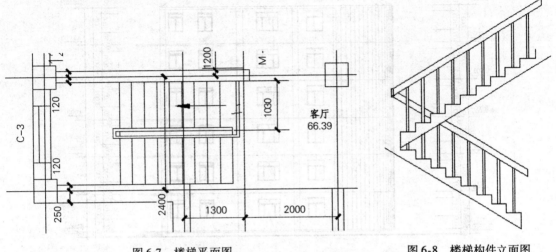

图6-7　楼梯平面图　　　　　　　　　　　图6-8　楼梯构件立面图

6.1.2　立面编辑

根据立面构件的要求，对生成的建筑立面进行编辑，可以完成创建门窗、阳台、屋顶、门窗套、雨水管、轮廓线等功能。

1. 立面门窗

"立面门窗"命令可以插入、替换立面图上的门窗，同时对立面门窗库进行维护。

执行方式

命令行：LMMC

菜单："立面"→"立面门窗"

操作步骤

1）打开图6-3。

2）执行"立面门窗"命令，打开"天正图库管理系统"窗口，如图6-9所示。单击上方的"替换"图标。天正自动选择新选的门窗替换原有的门窗，结果如图6-10所示。

2. 门窗参数

"门窗参数"命令可以修改立面门窗的尺寸和位置。

执行方式

命令行：MCCS

菜单："立面"→"门窗参数"

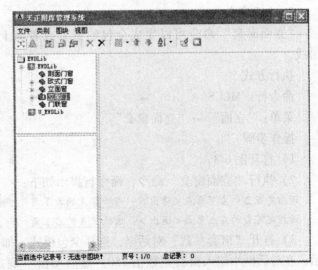

图6-9　"天正图库管理系统"窗口

操作步骤

1）打开图 6-10。

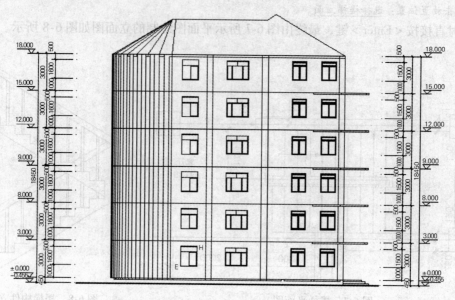

图 6-10　替换成的窗

2）执行"门窗参数"命令，查询并更改左上侧的窗参数，命令行提示如下：

选择立面门窗：选A、B、C、D……

选择立面门窗：按＜Enter＞键退出

底标高从 1000 到 16000 不等

底标高＜不变＞：按＜Enter＞键确定

高度＜1500＞：1500

宽度＜1800＞：2000

天正自动按照尺寸更新所选立面窗，结果如图 6-11 所示。

3. 立面窗套

"立面窗套"命令可以生成全包的窗套或者窗上沿线和下沿线。

执行方式

命令行：MCCS

菜单："立面"→"立面窗套"

操作步骤

1）打开图 6-3。

2）执行"立面窗套"命令，命令行提示如下：

请指定窗套的左下角点＜退出＞：选择窗 A 的左下角

请指定窗套的右上角点＜退出＞：选择窗 A 的右上角

3）打开"窗套参数"对话框，选择全包模式，如图 6-12 所示，在对话框中输入窗套宽数值 150。然后单击"确定"，A 窗加上窗套，B、C、D、E、F 窗同 A 窗。

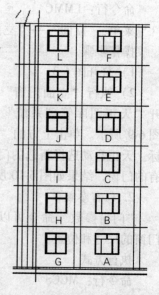

图 6-11　生成的立面图

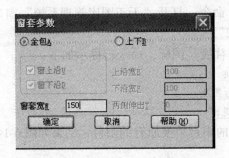

图 6-12　"窗套参数"对话框

4）同理也可以对其他窗户进行加窗套程序，本例图为其他窗户不加，最终如图 6-13所示。

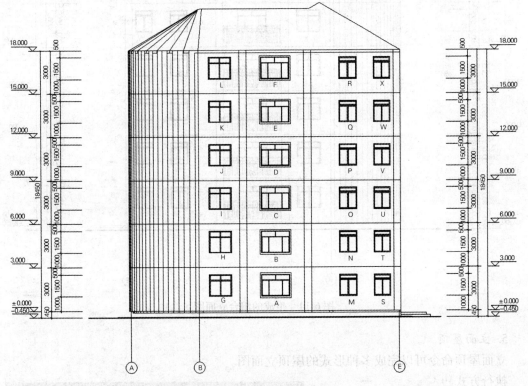

图 6-13　生成的立面窗套

4. 立面阳台

"立面阳台"命令可以插入、替换立面阳台和对立面阳台库的维护。

执行方式

命令行：LMYT

菜单："立面"→"立面阳台"

操作步骤

1）打开图 6-3。

2）执行"立面阳台"命令，打开"天正图库管理系统"窗口，在窗口中单击选择所需替换成的阳台图块"阳台2"。

3）然后单击上方的"替换"图标，命令行提示如下：

选择图中将要被替换的图块

选择对象：选择已有的阳台图块

选择对象：按＜Enter＞键退出

4）天正自动选择新选的阳台替换原有的阳台，结果如图6-14所示。

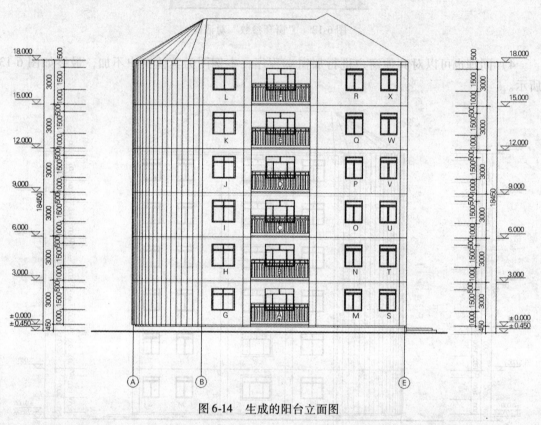

图6-14　生成的阳台立面图

5. 立面屋顶

立面屋顶命令可以完成多种形式的屋顶立面图。

执行方式

命令行：LMWD

菜单："立面"→"立面屋顶"

操作步骤

1）打开图6-3。

2）执行"立面屋顶"命令，弹出"立面屋顶参数"对话框，如图6-15所示，在其中填入歇山顶正立面的相关数据。

3）在"坡顶类型 E"中选择歇

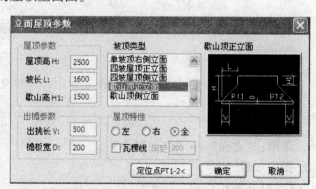

图6-15　"立面屋顶参数"对话框

山顶正立面,在"屋顶高"中选择 1500,在"坡长"中选择 800,在"歇山高"中选择 800,在"出挑长"中选择 500,在"檐板宽"中选择 200,在"屋顶特性"中选择全,在 "瓦楞线"中选择间距 200,单击"定位点 PT1 − 2 <",在图中选择屋顶的外侧,然后单击 "确定"按钮完成操作,命令行提示如下:

> 请单击墙顶角点 PT1 < 返回 >:指定歇山的左侧的角点
> 请单击墙顶另一角点 PT2 < 返回 >:指定歇山的右侧的角点

结果如图 6-16 所示。

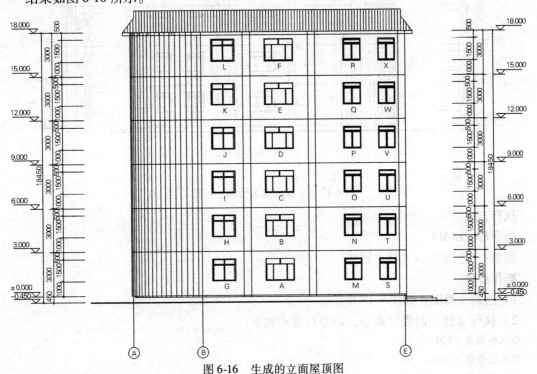

图 6-16 生成的立面屋顶图

6. 雨水管线

"雨水管线"命令可以按给定的位置生成竖直向下的雨水管。

执行方式

命令行:YSGX

菜单:"立面"→"雨水管线"

操作步骤

1) 打开图 6-3。

2) 执行"雨水管线"命令,命令行提示如下:

> 请指定雨水管的起点 [参考点(P)] < 起点 >:立面左上侧
> 请指定雨水管的起点 [参考点(P)] < 终点 >:立面左下侧
> 请指定雨水管的管径 < 100 >:100

最终生成的立面雨水管线如图 6-17 所示。

7. 柱立面线

"柱立面线"命令可以绘制圆柱的立面过渡线。

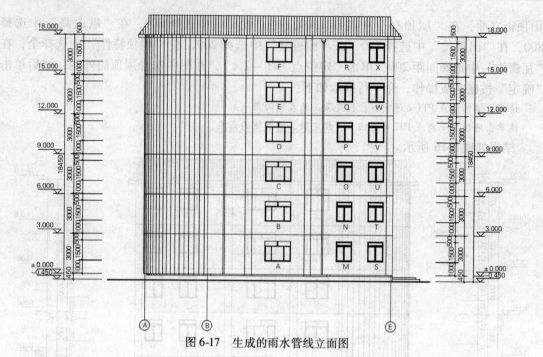

图 6-17　生成的雨水管线立面图

执行方式

命令行：ZLMX

菜单："立面"→"柱立面线"

操作步骤

1）绘制一源图，如图 6-18 所示。

2）执行"柱立面线"命令，命令行提示如下：

输入起始角 <180>：180

输入包含角 <180>：90

输入立面线数目 <12>：36

输入矩形边界的第一个角点 <选择边界>：A

输入矩形边界的第二个角点 <退出>：B

此时生成柱立面线，如图 6-19 所示。

图 6-18　柱立面线边界

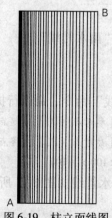

图 6-19　柱立面线图

8. 图形裁剪

"图形裁剪"命令可以对立面图形进行裁剪，实现立面遮挡。

执行方式

命令行：TXCJ

菜单："立面"→"图形裁剪"

操作步骤

1）打开图6-3。

2）执行"图形裁剪"命令，命令行提示如下：

请选择被裁剪的对象：指定对角点：框选建筑立面

请选择被裁剪的对象：按<Enter>键退出

矩形的第一个角点或［多边形裁剪（P）/多短线定边界（L）/图块定边界（B）］<退出>：指定框选的左下角点

另一个角点<退出>：指定框选的右上角点

框选的范围如图6-20所示，此时生成图形裁剪如图6-21所示。

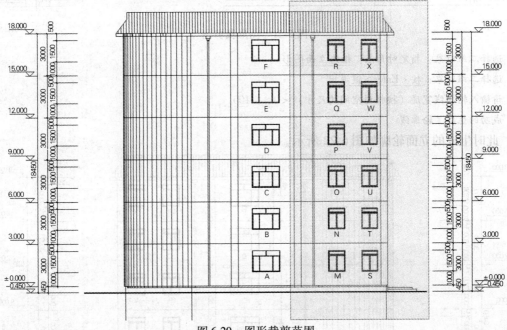

图6-20　图形裁剪范围

9. 立面轮廓

"立面轮廓"命令可以对立面图搜索轮廓，生成轮廓粗线。

执行方式

命令行：LMLK

菜单："立面"→"立面轮廓"

操作步骤

1）打开图6-3。

2）执行"立面轮廓"命令，命令行提示如下：

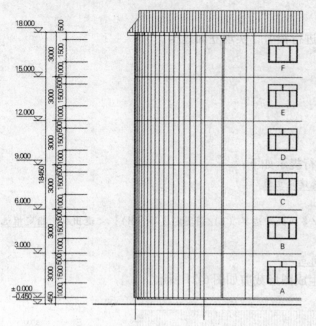

图 6-21　图形裁剪图

选择二维对象：指定对角点：框选立面图形

选择二维对象：按 < Enter > 键退出

请输入轮廓线宽度（按模型空间的尺寸）< 0 >：100

成功的生成了轮廓线

此时生成的立面轮廓如图 6-22 所示。

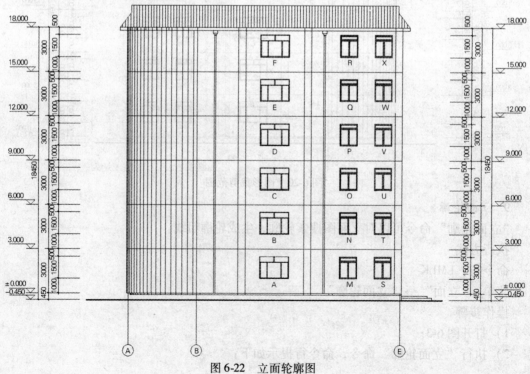

图 6-22　立面轮廓图

6.2　建筑剖面

剖面创建：包括建筑剖面和构件剖面。

剖面绘制：介绍有关剖面墙、楼板、门窗、檐口、门窗过梁的绘制。

剖面楼梯与栏杆：介绍有关楼梯、栏杆。

剖面填充与加粗：介绍剖面填充和墙线加粗方式。

6.2.1　剖面创建

与建筑立面相似，建筑剖面图也可以形象地表达出建筑物的三维信息，剖面的创建可以通过天正命令自动生成。

1. 建筑剖面

"建筑剖面"命令可以生成建筑物剖面。在当前工程为空的时候执行本命令，会出现对话框：请打开或新建一个工程管理项目，并在工程数据库中建立楼层表。

执行方式

命令行：JZPM

菜单："剖面"→"建筑剖面"

操作步骤

1）打开图 6-4。

2）在首层确定剖面剖切位置，然后建立工程项目，执行"建筑剖面"命令，命令行提示如下：

请选择一剖切线：选择剖切线

请选择要出现在剖面图上的轴线：

3）打开"剖面生成设置"对话框，在对话框中输入标注的数值，然后单击"生成剖面"按钮。

4）打开"输入要生成的文件"对话框，在此对话框中输入要生成的剖面文件的名称和位置。

5）单击"保存"按钮，即可在指定位置生成剖面图，如图 6-23 所示。

2. 构件剖面

"构件剖面"命令可以对选定的三维对象生成剖面形状。

执行方式

命令行：GJPM

菜单："剖面"→"构件剖面"

操作步骤

1）打开图 6-7。

2）执行"构件剖面"命令，命令行提示如下：

请选择一剖切线：选择剖切线 1

请选择需要剖且的建筑构件：

请选择需要剖且的建筑构件：按 < Enter > 键退出

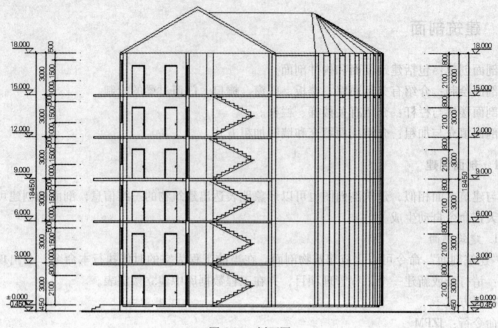

图 6-23　剖面图

请单击放置位置:

此时楼梯剖面绘制结果如图 6-24 所示。

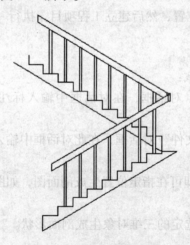

图 6-24　楼梯构件剖面图

6.2.2　剖面绘制

本节主要介绍画剖面墙、双线楼板、预制楼板、加剖断梁、剖面门窗、剖面檐口和门窗过梁。

1. 画剖面墙

"画剖面墙"命令可以绘制剖面双线墙。

执行方式

命令行：HPMQ

菜单："剖面"→"画剖面墙"

操作步骤

1）打开图6-3，取图6-25。

2）执行"画剖面墙"命令，命令行提示如下：

请单击墙的起点（圆弧墙宜逆时针绘制）［取参照点（F）/单段（D）］＜退出＞：单击墙体的起点A

请单击直墙的下一点［弧墙（A）/墙厚（W）/取参照点（F）/回退（U）］＜结束＞：W

请输入左墙厚＜120＞：

请输入右墙厚＜120＞：按＜Enter＞键

……

请单击直墙的下一点［弧墙（A）/墙厚（W）/取参照点（F）/回退（U）］＜结束＞：按＜Enter＞键退出

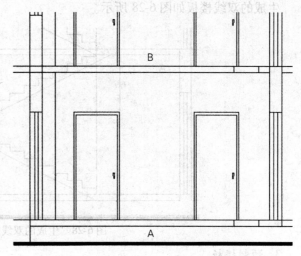

图6-25 原有剖面图

绘制的剖面墙体如图6-26所示。

2. 双线楼板

"双线楼板"命令可以绘制剖面双线楼板。

执行方式

命令行：SXLB

菜单："剖面"→"双线楼板"

操作步骤

1）打开图6-23，取图6-27。

2）执行"双线楼板"命令，命令行提示如下：

请输入楼板的起始点＜退出＞：A

结束点＜退出＞：B

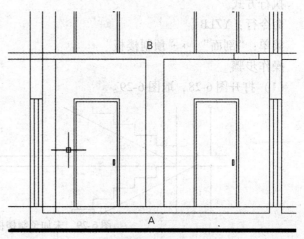

图6-26 画剖面墙图

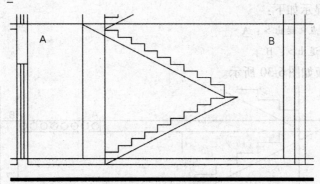

图6-27 未加楼板前图

楼板顶面标高 <3000>：按 <Enter> 键

楼板的厚度（向上加厚输负值）<200>：120

生成的双线楼板如图 6-28 所示。

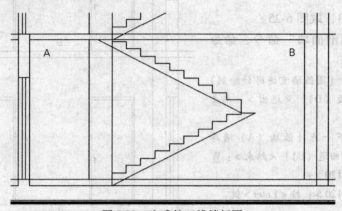

图 6-28 生成的双线楼板图

3. 预制楼板

"预制楼板"命令可以绘制剖面预制楼板。

执行方式

命令行：YZLB

菜单："剖面"→"预制楼板"

操作步骤

（1）打开图 6-28，取图 6-29。

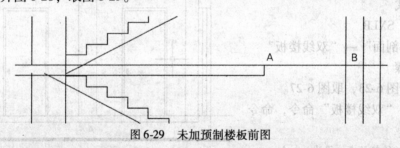

图 6-29 未加预制楼板前图

2）单击"预制楼板"按钮，显示对话框，具体数据参照对话框所示，然后单击"确定"按钮，命令行显示如下：

请给出楼板的插入点 <退出>：A

再给出插入方向 <退出>：B

生成的预制楼板如图 6-30 所示。

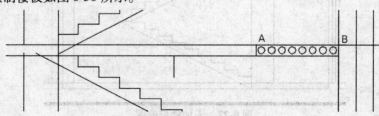

图 6-30 生成的预制楼板图

4. 加剖断梁

"加剖断梁"命令可以绘制楼板、休息平台下的梁截面。

执行方式

命令行：JPDL

菜单："剖面"→"加剖断梁"

操作步骤

1）打开图 6-28。

2）执行"加剖断梁"命令，命令行提示如下：

请输入剖面梁的参照点＜退出＞：输入参照点

梁左侧到参照点的距离＜150＞：100

梁右侧到参照点的距离＜150＞：100

梁底边到参照点的距离＜450＞：300

生成的剖断梁如图 6-31 所示。

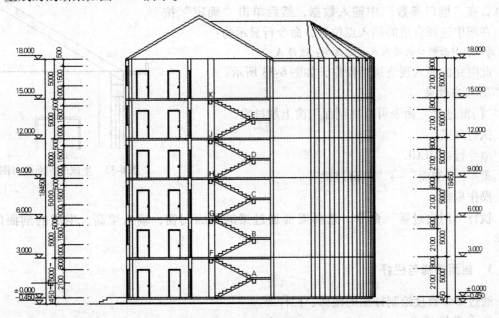

图 6-31　生成的剖断梁图

5. 剖面门窗

"剖面门窗"命令可以直接在图中插入剖面门窗。

执行方式

命令行：PMMC

菜单："剖面"→"剖面门窗"

操作步骤

执行"剖面门窗"命令，打开"剖面门窗的默认形式"对话框，生成的剖面门窗如图 6-31 所示。如果所选的剖面门窗形式不为默认形式，单击"剖面门窗的默认形式"对话框中下侧图形，进入"天正图库管理系统"对话框的剖面门窗，在其中选择合适的剖面门窗样式。

6. 剖面檐口

"剖面檐口"命令可以直接在图中绘制剖面檐口。

执行方式

命令行：PMYK

菜单："剖面"→"剖面檐口"

操作步骤

1）打开图6-3，取图6-32。

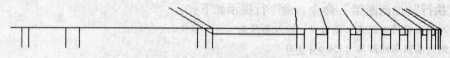

图6-32　未加剖面檐口前图

2）执行"剖面檐口"命令，弹出"剖面檐口参数"对话框，在"檐口参数"中输入数据，然后单击"确定"按钮，在图中选择合适的插入点位置，命令行显示为：

请给出剖面檐口的插入点＜退出＞：选择A

此时完成插入现浇挑檐操作，如图6-33所示。

7. 门窗过梁

"门窗过梁"命令可以在剖面门窗上加过梁。

执行方式

命令行：MCGL

菜单："剖面"→"门窗过梁"

操作步骤

执行"门窗过梁"命令，选择需要加过梁的剖面门窗，输入梁高，生成的剖面门窗过梁。

图6-33　生成的剖面檐口图

6.2.3　剖面楼梯与栏杆

通过命令直接绘制详细的楼梯、栏杆等。

1. 参数楼梯

"参数楼梯"命令可以按照交互方式生成楼梯。

执行方式

命令行：CSLT

菜单："剖面"→"参数楼梯"

操作步骤

1）打开"参数楼梯"对话框，具体数据参照对话框。

2）单击"确定"按钮，命令行提示如下：

请给出剖面楼梯的插入点＜退出＞：选取插入点

此时即可在指定位置生成剖面梯段，如图6-34所示。

2. 参数栏杆

"参数栏杆"命令可以按照交互方式生成楼梯栏杆。

执行方式

命令行：CSLG

菜单："剖面"→"参数栏杆"

操作步骤

1）打开"剖面楼梯栏杆参数"

对话框，如图 6-35 所示。

2）然后单击"确定"按钮，命

令行显示如下：

请给出剖面楼梯的插入点 < 退出 >：选取插入点

此时即可在指定位置生成剖面楼梯栏杆，如图 6-36 所示。

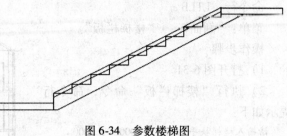

图 6-34　参数楼梯图

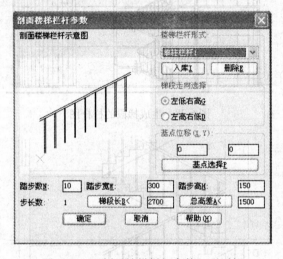

图 6-35　"剖面楼梯栏杆参数"对话框

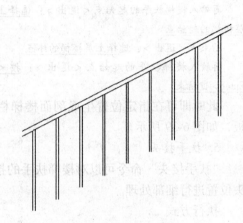

图 6-36　参数栏杆图

3. 楼梯栏杆

"楼梯栏杆"命令可以自动识别剖面楼梯与可见楼梯，绘制楼梯栏杆和扶手。

执行方式

命令行：LTLG

菜单："剖面"→"楼梯栏杆"

操作步骤

"楼梯栏杆"与"参数栏杆"命令相

似，可参照参数栏杆命令。

图 6-37 为完成一层的第一梯段的栏杆

布置。图 6-38 为办公楼剖面楼梯栏杆整

体图。

4. 楼梯栏板

"楼梯栏板"命令可以自动识别剖面

楼梯与可见楼梯，绘制实心楼梯栏板。

执行方式

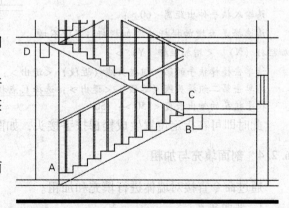

图 6-37　第一梯段的栏杆图

命令行：LTLB

菜单："剖面"→"楼梯栏板"

操作步骤

1）打开图 6-31。

2）执行"楼梯栏板"命令，命令行提示如下：

请输入楼梯扶手的高度 <1000>：1000

是否要打断遮挡线（Yes/No）？<Yes>：默认为打断

再输入楼梯扶手的起始点 <退出>：选择下层楼梯的起始点

结束点 <退出>：选择下层楼梯的终点

再输入楼梯扶手的起始点 <退出>：选择上层楼梯的起始点

结束点 <退出>：选择上层楼梯的终点

再输入楼梯扶手的起始点 <退出>：按 <Enter> 键结束

此时即可在指定位置生成剖面楼梯栏板，如图 6-39 所示。

5. 扶手接头

"扶手接头"命令可以对楼梯扶手的接头位置进行细部处理。

执行方式

命令行：FSJT

菜单："剖面"→"扶手接头"

操作步骤

1）打开图 6-39。

2）执行"扶手接头"命令，命令行提示如下：

请输入扶手伸出距离 <60>：

请选择是否增加栏杆［增加栏杆（Y）/不增加栏杆（N）］<增加栏杆（Y）>：

请单击楼梯扶手的第一组接头线（近段）<退出>：选择 B 点扶手

再单击第二组接头线（远段）<退出>：选择 C 点扶手

扶手接头的伸出长度 <150>：150

此时即可在指定位置生成楼梯扶手接头，如图 6-38 所示。

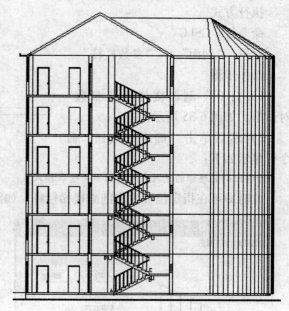

图 6-38　生成梯段的栏杆图

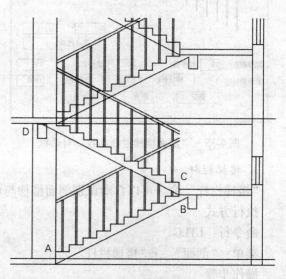

图 6-39　楼梯栏板图

6.2.4　剖面填充与加粗

通过命令直接对墙体进行填充和加粗。

1. 剖面填充

"剖面填充"命令可以识别天正生成的剖面构件，进行图案填充。

执行方式

命令行：PMTC

菜单："剖面"→"剖面填充"

操作步骤

1）打开图 6-39。

2）执行"剖面填充"命令，命令行提示如下：

请选取要填充的剖面墙线梁板楼梯＜全选＞：<u>选择要填充的墙线 A</u>

选择对象：<u>选择要填充的墙线 B</u>

选择对象：<u>选择要填充的墙线 C</u>

选择对象：<u>选择要填充的墙线 D</u>

选择对象：<u>按＜Enter＞键退出</u>

打开"请点取所需的填充图案"对话框，如图 6-40 所示。然后单击"确定"按钮，此时即可在指定位置生成剖面填充，如图 6-41 所示。

2. 居中加粗

"居中加粗"命令可以将剖面图中的剖切线向墙两侧加粗。

执行方式

命令行：JZJC

菜单："剖面"→"居中加粗"

操作步骤

1）打开图 6-39。

2）执行"居中加粗"命令，命令行提示如下：

请选取要变粗的剖面墙线梁板楼梯线（向两侧加粗）＜全选＞：<u>选择墙线 A</u>

选择对象：<u>选择墙线 B</u>

选择对象：<u>按＜Enter＞键结束</u>

此时即可在指定位置生成居中加粗，如图 6-42 所示。

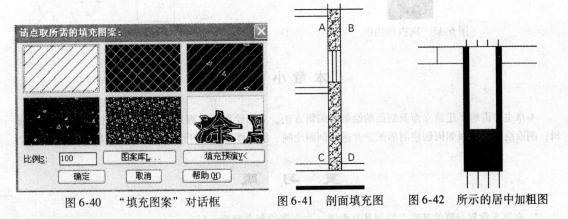

图 6-40　"填充图案"对话框　　　图 6-41　剖面填充图　　图 6-42　所示的居中加粗图

3. 向内加粗

"向内加粗"命令可以将剖面图中的剖切线向墙内侧加粗。

执行方式

命令行：XNJC

菜单："剖面"→"向内加粗"

1）打开图 6-39。

2）执行"向内加粗"命令，命令行提示如下：

请选取要变粗的剖面墙线梁板楼梯线（向内侧加粗）＜全选＞：<u>选择墙线 A</u>

选择对象：<u>选择墙线 B</u>

选择对象：<u>按＜Enter＞键结束</u>

此时即可在指定位置生成向内加粗，如图 6-43 所示。

4. 取消加粗

"取消加粗"命令可以将已经加粗的剖切线恢复原状。

执行方式

命令行：QXJC

菜单："剖面"→"取消加粗"

操作步骤

1）打开图 6-43。

2）执行"取消加粗"命令，命令行提示如下：

请选取要恢复细线的剖切线＜全选＞：<u>选择墙线 A</u>

选择对象：<u>选择墙线 B</u>

选择对象：<u>按＜Enter＞键结束</u>

此时即可在指定位置取消加粗，如图 6-44 所示。

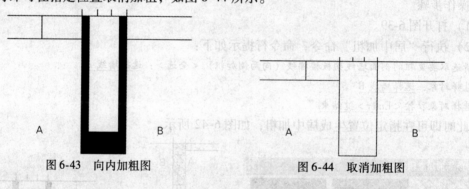

图 6-43　向内加粗图　　　　　　　　　　图 6-44　取消加粗图

本 章 小 结

本章主要讲解了建筑立面及剖面的绘制与编辑方法，立面绘制要掌握如何创建立面图，并进行立面编辑；剖面绘制要掌握如何创建剖面图，并进行剖面绘制、剖面楼梯与栏杆绘制、剖面填充与加粗等。

复 习 题

1. 在第 5 章复习题的基础上绘制其立面图（立面图绘制高度为六层）。

2. 绘制第 5 章复习题的剖面图。

第 7 章

天正文字表格与尺寸标注

文字是建筑绘图中的重要组成部分，所有的设计说明、符号标注和尺寸标注等都需要通过文字去表达，而且在图样中必不可少的设计说明也是由文字和表格组成的。天正推出的自定义表格对象具备特有的电子表格绘制和编辑功能，不仅可以方便地生成表格，还可以方便地通过夹点拖动与对象编辑功能进行修改和编辑。

尺寸标注也是建筑设计的重要组成部分。天正软件全面使用了自定义专业对象技术，专门针对建筑行业图样的尺寸标注开发了自定义尺寸标注对象，取代了 AutoCAD 的尺寸标注，该对象按照国家建筑制图规范的标注要求，对 AutoCAD 的通用尺寸标注进行了优化。

7.1 文字表格

文字工具：介绍有关文字的样式，单行文字和多行文字等添加方式，以及文字的格式编辑工具。

表格工具：介绍表格的创建及编辑方式。

7.1.1 文字工具的相关命令

本节主要讲解文字输入和编辑的方式。

1. 文字样式

"文字样式"命令可以创建或修改命名天正扩展文字样式，并设置图形中的当前文字样式。

执行方式

命令行：WZYS

菜单："文字表格"→"文字样式"

执行"文字样式"命令，弹出"文字样式"对话框，如图 7-1 所示，具体文字样式应根据相关规定执行，在此不做示例。

2. 单行文字

"单行文字"命令可以创建符合我国建筑制图标准的单行文字。

图 7-1 "文字样式"对话框

执行方式

命令行：DHWZ

菜单："文字表格" → "单行文字"

操作步骤

1）执行"单行文字"命令，弹出"单行文字"对话框，如图 7-2 所示。

2）先将对话框中的"文字输入区"清空，然后输入"1~2 轴间建筑面积 $100m^2$，用的钢筋为"。然后选中 1，选择圆圈文字①；选中 2，选择圆圈文字①；选中 m 后面的 2，选择上标 m^2；在最后选取适合的钢筋标号。

在绘图区中单击，命令行显示：

请点取插入位置 <退出>：选 A

请点取插入位置 <退出>：

绘制结果如图 7-3 所示。

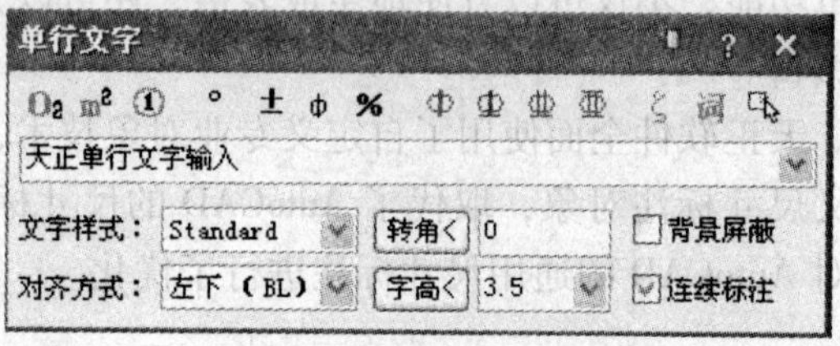

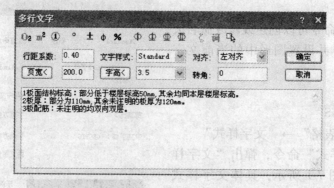

图 7-2 "单行文字"对话框 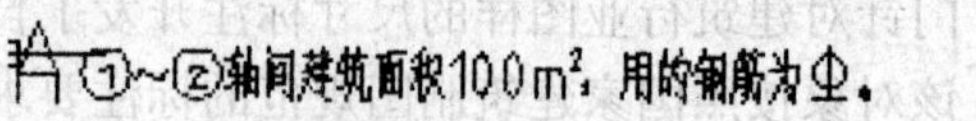   图 7-3 单行文字图

3. 多行文字

"多行文字"命令可以创建符合我国建筑制图标注的整段文字。

执行方式

菜单："文字表格" → "多行文字"

操作步骤

1）执行"多行文字"命令，打开"多行文字"对话框。

2）先将"文字输入区"中清空，输入文字，对话框如图 7-4 所示。

图 7-4 "多行文字"对话框

在绘图区中单击，命令行显示：

左上角或 [参考点 (R)] <退出>：选 A

绘制结果如图7-5所示。

> 1板面结构标高：部分低于楼层标高50mm,其余均同本层楼层标高。
> 2板厚：部分为110mm,其余未注明的板厚为120mm。
> 3板配筋：未注明的均双向双层。

图7-5 多行文字图

4. 曲线文字

"曲线文字"命令可以直接按弧线方向书写中英文字符串，或者在已有的多段线上布置中英文字符串，可将图中的文字改排成曲线。

执行方式

命令行：QXWZ

菜单："文字表格"→"曲线文字"

操作步骤

编辑一源文件，如图7-6所示。执行"曲线文字"命令，命令行提示如下：

A-直接写弧线文字/P-按已有曲线布置文字＜A＞：P

请选取文字的基线＜退出＞：选择曲线

输入文字：天正建筑文字

请键入模型空间字高＜500＞：500

绘制结果如图7-7所示。

图7-6 曲线文字源图　　　　　　　图7-7 曲线文字图

5. 专业词库

"专业词库"命令可以输入或维护专业词库中的内容，由用户扩充专业词库，系统提供了一些常用的建筑专业词汇，可以随时插入图中，词库还可在各种符号标注命令中调用，其中材料做法标注命令可调用北方地区常用的88J工程作法作为主要内容。

执行方式

命令行：ZYCK

菜单："文字表格"→"专业词库"

操作步骤

1）执行"专业词库"命令，打开"专业词库"对话框。单击"材料做法"中的"墙面做法"，右侧选择纸软木墙面（20），在编辑框内显示要输入的文字，如图7-8a所示。

2）单击绘图区域，命令行显示如下：

请指定文字的插入点＜退出＞：将文字内容插入需要位置

绘制结果如图7-8b所示。

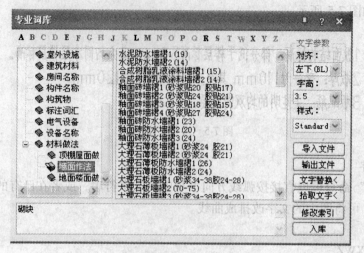

a)

钉边框、装饰分格条（也可不做，由设计人定）

5厚软木装饰板面层，建筑胶粘贴

6厚1:0.5:2.5水泥石灰膏砂浆压实抹平

9厚1:0.5:3水泥石灰膏砂浆打底扫毛或划出纹道

b)

图 7-8 专业词库

a）"专业词库"对话框 b）专业词库图

6. 转角自纠

"转角自纠"命令可以把不符合建筑制图标准的文字予以纠正。

执行方式

命令行：ZJZJ

菜单："文字表格" → "转角自纠"

操作步骤

1）编辑一源文件，如图 7-9 所示。

2）执行"转角自纠"命令，命令行提示如下：

请选择天正文字：选字体

请选择天正文字：选字体

请选择天正文字：选字体

绘制结果如图 7-10 所示。

图 7-9 文字源图

图 7-10 转角自纠图

7. 文字转化

"文字转化"命令可以把 AutoCAD 单行文字转化为天正单行文字。

执行方式

命令行：WZZH

菜单："文字表格"→"文字转化"

执行"文字转化"命令，命令行提示如下：

请选择 ACAD 单行文字：选择字体

请选择 ACAD 单行文字：选择字体

请选择 ACAD 单行文字：

生成符合要求的天正文字。

8. 文字合并

"文字合并"命令可以把天正单行文字的段落合成一个天正多行文字。

执行方式

命令行：WZHB

菜单："文字表格"→"文字合并"

操作步骤

1）编辑—源文件，如图 7-11 所示

2）执行"文字合并"命令，命令行提示如下：

请选择要合并的文字段落＜退出＞：框选天正单行文字的段落

请选择要合并的文字＜合并为多行文字＞段落＜退出＞：

[合并为单行文字（D）]＜合并为多行文字＞：

移动到目标位置＜替换原文字＞：选取文字移动到的位置

绘制结果如图 7-12 所示。

1、一层平面
2、二层平面
3、三层平面
4、四层平面
5、五层平面
6、六层平面
7、七层平面
8、顶层平面

1、一层平面
2、二层平面
3、三层平面
4、四层平面
5、五层平面
6、六层平面
7、七层平面
8、顶层平面

图 7-11　文字源图　　　　　图 7-12　文字合并图

9. 统一字高

"统一字高"命令可以把所选择的文字字高统一为给定的字高。

执行方式

命令行：TYZG

菜单："文字表格"→"统一字高"

操作步骤

1）编辑一源文件，如图 7-13 所示。

2）执行"统一字高"命令，命令行提示如下：

请选择要修改的文字（ACAD 文字，天正文字）＜退出＞：指定对角线：<u>框选需要统一字高的文字</u>

请选择要修改的文字（ACAD 文字，天正文字）＜退出＞

字高＜3.5mm＞

绘制结果如图 7-14 所示

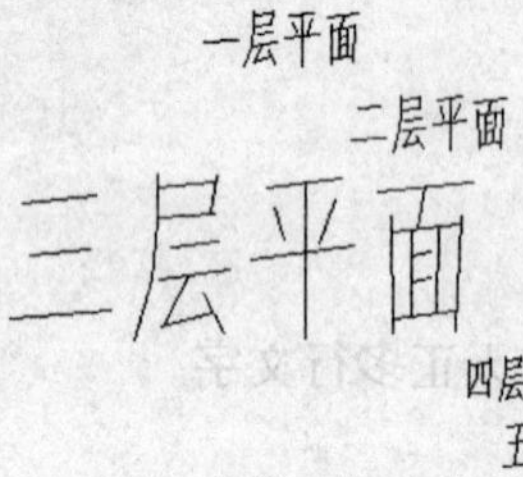

一层平面
二层平面
三层平面
四层平面
五层平面

一层平面
二层平面
三层平面 .
四层平面
五层平面

图 7-13　文字源图 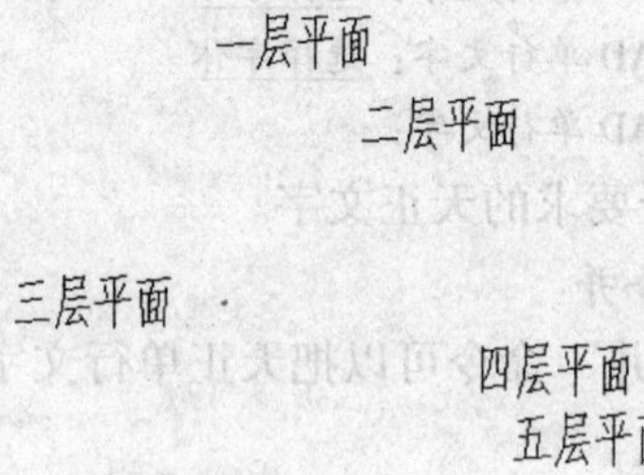　　　　　　　　　图 7-14　统一字高图

10. 查找替换

"查找替换"命令可以把当前图形中所有的文字进行查找和替换。

执行方式

命令行：CZTH

菜单："文字表格"→"查找替换"

操作步骤

1）编辑一源文件，如图 7-15 所示。

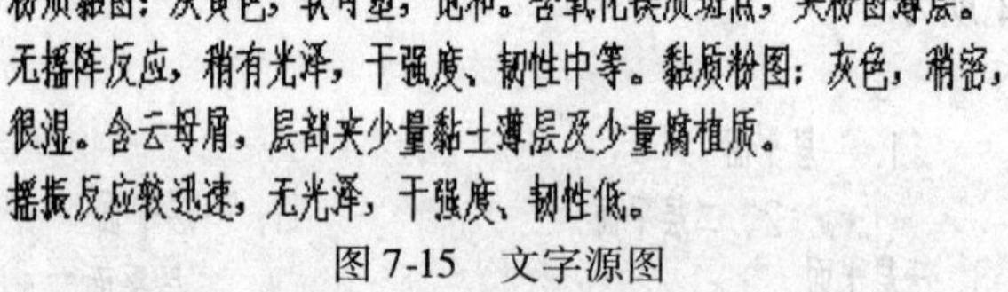

粉质黏图：灰黄色，软可塑，饱和。含氧化镁质斑点，夹粉图薄层。
无摇降反应，稍有光泽，干强度、韧性中等。黏质粉图：灰色，稍密，
很湿。含云母屑，层部夹少量黏土薄层及少量腐植质。
摇振反应较迅速，无光泽，干强度、韧性低。

图 7-15　文字源图

2）执行"查找替换"命令，弹出"查找和替换"对话框。

3）在"搜索范围"中选择文字区域，在"查找字符串"中输入"图"，在"替换为"中输入"土"，然后单击"全部替换"完成操作。

绘制结果如图 7-16 所示。

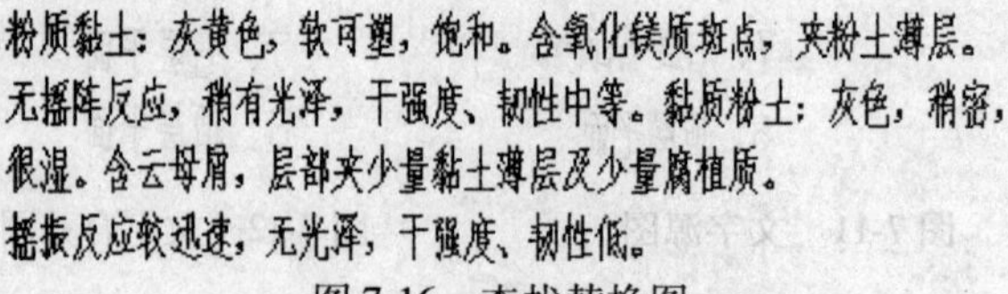

粉质黏土：灰黄色，软可塑，饱和。含氧化镁质斑点，夹粉土薄层。
无摇降反应，稍有光泽，干强度、韧性中等。黏质粉土：灰色，稍密，
很湿。含云母屑，层部夹少量黏土薄层及少量腐植质。
摇振反应较迅速，无光泽，干强度、韧性低。

图 7-16　查找替换图

7.2　表格工具

表格是建筑绘图中的重要组成部分，通过表格可以层次清楚地表达大量的数据内容。表

格可以独立绘制，也可以在门窗表和图纸目录中应用。

1. 新建表格

"新建表格"命令可以绘制表格并输入文字。

执行方式

命令行：XJBG

菜单："文字表格"→"新建表格"

操作步骤

1）执行"新建表格"命令，弹出"新建表格"对话框，如图 7-17 所示。输入数据如图所示，然后单击"确定"按钮，命令行显示为：

<u>左上角点或［参考点（R）］＜退出＞：选取表格左上角在图纸中的位置</u>

以上完成表格的创建。

2）在表格中添加文字。单击选中表格，双击进行编辑，弹出"表格设定"对话框，填写文字参数内容，如图 7-18 所示。

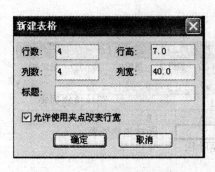

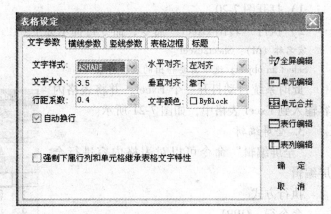

图 7-17　"新建表格"对话框　　　　　　　图 7-18　"表格设定"对话框

3）单击标题菜单，对文字参数内容填写。

4）单击右侧"全屏编辑"，对话框如图 7-19 所示，完成内容输入后单击"确定"按钮。

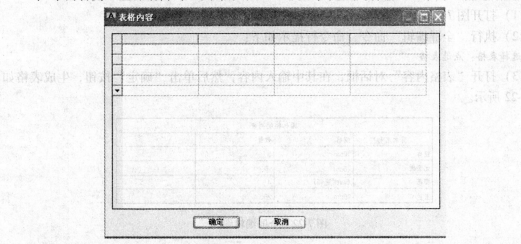

图 7-19　"表格内容"对话框

绘制结果如图 7-20 所示。

园林植物列表			
落叶松			

图 7-20　新建表格图

2. 转出 Excel

"转出 Excel"命令可以把天正表格输出到 Excel 新表单中或者更新到当前表单的选中区域。

执行方式

菜单："文字表格"→"单行文字"

操作步骤

1）打开图 7-20。

2）执行"转出 Excel"命令，命令行提示如下：

宏名称（M）：Sheet2excel

Select an object：选中需要转出的表格对象

此时系统自动打开一个 Excel，并将表格内容输入到 Excel 表格中，如图 7-21 所示。

3. 全屏编辑

"全屏编辑"命令可以对表格内容进行全屏编辑。

执行方式

命令行：QPBJ

菜单："文字表格"→"表格编辑"→"全屏编辑"

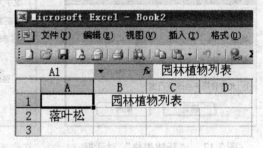

图 7-21　转出 Excel 图

操作步骤

1）打开图 7-20。

2）执行"全屏编辑"命令，命令行提示如下：

选择表格：点选表格

3）打开"表格内容"对话框，在其中输入内容，然后单击"确定"按钮，生成表格如图 7-22 所示。

园林植物列表			
苗木名称	规格	数量	
银杏	10cm	3	
元宝树	15cm	10	
樱花	6cm(冠径)	4	
玉兰	15cm	25	

图 7-22　全屏编辑图

4. 拆分表格

"拆分表格"命令可以把表格分解为多个子表格，有行拆分和列拆分两种。

执行方式

命令行：CFBG

菜单："文字表格"→"表格编辑"→"拆分表格"

操作步骤

1）打开图 7-22。

2）执行"拆分表格"命令，弹出"拆分表格"对话框。

3）在对话框中选择"行拆分"，在中间框内取消"自动拆分"选择，在右侧选择"带标题"，表头行数选 1，然后单击"拆分"，命令行提示如下：

请点取要拆分的起始行 < 退出 > ：选表格中序号下的第 3 行

请点取插入位置 < 返回 > ：在图中选择新表格位置

请点取要拆分的起始行 < 退出 > ：

绘制结果如图 7-23 所示。

园林植物列表		
苗木名称	规格	数量
玉兰	15cm	25

园林植物列表		
苗木名称	规格	数量
银杏	10cm	3
元宝树	15cm	10
樱花	6cm(冠径)	4

图 7-23　拆分表格图

5. 合并表格

"合并表格"命令可以把多个表格合并为一个表格，有行合并和列合并两种。

执行方式

命令行：HBBG

菜单："文字表格"→"表格编辑"→"合并表格"

操作步骤

1）打开图 7-23。

2）执行"合并表格"命令，命令行提示如下：

选择第一个表格或［列合并（C）］< 退出 > ：选择上面的表格

选择第一个表格 < 退出 > ：选择下面的表格

选择第一个表格 < 退出 > ：

完成表格行数合并，标题保留第一个表格的标题，多余的表格可以删除，绘制结果如图 7-24 所示。

园林植物列表		
苗木名称	规格	数量
元宝树	15cm	10
樱花	6cm(冠径)	4
玉兰	15cm	25
苗木名称	规格	数量
银杏	10cm	3

图 7-24　合并表格图

6. 表列编辑

"表列编辑"命令可以编辑表格的一列或多列。

执行方式

命令行：BLBJ

菜单："文字表格"→"表格编辑"→"表列编辑"

操作步骤

1）打开图 7-24。

2）执行"表列编辑"命令，命令行提示如下：

请点取一表列以编辑属性或 [多列属性 (M)/插入列 (A)/加末列 (T)/删除列 (E)/交换列 (X)] <退出>：在第一列中单击

3）打开"列设定"对话框，在"水平对齐"中选择居中，然后单击"确定"按钮完成操作，绘制结果如图 7-25 所示。

园林植物列表			
苗木名称	规格	数量	
银杏	10cm	3	
苗木名称	规格	数量	
元宝树	15cm	10	
樱花	6cm(冠径)	4	
玉兰	15cm	25	

图 7-25　表列编辑后的表格图

7. 表行编辑

"表行编辑"命令可以编辑表格的一行或多行。

执行方式

命令行：BHBJ

菜单："文字表格"→"表格编辑"→"表行编辑"

操作步骤

1）打开图 7-25。

2）执行"表行编辑"命令，命令行提示如下：

请点取一表行以编辑属性或 [多列属性 (M)/增加行 (A)/末尾加行 (T)/删除行 (E)/复制行 (C)/交换列 (X)] <退出>：鼠标放在序号表行的表格处单击

3）打开"行设定"对话框，在"行高特性"中选择固定，在"行高"单击，选择 14，在"文字对齐"中选择居中，然后单击"确定"按钮完成操作，绘制结果如图 7-26 所示。

园林植物列表			
苗木名称	规格	数量	
银杏	10cm	3	
苗木名称	规格	数量	
元宝树	15cm	10	
樱花	6cm(冠径)	4	
玉兰	15cm	25	

图 7-26　表行编辑后的表格图

8. 增加表行

"增加表行"命令可以在指定表格行之前或之后增加一行。

执行方式

命令行：ZJBH

菜单："文字表格"→"表格编辑"→"增加表行"

操作步骤

1）打开图7-25。

2）执行"增加表行"命令，命令行提示如下：

请点取一表行以（在本行之前）插入新行或［在本行之后插入（A）/复制当前行（S）］＜退出＞：
……

绘制结果如图7-27所示。

园林植物列表			
苗木名称	规格	数量	
银杏	10cm	3	
苗木名称	规格	数量	
元宝树	15cm	10	
樱花	6cm(冠径)	4	
玉兰	15cm	25	

图 7-27 增加表行后的表格图

9. 删除表行

"删除表行"命令可以删除指定行。

执行方式

命令行：SCBH

菜单："文字表格"→"表格编辑"→"删除表行"

操作步骤

1）打开图7-27。

2）执行"删除表行"命令，命令行提示如下：

本命令也可以通过［表行编辑］实现！

请点取要删除的表行＜退出＞：选中最后一行

请点取要删除的表行＜退出＞：

绘制结果如图7-28所示。

园林植物列表			
苗木名称	规格	数量	
银杏	10cm	3	
苗木名称	规格	数量	
元宝树	15cm	10	
樱花	6cm(冠径)	4	

图 7-28 删除表行后的表格图

10. 单元编辑

"单元编辑"命令可以编辑表格单元格，修改属性或文字。

执行方式

命令行：DYBJ

菜单："文字表格" → "表格编辑" → "单元编辑"

操作步骤

1）打开图7-28。

2）执行"单元编辑"命令，命令行提示如下：

请点取一单元格进行编辑［多格属性（M）/单元分解（X）］＜退出＞：选择序号单元格

3）打开"单元格编辑"对话框，内容由"苗木名称"变更为"苗木种类"，然后单击"确定"按钮，再按＜Enter＞键退出操作。

绘制结果如图7-29所示。

园林植物列表			
苗木种类	规格	数量	
银杏	10cm	3	
苗木名称	规格	数量	
元宝树	15cm	10	
樱花	6cm(冠径)	4	

图7-29 单元格编辑后的表格图

11. 单元递增

单元递增命令可以复制单元文字内容，并同时将单元内容的某一项递增或递减，同时按＜Shift＞键为直接复制，按＜Ctrl＞键为递减。

执行方式

命令行：DYDZ

菜单："文字表格" → "表格编辑" → "单元递增"

操作步骤

1）打开图7-29。

2）执行"单元递增"命令，命令行提示如下：

请点第一个单元格＜退出＞：选第1单元格

请点最后一个单元格＜退出＞：选取下面第4单元格

绘制结果如图7-30所示。

园林植物列表			
苗木种类	规格	数量	
银杏		1	
苗木名称		2	
元宝树		3	
樱花		4	

图7-30 单元递增后的表格图

12. 单元复制

"单元复制"命令可以复制表格中某一单元内容或者图块、文字对象至目标的表格单元。

执行方式

命令行：DYFZ

菜单："义字表格"→"表格编辑"→"单元复制"

操作步骤

1）打开图 7-29。

2）执行"单元复制"命令，命令行提示如下：

点取拷贝源单元格或［选取文字（A)/选取图块（B)］＜退出＞：选取"苗木"单元格

点取粘贴至单元格（按 CTRL 键重新选择复制源）或［选取文字（A)/选取图块（B)］＜退出＞：选下面第一个表格

点取粘贴至单元格（按 CTRL 键重新选择复制源）或［选取文字（A)/选取图块（B)］＜退出＞：选下面第二个表格

点取粘贴至单元格（按 CTRL 键重新选择复制源）或［选取文字（A)/选取图块（B)］＜退出＞：选下面第三个表格

点取粘贴至单元格（按 CTRL 键重新选择复制源）或［选取文字（A)/选取图块（B)］＜退出＞：选下面第四个表格

点取粘贴至单元格（按 CTRL 键重新选择复制源）或［选取文字（A)/选取图块（B)］＜退出＞：

绘制结果如图 7-31 所示。

园林植物列表			
苗木种类	规格	数量	
苗木种类			
苗木种类			
苗木种类			
苗木种类			

图 7-31　单元复制后的表格图

13. 单元合并

"单元合并"命令可以合并表格的单元格。

执行方式

命令行：DYHB

菜单："文字表格"→"表格编辑"→"单元合并"

操作步骤

1）打开图 7-20。

2）执行"单元合并"命令，命令行提示如下：

点取第一个角点：选中"苗木名称"单元格

点取另一个角点：选中下面的第四个单元格

合并后的文字居中，绘制结果如图 7-32 所示。

园林植物列表			
	规格	数量	
苗木种类			

图 7-32　单元合并后的表格网

14. 撤销合并

"撤销合并"命令可以撤销已经合并的单元格。

执行方式

命令行：CXHB

菜单："文字表格"→"表格编辑"→"撤销合并"

操作步骤

1）打开图7-32。

2）执行"撤销合并"命令，命令行提示如下：

点取已经合并的单元格<退出>：选中需要撤销合并的单元格

绘制结果如图7-33所示，本命令也可以通过"单元编辑"实现。

园林植物列表			
苗木种类	规格	数量	
苗木种类			
苗木种类			
苗木种类			
苗木种类			

图7-33　撤销合并后的表格图

7.3　尺寸标注

尺寸标注的创建：介绍有关实体的门窗、墙厚、内门的标注，标注方法的快速、逐点标注，以及有关弧度的半径、直径、角度、弧长的标注。

尺寸标注的编辑：介绍有关尺寸标注的各种尺寸编辑命令。

7.3.1　尺寸标注的创建

尺寸标注是建筑绘图中的重要组成部分，通过尺寸标注可以对图上的门窗、墙体等进行直线角度、弧长等标注。

1. 门窗标注

"门窗标注"命令可以标注门窗的定位尺寸。

执行方式

命令行：MCBZ

菜单："尺寸标注"→"门窗标注"

操作步骤

1）打开图5-48。

2）执行"门窗标注"命令，命令行提示如下：

请用线选第一、二道尺寸线及墙体！

起点<退出>：选A

终点<退出>：选B

选择其他墙体：

以上完成 C-1 的尺寸标注。

3）单击"门窗标注"，命令行提示如下：

请用线选第一、二道尺寸线及墙体！

起点 < 退出 > ：选 C

终点 < 退出 > ：选 D

选择其他墙体：选中右侧墙体，找到 1 个

选择其他墙体：选中右侧墙体，找到 1 个，总计 2 个

选择其他墙体：

以上完成有轴标侧墙体门窗的尺寸标注，绘制结果如图 7-34 所示。

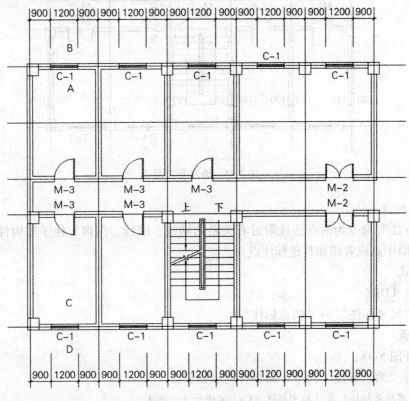

图 7-34　门窗标注图

2. 墙厚标注

"墙厚标注"命令可以对两点连线穿越的墙体进行墙厚标注。

执行方式

菜单："尺寸标注"→"墙厚标注"

操作步骤

1）打开图 5-48。

2）执行"墙厚标注"命令，命令行提示如下：

直线第一点 < 退出 > ：选 A

直线第二点 < 退出 > ：选 B

直线第一点 < 退出 > ：选 C

直线第二点 < 退出 > ：选 D

通过直线选取经过墙体的墙厚尺寸，如图 7-35 所示。

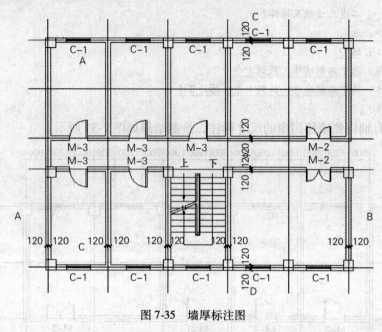

图 7-35　墙厚标注图

3. 两点标注

"两点标注"命令为两点连线附近有关系的轴线、墙线、门窗、柱子等构件标注尺寸，并可标注各墙中点或者添加其他标注点。

执行方式

命令行：**LDBZ**

菜单："尺寸标注"→"两点标注"

操作步骤

1）打开图 5-48。

2）执行"两点标注"命令，命令行提示如下：

起点（当前墙面标注）或 [墙中标注（C）] < 退出 > ：选 A

终点 < 退出 > ：选 B

请选择不要标注的轴线和墙体：

选择其他要标注的门窗和柱子：

请输入其他标注点或 [参考点（R）] < 退出 > ：

生成两点标注如图 7-36 所示。

4. 内门标注

"内门标注"命令可以标注内墙门窗尺寸以及门窗与最近的轴线或墙边的关系。

执行方式

命令行：**NMBZ**

菜单："尺寸标注"→"内门标注"

操作步骤

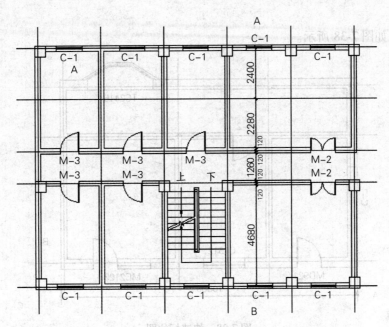

图 7-36 两点标注图

1）打开图 5-48。

2）执行"内门标注"命令，命令行提示如下：

标注方式：轴线定位，请用线选门窗，并且第二点作为尺寸线位置！

起点或［垛宽定位（A）］＜退出＞：选A

终点＜退出＞：选B

绘制结果如图 7-37 所示。

5. 快速标注

"快速标注"命令可快速识别图形外轮廓或者基线点，沿着对象的长宽方向标注对象的几何特征尺寸。

执行方式

命令行：KSBS

菜单："尺寸标注"→"快速标注"

操作步骤

1）打开图 5-48。

2）执行"快速标注"命令，命令行提示如下：

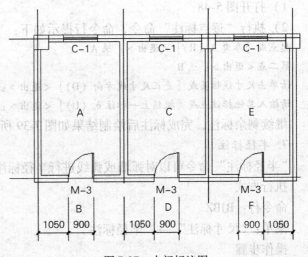

图 7-37 内门标注图

选择要标注的几何图形：框选 A-B

选择要标注的几何图形：

请指定尺寸线位置（当前标注方式：连续加整体）或［整体（T）/连续（C）/连续加整体（A）］＜退出＞：A

请指定尺寸线位置（当前标注方式：连续加整体）或［整体（T）/连续（C）/连续加整体（A）］＜退

出 > : <u>选 C 点</u>

绘制结果如图 7-38 所示。

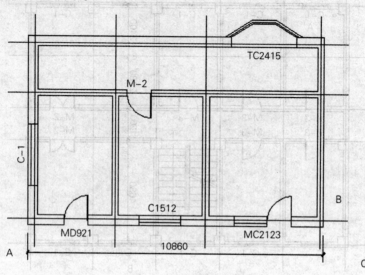

图 7-38　快速标注图

6. 逐点标注

"逐点标注"命令可以单击各标注点，沿给定的一个直线方向标注连续尺寸。

执行方式

命令行：ZDBZ

菜单："尺寸标注"→"逐点标注"

操作步骤

1）打开图 5-48。

2）执行"逐点标注"命令，命令行提示如下：

起点或 [参考点（R）] ＜退出＞：<u>选 A</u>
第二点＜退出＞：<u>选 B</u>
请单击尺寸线位置或 [更正尺寸线方向（D）] ＜退出＞：<u>选 C</u>
请输入其他标注点或 [撤销上一标注点（U）] ＜退出＞：

继续剩余标注，完成标注后绘制结果如图 7-39 所示。

7. 半径标注

"半径标注"命令可以对弧墙或弧线进行半径标注。

执行方式

命令行：BJBZ

菜单："尺寸标注"→"半径标注"

操作步骤

1）打开图 5-48。

2）执行"半径标注"命令，命令行提示如下：

请选择待标注的圆弧＜退出＞：<u>选 A</u>

完成标注后，绘制结果如图 7-40 所示。

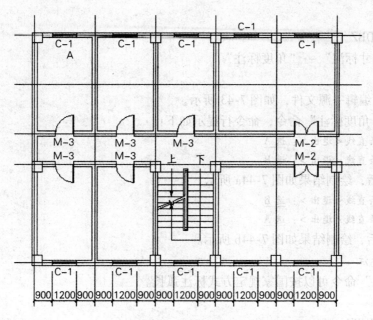

图 7-39　逐点标注图

8. 直径标注

"直径标注"命令可以对圆进行直径标注。

执行方式

命令行：ZJBZ

菜单："尺寸标注"→"直径标注"

操作步骤

1）首先，编辑一源文件，如图 7-41 所示。

2）执行"直径标注"命令，命令行提示如下：

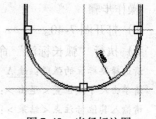

图 7-40　半径标注图

请选择待标注的圆弧＜退出＞：选 A

完成标注后，绘制结果如图 7-42 所示。

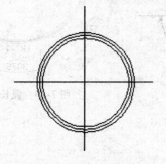

图 7-41　原有墙体图

图 7-42　直径标注图

9. 角度标注

"角度标注"命令可按逆时针方向标注两条直线之间的夹角，请注意按逆时针方向选择要标注直线的先后顺序。

执行方式

命令行：JDBZ

菜单："尺寸标注"→"角度标注"

操作步骤

1）首先，编辑一源文件，如图 7-43 所示。

2）执行"角度标注"命令，命令行提示如下：

请选择第一条直线＜退出＞：选 A

请选择第二条直线＜退出＞：选 B

完成标注后，绘制结果如图 7-44a 所示。

请选择第一条直线＜退出＞：选 B

请选择第二条直线＜退出＞：选 A

完成标注后，绘制结果如图 7-44b 所示。

10. 弧长标注

"弧长标注"命令可以按国家规定方式标注弧长。

执行方式

命令行：HCBZ

菜单："尺寸标注"→"弧长标注"

操作步骤

1）打开图 7-40。

2）执行"弧长标注"命令，命令行提示如下：

请选择要标注的弧段：选 A

请单击尺寸线位置＜退出＞：选 C

请输入其他标注点＜结果＞：选 D

请输入其他标注点＜结果＞：

完成标注后，绘制结果如图 7-45 所示。

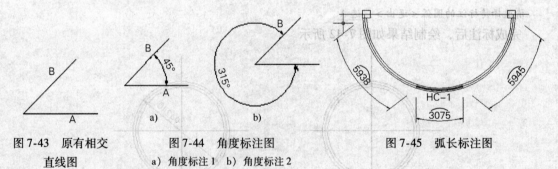

图 7-43　原有相交　　　图 7-44　角度标注图　　　图 7-45　弧长标注图

　　　直线图　　　a）角度标注 1　b）角度标注 2

7.3.2　尺寸标注的编辑

尺寸标注的编辑是对尺寸标注执行各种编辑命令。

1. 文字复位

"文字复位"命令可以把尺寸文字的位置恢复到默认的尺寸线中点上方。

执行方式

命令行：WZFW

菜单："尺寸标注"→"尺寸编辑"→"文字复位"

操作步骤

1）编辑一源文件，如图 7-46 所示。

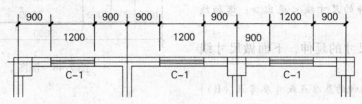

图 7-46　原有标注图

2）执行"文字复位"命令，命令行提示如下：

请选择天正尺寸标注：选择文字标注

请选择天正尺寸标注：

以上完成文字复位的标注，绘制结果如图 7-47 所示。

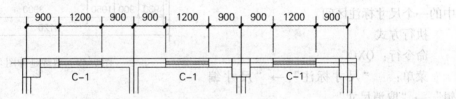

图 7-47　文字复位图

2. 文字复值

文字复值命令可以把尺寸文字恢复为默认的测量值。

执行方式

命令行：WZFZ

菜单："尺寸标注"→"尺寸编辑"→"文字复值"

操作步骤

1）打开图 7-47。

2）执行"文字复值"命令，命令行提示如下：

请选择天正尺寸标注：选择文字标注

请选择天正尺寸标注：

以上完成文字复值的标注。

3. 剪裁延伸

"剪裁延伸"命令可以根据指定的新位置，对尺寸标注进行裁剪或延伸。

执行方式

命令行：CJYS

菜单："尺寸标注"→"尺寸编辑"→"剪裁延伸"

操作步骤

1）编辑一源文件，如图 7-48 所示。

2）执行"剪裁延伸"命令，命令行提示如下：

请给出裁剪延伸的基准点或 ［参考点（R）］ <退出>：选 A

要裁剪或延伸的尺寸线 <退出>：选轴线标注

完成轴线尺寸的延伸，下面做尺寸线的剪切。

请给出裁剪延伸的基准点或 ［参考点（R）］ <退出>：选 B

要裁剪或延伸的尺寸线 <退出>：选上侧墙体标注

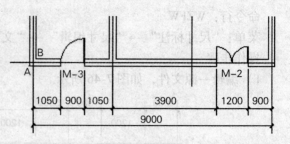

图 7-48　源图

以上完成裁剪延伸的标注，绘制结果如图 7-49 所示。

4. 取消尺寸

"取消尺寸"命令可以取消连续标注中的一个尺寸标注区间。

执行方式

命令行：QXCC

菜单：　"尺寸标注"→"尺寸编辑"→"取消尺寸"

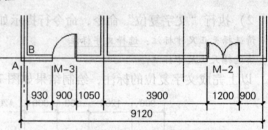

图 7-49　剪裁延伸图

操作步骤

1）打开图 7-49。

2）执行"取消尺寸"命令，命令提示如下：

请选择待取消的尺寸区间的文字 <退出>：选门尺寸

请选择待取消的尺寸区间的文字 <退出>：

以上完成取消尺寸的标注，绘制结果如图 7-50 所示。

5. 连接尺寸

"连接尺寸"命令可以把平行的多个尺寸标注连接成一个连续的尺寸标注对象。

执行方式

命令行：LJCC

菜单："尺寸标注"→"尺寸编辑"→"连接尺寸"

操作步骤

1）编辑一源文件，如图 7-51 所示。

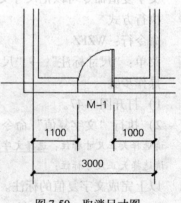

图 7-50　取消尺寸图

2）执行"连接尺寸"命令，命令行提示如下：

请选择主尺寸标注 <退出>：选左侧标注

请选择需要连接的其他尺寸标注 <结果>：选右侧标注

请选择需要连接的其他尺寸标注 <结果>

以上完成连接尺寸的标注，绘制结果如图 7-52 所示。

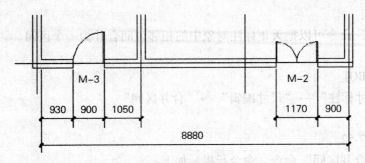

图 7-51　源图

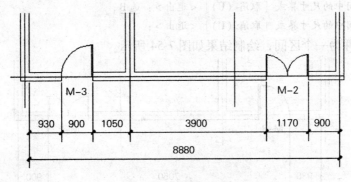

图 7-52　连接尺寸图

6. 尺寸打断

"尺寸打断"命令可以把一组尺寸标注打断为两组独立的尺寸标注。

执行方式

命令行：CCDD

菜单："尺寸标注"→"尺寸编辑"→"尺寸打断"

操作步骤

1）打开图 7-52。

2）执行"尺寸打断"命令，命令行提示如下：

请要在打断的一侧单击尺寸线 < 退出 >：

以上完成一组尺寸标注打断为两组独立的尺寸标注，绘制结果如图 7-53 所示，其中 1170 和 900 为一组，3900 为一组。

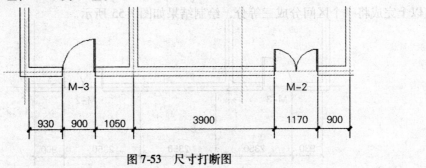

图 7-53　尺寸打断图

7. 合并区间

"合并区间"命令可以把天正标注对象中的相邻区间合并为一个区间。

执行方式

命令行：**HBQJ**

菜单："尺寸标注" → "尺寸编辑" → "合并区间"

操作步骤

1）打开图 7-52。

2）执行"合并区间"命令，命令行提示如下：

请单击合并区间中的尺寸界<退出>：<u>选A</u>

请单击合并区间中的尺寸界或 [取消 (U)] <退出>：<u>选B</u>

请单击合并区间中的尺寸界或 [取消 (U)] <退出>：

以上完成合并为一个区间，绘制结果如图 7-54 所示。

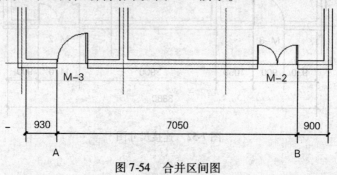

图 7-54　合并区间图

8. 等分区间

"等分区间"命令可以把天正标注对象的某一个区间按指定等分数等分多个区间。

执行方式

命令行：**DFQJ**

菜单："尺寸标注" → "尺寸编辑" → "等分区间"

操作步骤

1）打开图 7-54。

2）执行"等分区间"命令，命令行提示如下：

请选择需要等分的尺寸区间<退出>：<u>选A</u>

输入等分数<退出>：3

以上完成将一个区间分成三等分，绘制结果如图 7-55 所示。

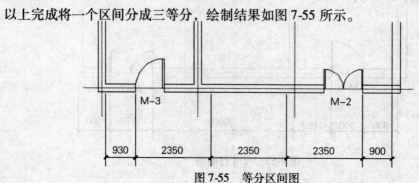

图 7-55　等分区间图

9. 对齐标注

"对齐标注"命令可以把多个天正标注对象按参考标注对象对齐排列。

执行方式

命令行：DQBZ

菜单："尺寸标注"→"尺寸编辑"→"对齐标注"

操作步骤

1）编辑一源文件，如图7-56所示。

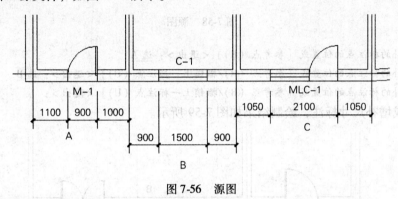

图7-56　源图

2）执行"对齐标注"命令，命令行提示如下：

选择参考标注＜退出＞：选A

选择参考标注＜退出＞：选B

选择参考标注＜退出＞：选C

选择参考标注＜退出＞：

以上完成对齐标注，绘制结果如图7-57所示。

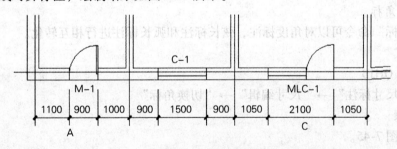

图7-57　对齐标注图

10. 增补尺寸

"增补尺寸"命令可以对已有的尺寸标注增加标注点。

执行方式

命令行：ZBCC

菜单："尺寸标注"→"尺寸编辑"→"增补尺寸"

操作步骤

1）编辑一源文件，如图7-58所示。

2）执行"增补尺寸"命令，命令行提示如下：

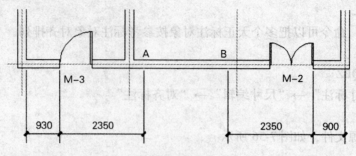

图 7-58 源图

单击待增补的标注点的位置或 ［参考点（R）］ <退出>：<u>选A</u>
单击待增补的标注点的位置或 ［参考点（R）/撤销上一标注点（U）］ <退出>：<u>选B</u>
单击待增补的标注点的位置或 ［参考点（R）/撤销上一标注点（U）］ <退出>：
以上完成增补尺寸标注，绘制结果如图 7-59 所示。

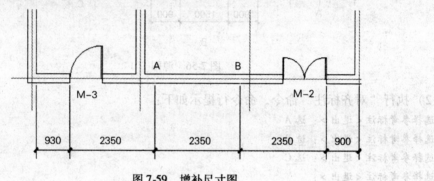

图 7-59 增补尺寸图

11. 切换角标

"切换角标"命令可以对角度标注、弦长标注和弧长标注进行相互转化。

执行方式

命令行：QHJB

菜单："尺寸标注" → "尺寸编辑" → "切换角标"

操作步骤

1）打开图 7-45。

2）执行"切换角标"命令，命令行提示如下：

请选择天正角度标注：<u>选标注</u>
请选择天正角度标注：

绘制结果如图 7-60 所示。

12. 尺寸转化

"尺寸转化"命令可以把 AutoCAD 的尺寸标注转化为天正的尺寸标注。

执行方式

命令行：CCZH

菜单："尺寸标注" → "尺寸编辑" → "尺寸

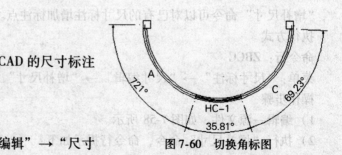

图 7-60 切换角标图

转化"

操作步骤

1）编辑一源文件，如图 7-61 所示。

2）执行"尺寸转化"命令，命令行提示如下：

请选择 ACAD 尺寸标注：（选择图 7-61 中的尺寸）找到 1 个

请选择 ACAD 尺寸标注：找到 1 个，总计 2 个

请选择 ACAD 尺寸标注：找到 1 个，总计 2 个

请选择 ACAD 尺寸标注：

绘制结果如图 7-62 所示。

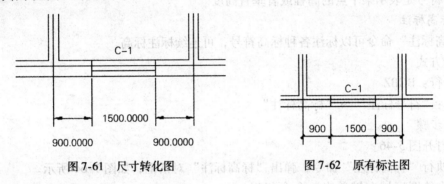

图 7-61 尺寸转化图   图 7-62 原有标注图

13. 尺寸自调

"尺寸自调"命令可以对天正尺寸标注的文字位置进行自动调整，使得文字不重叠。

执行方式

命令行：CCZT

菜单："尺寸标注"→"尺寸编辑"→"尺寸自调"

操作步骤

1）打开图 7-46。

2）执行"尺寸自调"命令，命令行提示如下：

请选择天正尺寸标注：（选择图 7-46 中的尺寸）选择尺寸

请选择天正尺寸标注：选择尺寸

请选择天正尺寸标注：选择尺寸

请选择天正尺寸标注：

绘制结果如图 7-63 所示。

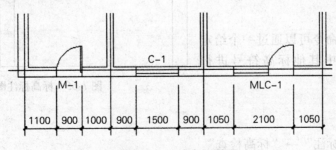

图 7-63 尺寸自调图

7. 4 符号标注

标高符号：介绍标高的标注、检查的操作。

工程符号的标注：介绍有关表示工程符号标注的箭头、引出、做法、索引等操作，以及索引图号的生成等。

7. 4. 1 标高符号

标高符号是表示某个点的高程或者垂直高度。

1. 标高标注

"标高标注"命令可以标注各种标高符号，可连续标注标高。

执行方式

命令行：BGBZ

菜单："符号标注" → "标高标注"

操作步骤

1）打开图 5-46。

2）执行"标高标注"命令，弹出"标高标注"对话框，如图 7-64 所示。

3）在绘图区域左键单击，命令行提示如下：

请单击标高点或［参考标高（R）］＜退出＞：选取地坪

请单击标高方向＜退出＞：选标高点的右侧

单击基线位置＜退出＞：选取基线在地坪

下一点或［第一点（F）］＜退出＞：选取窗下

下一点或［第一点（F）］＜退出＞：选取窗上

下一点或［第一点（F）］＜退出＞：选取屋顶

下一点或［第一点（F）］＜退出＞：

单击鼠标右键退出，最终绘制结果如图 7-65 所示。

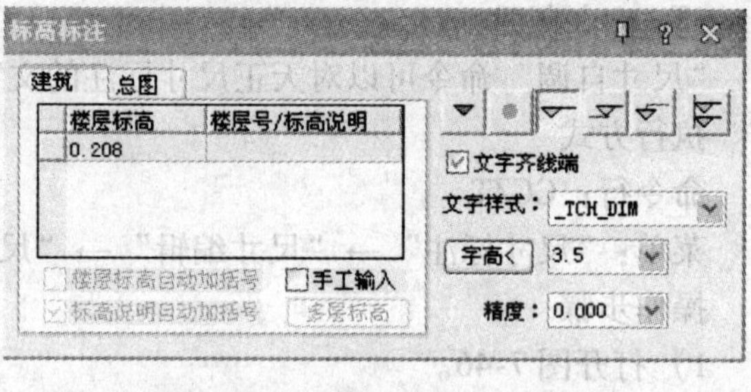

图 7-64 "标高标注"对话框

2. 标高检查

"标高检查"命令可以通过一个给定标高对立剖面图中其他标高符号进行检查。

执行方式

命令行：BGJC

菜单："符号标注" → "标高检查"

操作步骤

1）打开图 7-65。

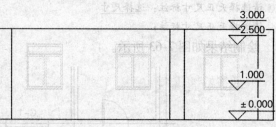

图 7-65 标高标注图

2）执行"标高检查"命令，命令行提示如下：

选择参考标高或 [参考当前用户坐标系（T）] <退出>：选择图 7-65 所示的地坪标高处
选择待检查的标高标注：选择图 7-65 所示的选取窗下标高
选择待检查的标高标注：选择图 7-65 所示的选取窗上标高
选择待检查的标高标注：选择图 7-65 所
示的选取屋顶标高
选择待检查的标高标注：
选中的标高 3 个，其中 2 个有错！
第 2/1 个错误标注，正确标注（1.000）
或 [纠正标高（C）/下一个（F）/退出（X）]
<全部纠错>：此时按 <Enter> 键退出，最终
绘制结果如图 7-66 所示

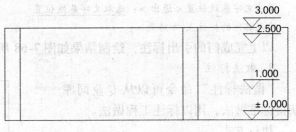

图 7-66 标高检查图

7.4.2 工程标注的符号

工程符号的标注是在天正图中添加具有工程含义的图形符号对象。

1. 箭头引注

"箭头引注"命令可以绘制指示方向的箭头及引线。

执行方式

命令行：JTYZ

菜单："符号标注"→"箭头引注"

操作步骤

1）打开图 7-66。

2）执行"箭头引注"命令，打开"箭头引注"对话框。

3）在对话框中选择适当的选项，在"上标文字"文本框中输入"窗户"，然后在绘图区域点一下，命令行提示如下：

箭头起点或 [单击图中的曲线（P）/单击参考点（R）] <退出>：选择图 7-66 中窗内一点
直段下一点或 [弧段（A）/回退（U）] <结束>：选择下面的直线点
直段下一点或 [弧段（A）/回退（U）] <结束>：选择水平的直线点
直段下一点或 [弧段（A）/回退（U）] <结束>：

以上完成窗户的箭头引注，绘制结果如图 7-67 所示。

2. 引出标注

"引出标注"命令可以用引线引
出对多个标注点做同一内容的标注。

执行方式

命令行：YCBZ

菜单："符号标注"→"引出标
注"

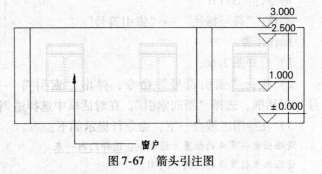

图 7-67 箭头引注图

操作步骤

1）打开图 7-66。

2）执行"引出标注"命令，打开"引出标注"对话框。

3）在对话框中选择适当的选项，在"上标注文字"文本框中输入"铝合金门"，在"下标注文字"文本框中输入"塑钢门"，然后在绘图区域点一下，命令行提示如下：

请给出标注第一点<退出>：<u>选择门内一点</u>

输入引线位置或［更改箭头型式（A）］<退出>：<u>单击引线位置</u>

单击文字基线位置<退出>：<u>选取文字基线位置</u>

输入其他的标注点<结束>：

以上完成门的引出标注，绘制结果如图 7-68 所示。

3. 做法标注

"做法标注"命令可以从专业词库获得标准做法，用以标注工程做法。

执行方式

命令行：ZFBZ

菜单："符号标注"→"做法标注"

操作步骤

1）执行"做法标注"命令，打开"做法标注"对话框。在对话框中选择适当的选项，在文字框中分行输入内容。

2）在绘图区域点一下，命令行提示如下：

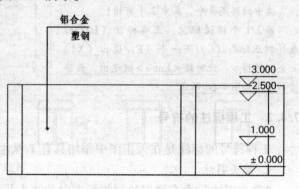

图 7-68　引出标注图

请给出标注第一点<退出>：<u>选择标注起点</u>

请给出标注第二点<退出>：<u>选择引线位置</u>

请给出文字线方向和长度<退出>：<u>选择基线位置</u>

请给出标注第一点<退出>：

以上完成做法标注，绘制结果如图 7-69 所示。

4. 索引符号

"索引符号"命令包括剖切索引号和指向索引号，索引符号的对象编辑提供了增加索引号与改变剖切长度的功能。

执行方式

命令行：SYFH

菜单："符号标注"→"索引符号"

操作步骤

1）打开图 7-66。

2）执行"索引符号"命令，弹出"索引符

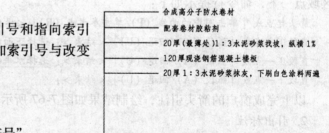

图 7-69　做法标注图

号"对话框。选择"指向索引"，在对话框中选择适当的选项，填入内容。

3）在绘图区域点一下，命令行提示如下：

请给出索引节点的位置<退出>：<u>选择门内一点</u>

请给出索引节点的范围<0，0>：

请给出转折点的位置<退出>：<u>选择转折点位置</u>

请给出文字索引点的位置<退出>：<u>选择文字索引点位置</u>

请给出索引点的位置＜退出＞：

以上完成门的指向索引，绘制结果如图 7-70 所示。

4）选择"剖切索引"，绘制方法
同上。

5. 索引图名

"索引图名"命令可以为图中局部
详图标注索引图号。

执行方式

命令行：SYTM

菜单："符号标注"→"索引图名"

操作步骤

1）执行"索引图名"命令，命令
行提示如下：

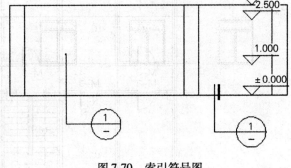

图 7-70　索引符号图

请输入被索引的图号（–表示在本图内）＜ – ＞：

请输入被索引编号＜1＞：A

请输入比例（–表示不绘制）1：＜0＞：–

请点取标注位置＜退出＞：在图中选择标注位置

结果如图 7-71a 所示。

2）当需要被索引的详图注在第 18 张
图中时，单击"索引图名"，命令行提示
如下：

请输入被索引的图号（–表示在本图内）＜ – ＞：18

请输入被索引编号＜1＞：1

请输入比例（–表示不绘制）1：＜0＞：–

请点取标注位置＜退出＞：在图中选择标注
位置

a)　　　　　　　　　　b)

图 7-71　索引图名图
a) 索引图名 1　b) 索引图名 2

以上完成索引图名，绘制结果如图 7-71b 所示。

6. 剖面剖切

"剖面剖切"命令可以在图中标注剖面剖切符号，允许标注多级阶梯剖面。

执行方式

命令行：PMPQ

菜单："符号标注"→"剖面剖切"

操作步骤

1）编辑一源文件，如图 7-72 所示。

2）执行"剖面剖切"命令，命令行提示如下：

请输入剖切编号＜1＞：1

单击第一个剖切点＜退出＞：A

单击第二个剖切点＜退出＞：B

单击下一个剖切点＜结束＞：C

单击下一个剖切点＜结束＞：D

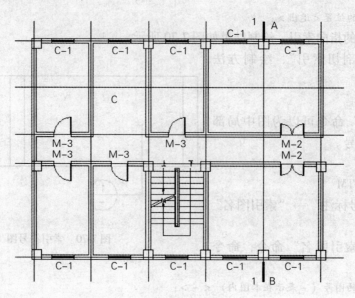

图 7-72　源图

单击下一个剖切点 < 结束 > ：按 < Enter > 键结束

单击剖视方向 < 当前 > ：给定方向

以上完成剖面剖切的标注，绘制结果如图 7-73 所示。

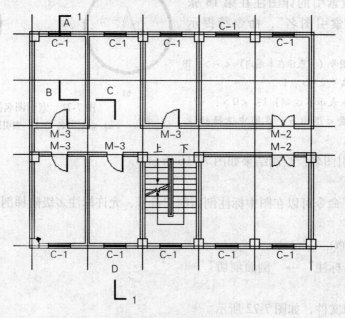

图 7-73　剖面剖切图

7. 断面剖切

"断面剖切" 命令可以在图中标注断面剖切符号。

执行方式

命令行：DMPQ

菜单："符号标注"→"断面剖切"

操作步骤

1）打开图7-72。

2）执行"断面剖切"命令，命令行提示如下：

请输入剖切编号<1>：1

单击第一个剖切点<退出>：A

单击第二个剖切点<退出>：B

单击剖视方向<当前>：给定方向

以上完成断面剖切的标注，绘制结果如图7-74所示。

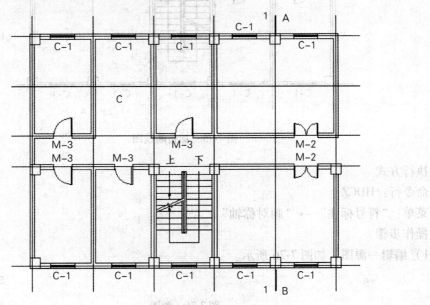

图7-74　断面剖切图

8. 加折断线

"加折断线"命令可以在图中绘制折断线。

执行方式

命令行：JZDX

菜单："符号标注"→"加折断线"

操作步骤

1）打开图7-72。

2）执行"加折断线"命令，命令行提示如下：

单击折断线起点<退出>：选择图7-72中的A

单击折断线终点或［折断数目，当前=1（N）/自动外延，当前=开（O）］<退出>：选B

当前切除外部，请选择保留范围或［改为切除内部（Q）］<不切割>：

以上完成加折断线的标注，绘制结果如图7-75所示。

9. 画对称轴

"画对称轴"命令可以在图中绘制对称轴及符号。

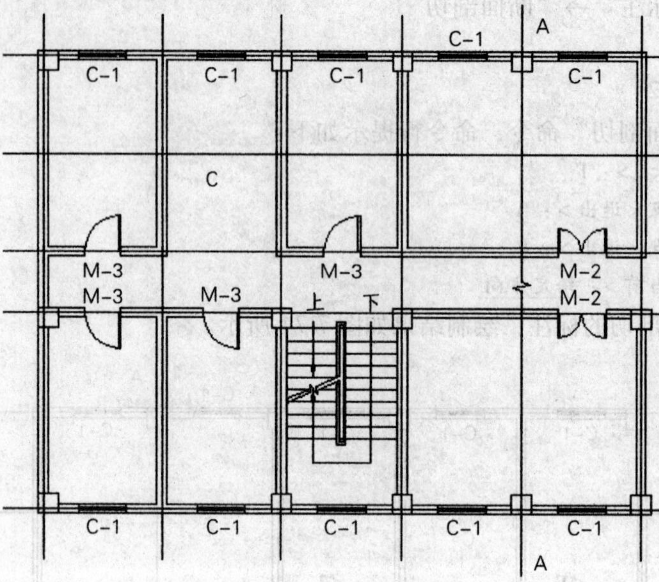

图 7-75　加折断线图

执行方式

命令行：HDCZ

菜单："符号标注"→"画对称轴"

操作步骤

1）编辑一源图，如图 7-76 所示。

A　　　　　　　　　　　　　　　　　　　　　　　　　　　B

图 7-76　源图

2）执行"画对称轴"命令，命令行提示如下：

<u>起点或［参考点（R）］＜退出＞：选择图 7-76 中的 A</u>

<u>终点＜退出＞：选择图 7-76 中的 B</u>

以上完成画对称轴的标注，绘制结果如图 7-77 所示。

图 7-77　对称轴图

10. 画指北针

"画指北针"命令可以在图中绘制指北针。

执行方式

命令行：HZBZ

菜单："符号标注"→"画指北针"

操作步骤

执行"画指北针"命令，命令行提示如下：

指北针位置 < 退出 > ：<u>选择指北针的插入点</u>

指北针方向 < 90，0 > ：

以上完成加指北针的标注，绘制结果如图 7-78 所示。

11. 图名标注

"图名标注"命令可以在图中以一个整体符号对象标注图名比例。

执行方式

命令行：TMBZ

菜单："符号标注"→"图名标注"

操作步骤

1）执行"图名标注"命令，打开"图名标注"对话框。

2）在对话框中选择"国标"方式，命令行提示如下：

请单击插入位置 < 退出 > ：<u>单击图名标注的位置</u>

显示的图形如图 7-79a 所示。

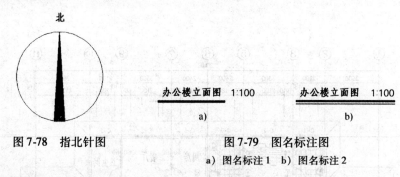

图 7-78　指北针图

图 7-79　图名标注图

a）图名标注 1　b）图名标注 2

3）在对话框中选择"传统"方式，命令行显示为：

请单击插入位置 < 退出 > ：<u>单击图名标注的位置</u>

显示的图形如图 7-79b 所示。

本 章 小 结

本章主要讲解了文字表格与尺寸标注、符号的绘制与编辑方法，文字表格绘制与编辑要掌握文字工具、表格工具；尺寸标注的绘制与编辑要掌握尺寸标注的创建、尺寸标注的编辑；符号的绘制与编辑要掌握标高符号、工程符号的标注等。

复 习 题

对第 6 章复习题进行尺寸、符号标注，完善住宅标准层的绘制。

第 8 章

天正建筑工程绘图实例

本章以一个坐落于南方某城市的联排小型别墅为例（见图 8-1 ~ 图 8-5），来进行天正建筑 TArch8.5 软件的绘图练习，包括绘制平面图中的各种建筑构件，生成墙体、门窗、楼梯及台阶等；进行尺寸标注和符号标注；练习以平面图为基础生成立面图及剖面图。

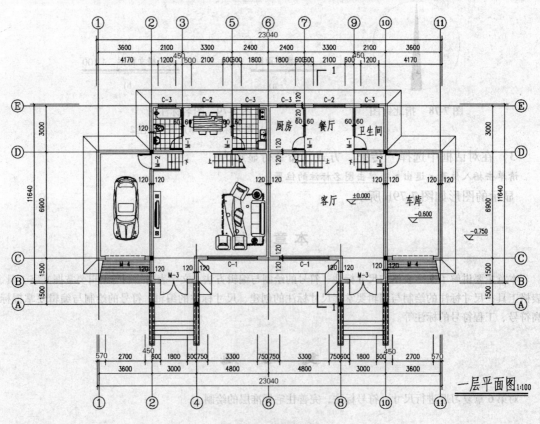

图 8-1　一层平面图

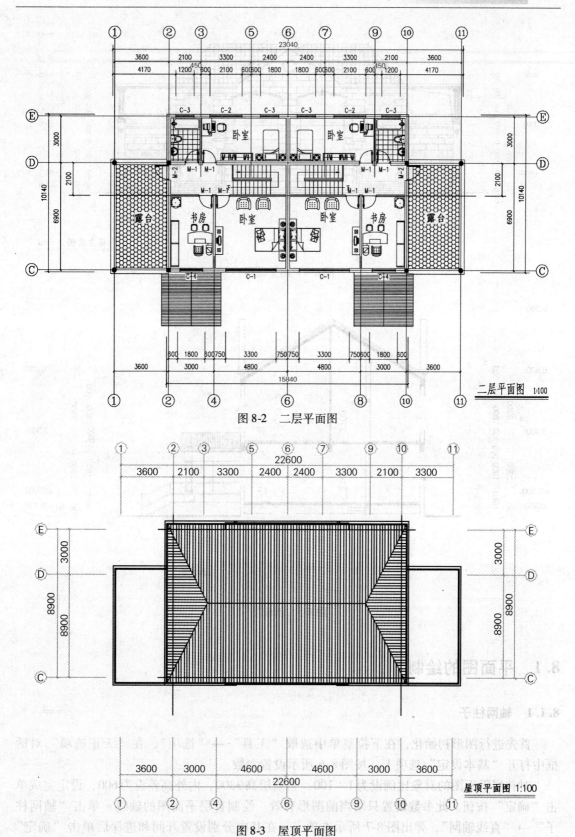

图 8-2　二层平面图

二层平面图 1:100

图 8-3　屋顶平面图

屋顶平面图 1:100

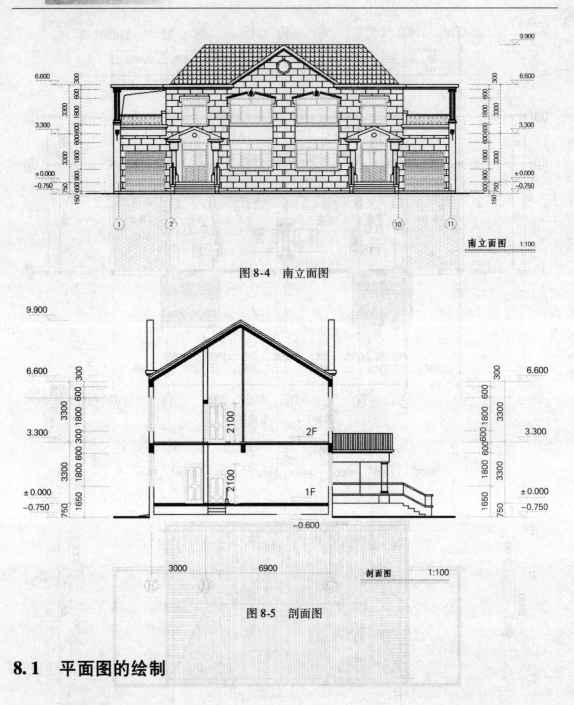

图 8-4　南立面图

图 8-5　剖面图

8.1　平面图的绘制

8.1.1　轴网柱子

　　首先进行图形初始化，在下拉菜单中选取"工具"→"选项"，在"天正选项"对话框中打开"基本设定"选项卡，按图 8-6 所示设置参数。

　　对首层平面图的对象比例设为 1∶100，当前层高 3300，内外高差设为 600，设定完成单击"确定"按钮。此参数设置只对当前图形有效。绘制首层平面图的轴线。单击"轴网柱子"→"直线轴网"，弹出图 8-7 所示选项卡，在其中分别设置开间和进深后单击"确定"

按钮。

图 8-6 天正"基本设定"选项卡

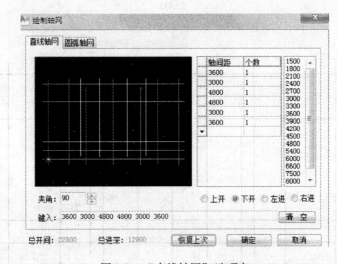

图 8-7 "直线轴网"选项卡

通过单击"轴网柱子"→"两点轴标"来标注轴网，如图 8-8 所示。单击"轴网柱子"→"标准柱"来设置柱，如图 8-9 所示，图 8-10 是轴网柱子标注后的结果。

图 8-8 "轴网标注"对话框

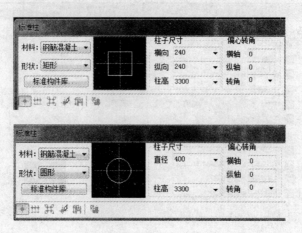

图 8-9　"标准柱"对话框

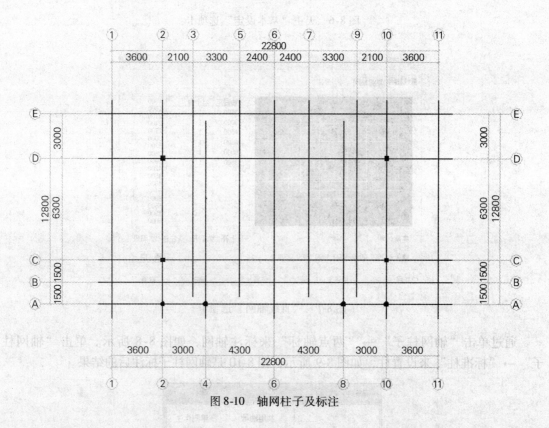

图 8-10　轴网柱子及标注

8.1.2　墙体

下面按照轴线生成墙体。单击"墙体"→"绘制墙体",弹出"绘制墙体"对话框,如图 8-11 所示,先布置外墙再布置内墙。墙体绘制结果如图 8-12 所示。

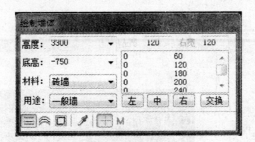

图 8-11　"绘制墙体"对话框

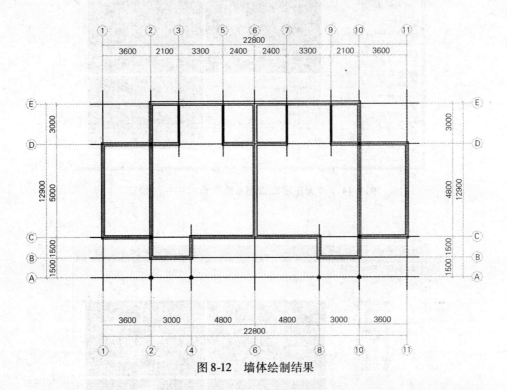

图 8-12　墙体绘制结果

8.1.3　门窗

选择"门窗"→"门窗"，弹出"门窗参数"对话框，如图 8-13 所示，设置好各项参数；单击左侧预览框，弹出图 8-14 所示对话框，在其中选择相应门图块，单击"OK"按钮；单击右侧图形预览框选择三维图块，如图 8-15 所示，单击"OK"按钮，回到图 8-13 所示对话框，选择相应布置方式，在墙体上插入门。同样方法插入其他门窗。门窗插入后结果如图 8-16 所示。

图 8-13　"门窗参数"对话框

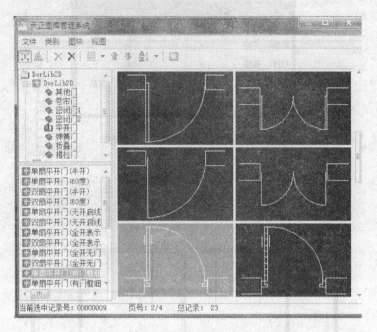

图 8-14 "天正图库管理系统"窗口——门预览

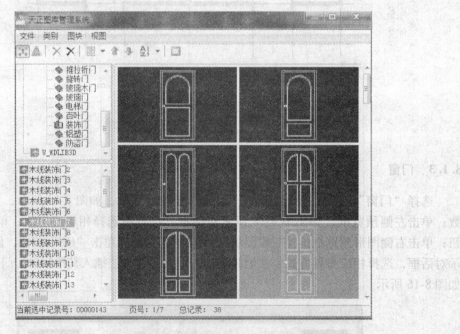

图 8-15 "天正图库管理系统"窗口——三维门预览

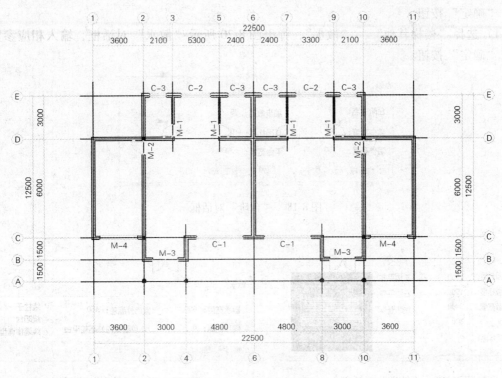

图 8-16　门窗插入后结果

8.1.4　楼梯其他

1）选择"楼梯其他"→"双跑楼梯"，参数设置如图 8-17 所示，设置完成后单击"确定"按钮，将楼梯插入图中即可。

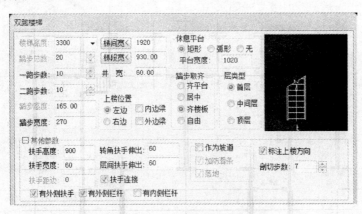

图 8-17　"双跑楼梯"对话框

2）选择"楼梯其他"→"台阶"，输入台阶平台轮廓线，选择相邻的墙体或柱，单击右键确认，接着选择没有踏步的边，单击右键确认，屏幕弹出图 8-18 所示"台阶"对话框，输入相应参数，单击"确定"按钮。

3）选择"楼梯其他"→"坡道"，弹出图 8-19 所示"坡道"对话框，输入相应参数，单击"确定"按钮。

4）选择"楼梯其他"→"散水"，弹出图 8-20 所示"散水"对话框，输入相应参数，单击"确定"按钮。

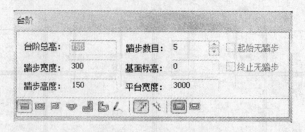

图 8-18 "台阶"对话框

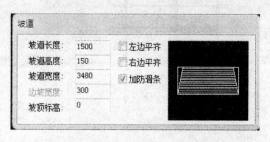

图 8-19 "坡道"对话框

图 8-20 "散水"对话框

楼梯其他布置后的结果如图 8-21 所示。其中散水与台阶、坡道等重合部分采用 CAD 基本绘图命令进行修改。

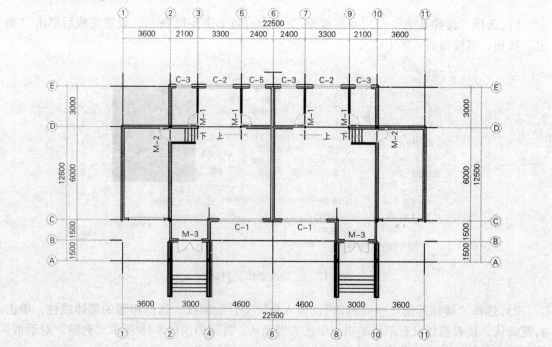

图 8-21 楼梯其他布置后的结果

8.1.5 房间屋顶

选择"房间屋顶"→"房间布置"→"布置洁具",弹出图 8-22 所示"房间布置"下拉菜单及图 8-23 所示"天正洁具"图库,选择相应的洁具后,系统弹出对话框要求输入洁具尺寸,如图 8-24 所示。同样插入坐便器及洗手盆,插入尺寸如图 8-25 所示。

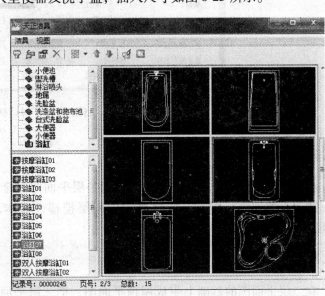

图 8-22 "房间布置"下拉菜单   图 8-23 "天正洁具"图库

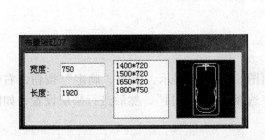

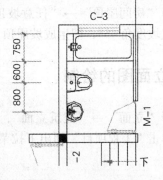

图 8-24 洁具尺寸输入   图 8-25 洁具插入尺寸

8.1.6 标注

选择"尺寸标注"→"门窗标注"或"尺寸标注"→"逐点标注"等标注选项,即可将门窗、墙体等详细尺寸标出。

选择"符号标注"→"图名标注"可以完成图名的标注。

选择"房间屋顶"→"搜索房间"后,选中整个平面图后,程序自动计算并标出房间名称和面积,默认的房间名称均为"房间",可以通过对象编辑修改其名称。用光标点取房间名称,右键选择"对象编辑",弹出图 8-26 所示"编辑房间"对话框,依次进行修改。

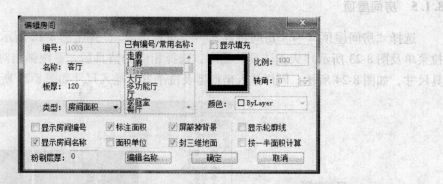

图 8-26　"编辑房间"对话框

8.1.7　二层平面图

在一层的基础上生成二层平面图，把一层平面图完全复制过来，把多余的构件（如台阶、散水、坡道等）删除，楼梯改为中间层楼梯，墙体、门窗等也都作相应的修改，如图 8-2 所示。

8.1.8　屋顶平面图

在二层平面图的基础上生成屋顶平面图，把二层平面图完全复制过来，把多余的构件（如内墙体、门窗、洁具、家具等）删除。选择"房间屋顶"→"搜屋顶线"命令生成屋顶边界线。

选择"房间屋顶"→"任意坡顶"命令生成坡屋顶，然后单击刚刚绘制好的屋顶边界线，输入坡度角 45°，即生成坡屋顶，如图 8-3 所示。

8.2　立面图的绘制

选择"立面"→"建筑立面"，弹出图 8-27 所示提示，单击"确定"按钮，右侧弹出菜单，单击"工程项目"弹出下拉菜单，选择"新建项目"，然后进行楼层设置，如图 8-28 所示。

图 8-27　新建工程项目提示

然后单击"建筑立面"，确定立面方向，程序自动生成建筑立面图，如图 8-29 所示，利用建筑立面下拉菜单在其上作一些修改完善即可。

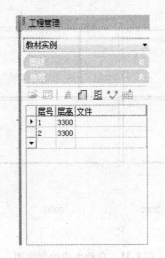

图 8-28　楼层设置

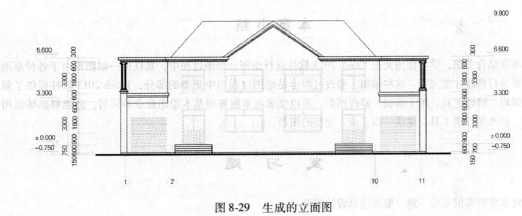

图 8-29　生成的立面图

8.3　剖面图的绘制

剖面绘制之前需要在首层平面图上作剖切号，选择"符号标注"→"剖面剖切"，在平面图相应位置作剖切线即可，此步骤应在"新建项目/楼层布置"之前进行。

选择"剖面"→"建筑剖面"，选择剖切线和轴线，单击右键确定后即弹出图 8-30 所示"剖面生成设置"对话框，作相应设置后单击"生成剖面"按钮，程序自动生成建筑剖面图，如图 8-31 所示，利用建筑剖面下拉菜单在其上作一些修改完善即可。

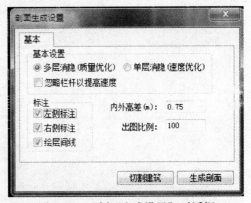

图 8-30　"剖面生成设置"对话框

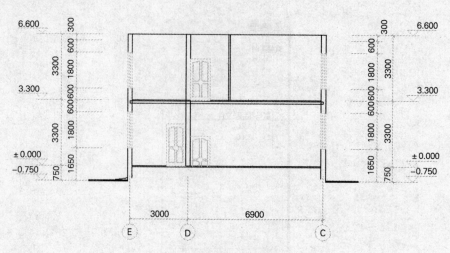

图 8-31　自动生成的剖面图

本 章 小 结

本章结合实例，学习使用天正 TArch 2013 软件进行绘图。绘图过程中，其任何一幅图形由于各种原因都需要进行修改才能完成。这些编辑、修改过程也是绘图过程当中重要的部分，TArch 2013 软件提供了强大的编辑、修改工具，用于编辑、修改图形。所以要求在掌握各项基本绘图命令的同时，还能够熟练运用编辑、修改等各项工具。完成一幅正确、完整的图形。

复 习 题

将本章的实例重做一遍，要求达到设计深度。

第 9 章

PKPM 系列设计软件简介

PKPM 系列 CAD 系统软件是目前国内建筑工程界应用最广、用户最多的一套计算机辅助设计系统。它是一套集建筑设计、结构设计、设备设计（给水排水、采暖、通风空调、电气设计）于一体的大型综合 CAD 系统。针对 2010 年建筑结构各项新规范的颁布和实施，PKPM 系列软件也进行了较大的改版。在操作菜单和界面上，尤其是在核心计算上，都结合新规范作了较大的改进。本章对 PKPM 软件的发展、组成及概况等加以介绍。

9.1 PKPM 系列软件发展概况

在 PKPM 系列 CAD 软件开发之初，我国的建筑工程设计领域计算机应用水平相对较落后，计算机仅用于结构分析，CAD 技术应用还很少，其主要原因是缺乏适合我国国情的 CAD 软件。国外的一些较好的软件，如阿波罗，Intergraph 等都是在工作站上实现的，不仅引进成本高，且应用效果也很不理想，能在国内普及率较高的 PC 上运行的软件几乎是空白。因此开发一套微型计算机建筑工程 CAD 软件，对提高工程设计质量和效率，提高计算机应用水平是极为迫切的。

针对上述情况，中国建筑科学研究院经过几年的努力研制开发了 PKPM 系列 CAD 软件。该软件自 1987 年推广以来，历经了多次更新改版，目前已经发展成为一个集建筑、结构、设备、管理于一体的集成系统。迄今在全国用户已超过 9000 家。这些用户分布在各省市的大中小型设计院，在省部级以上设计院的普及率达到 90% 以上。PKPM 是国内建筑结构行业应用最广泛的一套 CAD 系统。

伴随着国内市场的成功，从 1995 年起，PKPMCAD 工程部开始着手国际市场的开拓工作，并根据国际市场的需求，相应地开发了四种英文界面的 PKPM 系列 CAD 软件，包括英国规范版、新加坡规范版、中国香港规范版以及国家标准规范的英文版本。在国际 CAD 软件市场竞争激烈的情况下，拓展了在新加坡、马来西亚、越南、韩国、中国香港等东南亚国家和地区的市场。

PKPM 系列 CAD 软件，以其雄厚的开发实力和技术优势，必将越来越受到国内外建筑工程设计人员的青睐，为我国的国民经济建设带来巨大的经济和社会效益。

对于结构设计来说，PKPM 是一个不可或缺的工具软件。

9.2 PKPM 系列软件组成

新版本的 PKPM 系列软件包含了结构、建筑、钢结构、特种结构、砌体结构、鉴定加固、设备等七个主要专业模块，如图 9-1 所示。

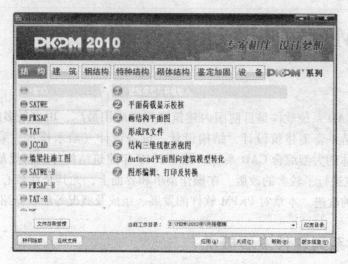

图 9-1 PKPM 主要专业模块

每个专业模块下，又包含了各自相关的若干软件。各专业模块包含软件名称及基本功能见表 9-1。

表 9-1 PKPM 系列 CAD 软件各模块名称及功能

专 业	模 块	功 能
结构	PMCAD	结构平面计算机辅助设计
	SATWE	高层建筑结构空间有限元分析软件
	PMSAP	高层复杂空间结构分析与设计软件
	TAT	高层建筑结构三维分析程序
	JCCAD	基础 CAD（独基、条基、桩基、筏基）
	墙梁柱施工图	墙梁柱施工图绘制
	SATWE—8	8 层以下建筑结构空间有限元分析软件
	PMSAP—8	8 层以下复杂空间结构分析与设计软件
	TAT—8	8 层以下建筑结构三维分析程序
	PK	钢筋混凝土框排架连续梁结构计算与施工图绘制
	LTCAD	楼梯计算机辅助设计
	JLQ	剪力墙计算机辅助设计
	SLABCAD	复杂楼板分析与设计软件
	EPDA&PUSH	多层及高层建筑结构弹塑性静力、动力分析软件
	STAT—S	工程量统计软件
	SLABFIT	楼板舒适度分析

（续）

专　业	模　块	功　能
建筑	APM	三维建筑设计软件
	APM—3D	建筑造型渲染设计软件
	SUNLIGHT	日照分析与设计软件
钢结构	门式钢架	钢结构计算机辅助设计
	框架	
	桁架	
	支架	
	框排架	
	工具箱	
	空间结构	
	STPJ	重型厂房设计软件
	STXT	详图设计、结构建模、详图设计工具
	GSCAD	温室结构设计软件
特种结构	GJ	钢筋混凝土基本构件设计计算
	PREC	预应力混凝土结构设计软件
	BOX	箱形基础计算机辅助设计
	JCYT	基础及岩土工具箱
	SILO	筒仓结构设计软件
	CHIMNEY	烟囱结构设计软件
砌体结构	QG—1	砌体结构辅助设计
	QG—2	底部框架抗震墙结构三维分析
	QG—3	底部框架及连续梁结构二维分析
	QG—4	砌体及混凝土构件三维计算
	QG—5	配筋砌体结构三维分析
	QG—6	砌体结构混凝土构件设计
鉴定加固	JG—1	砌体结构鉴定加固
	JG—2	混凝土结构鉴定加固
	JG—3	混凝土单构件加固设计
	JG—4	钢结构鉴定加固
设备	CPM	建筑通风空调设计软件
	EPM	建筑电气设计软件
	HPM	建筑采暖设计软件和采暖能耗计算软件
	WPM	给水排水绘图软件
	WNET	室外给排水设计软件
	HNET	室外热网设计软件
	CCHPD	管道综合碰撞检查

下面对结构专业各软件的主要功能及特点加以重点介绍。

（1）结构平面计算机辅助设计软件 PMCAD 该程序通过人机交互方式输入各层平面布置和外加荷载信息后，可自动计算结构自重并形成整栋建筑的荷载数据库，作砖混结构底框上砖结构的抗震分析验算，计算现浇楼板的内力和配筋并画出板配筋图，绘制出框架、框剪、剪力墙及砖混结构的结构平面图，以及砖混结构的圈梁、构造柱节点大样图。

（2）钢筋混凝土框架及连续梁结构计算与施工图绘制软件 PK 该软件采用二维内力计算模型，可进行平面框架、排架及框排架结构的内力分析和配筋计算（包括抗震验算及梁裂缝宽度计算），并完成施工图辅助设计工作。接力多高层三维分析软件 TAT，SATWE，PMSAP 计算结果及砖混底框、框支梁计算结果，为用户提供四种方式绘制梁、柱施工图。能根据规范及构造手册要求自动完成构造钢筋配置。该软件计算所需的数据文件可由 PM-CAD 自动生成，也可通过交互方式直接输入。

（3）多高层建筑结构三维分析软件 TAT TAT 程序采用三维空间薄壁杆系模型，计算速度快，内存要求小，适用于分析、设计结构竖向质量和刚度变化不大，剪力墙平面和竖向变化不复杂，荷载基本均匀的框架、框剪、剪力墙及筒体结构（事实上大多数实际工程都在此范围内）。它不但可以计算多种结构形式的钢筋混凝土高层建筑，还可以计算钢结构以及钢—混凝土混合结构。与 JCCAD、BOX 等基础 CAD 连接进行基础设计。TAT 可与动力时程分析程序 TAT—D 接力运行进行动力时程分析，并可以按时程分析的结果计算结构的内力和配筋，它还可接力 PK 绘制梁、柱施工图，接力 JLQ 绘制剪力墙施工图。

（4）多高层建筑结构空间有限元分析软件 SATWE 该程序的剪力墙空间有限元模型是由壳元简化成的墙元，对楼板则给出了多种简化方式，可根据结构的具体形式高效准确地考虑楼板刚度的影响。它可用于各种结构形式的分析、设计。但当结构布置较规则时，TAT 甚至 PK 即能满足工程精度要求，因此采用相对简单的软件效率更高。但对结构的荷载分布有较大不均匀、存在框支剪力墙、剪力墙布置变化较大、剪力墙墙肢间连接复杂、有较多长而矮的剪力墙段、楼板局部开大洞及特殊楼板等各种复杂的结构则应选用 SATWE 进行结构分析才能得到满意的结果。SATWE 完成计算后，可经全楼归并接力"梁柱施工图"绘梁、柱施工图，接力 JLQ 绘剪力墙施工图，并可为各类基础设计软件提供设计荷载。

（5）高层建筑结构动力时程分析软件 TAT—D 本程序可根据输入的地震波对高层建筑结构进行任意方向的动力时程分析，并提供四种动力分析结果，用于第二阶段抗震补充设计，本程序可与 TAT 或 SATWE 接力运行，程序提供了 29 条各类场地地震波，也可由用户自己输入特殊地震波。

（6）高精度平面有限元框支剪力墙计算及配筋软件 FEQ 本程序可对高层建筑中的框支托梁作补充计算。采用高精度平面有限元方法计算托梁各点的应力和内力，并按规范要求作内力组合及配筋计算，同时可计算墙体与托梁连接处的加强筋。该程序中还包括了转换层厚板有限元分析计算，可自动划分单元，接力 TAT 上层荷载计算厚板的内力和配筋。

（7）楼梯计算机辅助设计软件 LTCAD 采用交互方式布置楼梯或直接与 APM 或 PM-CAD 接口读入数据，适用于一跑、二跑、多跑等类型楼梯的辅助设计，完成楼梯内力与配筋计算及施工图设计，对异形楼梯还有图形编辑下拉菜单。

（8）剪力墙结构计算机辅助设计软件 JLQ 设计内容包括剪力墙平面模板尺寸，墙分布筋，边框柱、端柱、暗柱、墙梁配筋，并提供两种图纸表达方式供选用。

（9）钢筋混凝土基本构件设计计算软件 GJ　适用于各种普通钢筋混凝土独立构件的配筋计算，承载力计算、抗震设计计算、裂缝宽度及刚度挠度计算。

（10）基础（独立基础、条形基础、桩基础、筏形基础）CAD 软件 JCCAD　该软件包括了老版本中的 JCCAD、EF、ZJ 三个软件，可完成柱下独立基础，砖混结构墙下条形基础，正交、非正交及弧形弹性地基梁式、梁板式、墙下筏板式、柱下平板式和梁式与梁板式混合型基础及与桩有关的各种基础的结构计算与施工图设计。

（11）箱形基础计算机辅助设计软件 BOX　本软件可对三层以内任意不规则形状的箱形基础进行结构计算和五、六级人防设计计算，并可绘制出结构施工图。

（12）钢结构 CAD 软件 STS　钢结构 CAD 系统包括钢结构的模型输入、结构在平面内的受力计算及钢结构施工图。

本 章 小 结

本章主要介绍了 PKPM 系列 CAD 软件各模块名称及功能，使读者能够系统地了解结构专业各软件的主要功能及其特点。

复 习 题

1. PKPM 系列软件有哪些专业模块组成？都有什么功能？
2. 熟悉各快捷键的功能。

（9）明细混凝土基本构件及计算操作 CJ：通用于各种需混凝土抵抗设计模块+独立基础规则。

……

第 10 章

结构平面 CAD 软件——PMCAD

PMCAD 是 PKPM 系列 CAD 软件的基本组成模块之一，用于实现结构平面计算机辅助设计，它采用人机交互方式布置各层平面和各层楼面，从而建立整栋建筑的数据结构。它为各功能设计提供数据接口，因此，它在整个系统中起到承前启后的重要作用。

10.1　PMCAD 的基本功能

PMCAD 的基本功能如下：

1）人机交互建立全楼结构模型。人机交互方式引导用户逐层布置柱、梁、墙、洞口、楼板等结构构件。输入过程伴有中文菜单及提示，便于用户反复修改。

2）自动导算荷载建立恒、活荷载库

① 对于用户给出的楼面恒、活荷载，程序自动进行楼板到次梁、次梁到框架梁或承重墙的分析计算，所有次梁传到主梁的支座反力、各梁到梁、各梁到节点、各梁到柱传递的力均通过平面交叉梁系计算求得。

② 计算次梁、主梁及承重墙的自重。

③ 人机交互式输入或修改各房间楼面荷载、次梁荷载、主梁荷载、墙间荷载、节点荷载及柱间荷载，并方便用户提供复制、反复修改等功能。

④ 各类荷载均可以平面图形方式标注输出，也可以数据文件方式输出，可分类详细输出各类荷载，也可综合叠加输出各类荷载。

3）为各种计算模型提供计算所需数据文件。

① 可指定任一轴线形成 PK 平面杆系计算所需的框架计算数据文件，包括结构恒、活荷载和风荷载的数据。

② 可指定任一层平面的任一由次梁或主梁构成的多组连续梁，形成 PK 按连续梁计算所需的数据文件。

③ 为三维空间杆系薄壁柱程序 TAT 提供计算数据，程序把所有梁柱转成三维空间杆系，把剪力墙墙肢转成薄壁柱计算模型（这部分功能放在 TAT 模块中）。

④ 为空间有限元壳元计算程序 SATWE 提供数据，SATWE 用壳元模型精确计算剪力墙，程序对墙自动划分壳单元并写出 SATWE 数据文件（这部分功能放在 SATWE 中）。

4）为上部结构各绘图 CAD 模块提供结构构件的精确尺寸。

5）为基础设计 CAD 模块提供底层结构布置与轴线网格布置，还提供上部结构传下的恒、活荷载。

6）现浇钢筋混凝土楼板结构计算与配筋设计，结构平面施工图辅助设计。

7）砖混结构圈梁布置，绘制砖混圈梁大样及构造柱大样图。

8）砖混和底框上砖房结构的抗震计算及受压、高厚比、局部承压计算。

9）统计结构工程量，以表格形式输出。

10.2　PMCAD 的适用范围

结构平面形式任意，平面网格可以正交，也可以斜交成复杂体形平面，并可以处理弧墙、弧梁、圆柱、各类偏心、转角等。

其他指标范围如下：层数≤190，标准层≤190；

正交网格时，横向网格、纵向网格各≤100，斜交网格时，网格线条数≤5000；用户命名的轴线总条数≤5000，节点总数≤8000；标准柱截面≤300，标准梁截面≤300，标准墙体洞口≤240，标准楼板洞口≤80，标准墙截面≤80，标准斜杆截面≤200；标准荷载定义≤6000；每层柱根数≤3000，每层梁根数（不包括次梁）≤8000，每层圈梁根数≤8000，每层墙数≤2500，每层房间总数≤3600，每层次梁总根数≤1200；每个房间周围最多可以容纳的梁墙数＜150，每节点周围不重叠的梁墙数≤6；每层房间次梁布置种类数≤40，每层房间预制板布置种类数≤40，每层房间楼板开洞种类数≤40；每个房间楼板开洞数≤7，每个房间次梁布置数≤16。

实际应用以上范围应注意：

1）两节点之间最多安置一个洞口。需要安置两个时，应在两洞口间增设一个网格线与节点。

2）结构平面上的房间数量的编号是由软件自动设置的，软件将由墙或梁围成的一个个平面闭合体自动编成房间，房间用来作为输入楼面上的次梁、预制板、洞口和荷载导算、绘图的一个基本单元。

3）次梁是指在房间内布置且执行 PMCAD 主菜单 1 的"次梁布置"时输入的梁，不论在矩形房间或非矩形房间内均可输入次梁。次梁布置时不需要网格线，次梁和主梁、墙相交处也不产生节点。若房间内的梁在主菜单 1 的"主梁布置"时输入，程序将该梁当作主梁处理。用户在操作时把一般的次梁在"次梁布置"时输入的好处是：可避免过多的无柱连接点，避免这些点将主梁分隔过细，或造成梁根数和节点个数过多而超界，或造成每层房间数量超过 3600 使程序无法运行。当工程规模较大而节点、杆件或房间数超界时，把主梁当做次梁输入可有效地大幅度减少节点杆件房间的数量。对于弧形梁，因目前程序无法输入弧形次梁，可把它作为主梁输入。

4）在这里输入的墙应是结构承重墙或抗侧力墙，框架填充墙不能当做墙输入，它的重量可以按外加荷载的形式输入，否则不能形成框架荷载。

5）平面布置时，应避免大房间内套小房间的布置，否则会在荷载导算或材料统计时重叠，可在大小房间之间用虚梁（截面为 100mm×100mm 的梁）连接，将大房间切割。

10.3　PMCAD 的操作窗口

PMCAD 操作窗口如图 10-1 所示。其中，主菜单 1 是输入各类数据，2 ~ 7 项是完成各项功能。

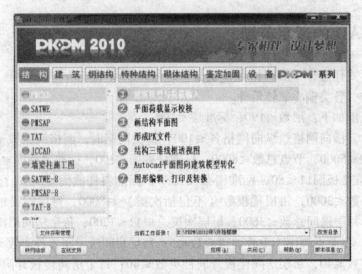

图 10-1　结构平面计算机辅助设计

一项工程应建立一个工程目录，不同工程不能混在一个目录。目录名称任意，但不能超过 20 个英文字母字符或 10 个汉字，也不能使用特殊字符。

进入该目录后，首先应顺序执行主菜单 1 项，建立该项工程的整体数据结构，以后可按任意顺序执行主菜单的其他项。

10.4　PMCAD 的文件管理

1. PMCAD 的文件创建与打开

PMCAD 软件的文件创建与打开方式与 AutoCAD 有所不同。具体操作方法如下：

1）设置好工作目录，并启动 PMCAD。

2）在屏幕显示：“请输入 pm 工程名”，此时输入要建立的新文件或要打开的旧文件的名称，然后按 < Enter > 键确认。做任一项工程，应建立该项工程专用的工作子目录，子目录名称任意，但不能超过 20 个英文字母字符或 10 个汉字，也不能使用特殊字符。

2. PMCAD 的文件组成

一个工程的数据结构，是由若干带扩展名 . PM 的有格式或无格式文件组成。

在主菜单 1 “建筑模型和荷载输入”执行后，形成该项工程名称加后缀的若干文件。执行完毕后，形成若干 * . PM 文件，若把上述文件复制到另一工作目录，就可在另一工作目录下恢复原有工程的数据结构。

10.5　PMCAD 主菜单 1——建筑模型及荷载输入

PMCAD 建筑模型及荷载输入是 PMCAD 操作中最重要的一步。在此步中，将完成各层的轴线输入，网格形成，构件、荷载和楼层的定义以及楼层组装、设计参数修改等。

单击 PMCAD 主菜单中的"建筑模型与荷载输入"会出现图 10-2 所示窗口。在这里可以完成结构模型的建立和荷载的输入。下面依次对各菜单项的功能和应用进行介绍。

图 10-2　"PMCAD 建筑模型与荷载输入"窗口

10.5.1　轴线输入

单击"轴线输入"，弹出图 10-3 所示下拉菜单。系统提供了"节点""两点直线""平行直线"等基本绘图命令，还有"正交轴网""圆弧轴网"等命令，它们配合各种捕捉工具、热键和下拉菜单中的各项工具，构成了一个小型绘图系统，用于绘制各种形式的轴线。下面分别进行介绍：

1）"节点"用于直接绘制白色节点，供以节点定位的构件使用。

2）"两点直线"用于在任意指定的两点间绘制直轴线。

3）"平行直线"用于绘制一组相互平行的直轴线。首先绘制第一条轴线，然后以其为基准输入复制的间距和次数，间距值以"上""右"为正。

4）"折线"用于绘制连续首尾相接的直轴线和弧轴线，按＜Esc＞键可以结束一条折线，输入另一条折线或切换为切向圆弧。

图 10-3　"轴线输入"
下拉菜单

5）"矩形"用于绘制一个与 X、Y 轴平行的闭合矩形曲线。

6）"辐射线"用于绘制一组辐射状直轴线。

7）"圆环"用于绘制一组实心闭合同心圆环。首先输入圆心和半径绘制第一个圆，然后输入复制间距和次数绘制同心圆，以"半径增加方向"为正。

8）"圆弧"用于绘制一组同心圆弧轴线。首先输入圆心、半径、起始角和终止角绘制第一个圆弧，然后输入复制间距和次数绘制同心圆弧。

9）"三点圆弧"适用于绘制一组同心圆弧轴线。首先按第一点、第二点和中间点的次序输入第一个圆弧轴线，然后输入复制间距和次数绘制同心圆弧。

10）"正交轴网"是以参数定义方式形成正交轴线，如图 10-4 所示，选择开间或进深，依次输入开间值或进深值及重复次数，完毕后单击"确定"按钮。

11）"圆弧轴网"对话框如图 10-5 所示，"开间"是指轴线展开角度，"进深"是指半径方向的跨度。单击"确定"按钮再输入径向轴线端部延伸长度和环向轴线端部延伸长度。

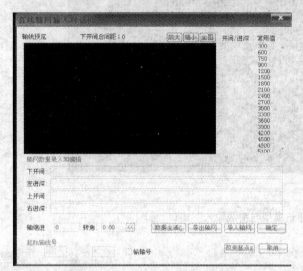

图 10-4　"正交轴网"对话框　　　　　图 10-5　"圆弧轴网"对话框

12）"轴线命名"是在网点生成之后为轴线命名。在此输入的轴线名将在施工图中使用，而不能在本菜单中进行标注。在输入轴线时，凡在同一条直线上的线段不论其是否贯通都视为同一轴线，在执行本菜单时可以单击每根网格，为其所在的轴线命名，对于平行的直轴线可以在按一次 < Tab > 键后成批命名，这时程序要求选择相互平行的起始轴线以及虽然平行但不希望命名的轴线，然后输入一个字母或数字，程序自动地按顺序为轴线编号。对于数字编号，程序将只取与输入的数字相同的位数。轴线命名完成后，应按 < F5 > 键刷新屏幕。注意：同一位置上在施工图中出现的轴线名称，取决于这个工程中最上一层或靠近顶层中命名的名称，所以当修改轴线名称时，应重新命名的为靠近顶层的层。本命令与"网格生成"下拉菜单中"轴线命名"含义相同。

13）"轴线显示"用于显示隐藏轴线命名。

14）"梁板节点"可编辑显示其节点。

10. 5. 2　网格生成

"网格生成"是自动将所绘制的定位轴线分割为网格和节点。凡是轴线相交处都会产生一个节点，用户可对其作进一步的修改。

选择"网格生成"菜单，弹出图 10-6 所示下拉菜单。

（1）轴线显示　是一条开关命令，画出各建筑轴线并标注各跨跨度和轴线号。

（2）形成网点　将用户输入的几何线条转变成楼层布置需用的白色节点和红色网格线，并显示轴线与网点的总数。此功能在输入轴线后自动执行，一般不必专门执行此命令。

（3）平移网点　不改变构件的布置情况，调整轴线、节点、间距。对于与圆弧有关的节点应使所有与该圆弧有关的节点一起移动，否则圆弧的新位置无法确定。

（4）删除轴线、删除节点和删除网格　是在形成网点后对轴线、网格和节点进行删除的命令。

（5）轴线命名

1）逐根输入轴线名。选择每根网格，为其所在的轴线命名。

2）成批输入轴线名。对于平行的直轴线可以按 < Tab > 键成批命名。

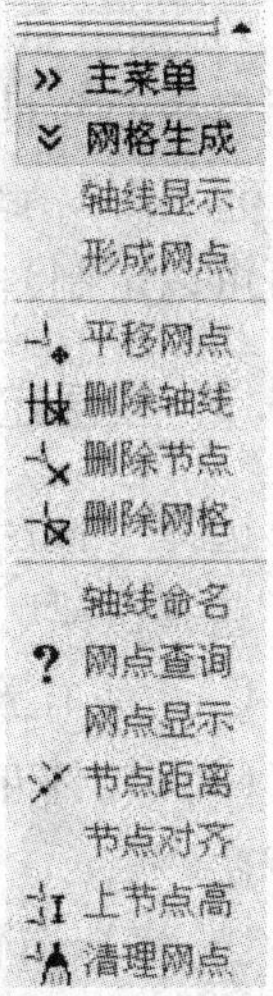

图 10-6　"网格生成"下拉菜单

（6）网点查询　运行此命令后，用鼠标捕捉节点或网格，可获得该节点网格及其关联构件的信息。效果同直接在节点、网格上单击鼠标右键一样。

（7）网点显示　是在形成网点之后，在每条网格上显示网格的编号和长度，即两节点的间距，以便用户了解网点生成的情况。如果文字太小，可显示放大后再执行本菜单。

（8）节点距离　是为了改善由于计算机精度有限产生意外网格的命令。如果有些工程规模很大或带有半径很大的圆弧轴线，"形成网点"命令会由于计算误差、网点位置不准而引起网点混乱，此时应执行本命令。系统要求输入一个归并间距，一般输入 50mm 即可，这样凡是间距小于 50mm 的节点都被归并为同一个节点，程序初始值设定为 50mm。

（9）节点对齐　将各标准层的各节点与第一层的相近节点对齐，归并的距离就是（8）中定义的节点距离，用于纠正各层节点网格输入不准的情况。

（10）上节点高　即本层在层高处节点相对于楼层的高差，程序隐含为楼层的层高，即其上节点高为 0。改变上节点高，也就改变了该节点处的柱高、墙高和与之相连的梁的坡度。执行该命令，可更方便地处理像坡屋顶这样楼面高度有变化的情况。

注意：目前混凝土结构计算程序还不能考虑墙的坡度变化情况，如山墙等。砌体结构考虑了墙的坡度变化情况。除顶层外，用上节点高形成的斜梁，不能跨越本标准层。

执行"上节点高"命令时，可按 < TAB > 键转为成批输入上节点高方式，即把位于同一直线上的各节点按同一坡度自动调整其上节点高。这时需要输入起始点和终止点的上节点高，程序自动把该直线上其他各节点按同一坡度自动调整，从而简化逐一输入的操作。

（11）清理网点　执行此命令，系统会清理平面上的无用网格和节点，如作辅助线用的网格、从其他层复制的网格等，以避免无用网格对程序运行产生的负面影响。清理原则如下：

1）网格上没有布置任何构件（并且网格两端节点上无柱）。

2）节点上没有布置柱、斜杆。

3）节点未输入过附加荷载并且不存在其他附加属性。

4）与节点相连的网格不能超过两段，当节点连接两段网格时，网格必须在同一直轴线上。

5）当节点与两段网格相连并且网格上布置了构件时（包括墙、梁、圈梁），构件必须为同类截面并且偏心等布置信息完全相同，并且相连的网格上不能有洞口。

6）如果清理此节点后会引起两端相连墙体的合并，则合并后的墙长不能超过 18m（此数值可以定制）。

10.5.3　楼层定义

选择"楼层定义"菜单后弹出图 10-7 所示下拉菜单，这里输入本建筑要用到的所有柱、梁（包括次梁、层间梁）、墙、门窗洞口、斜杆的截面尺寸。

1.　构件布置

（1）构件布置方式　构件布置有四种方式，各方式间通过 < Tab > 键转换。

1）光标布置方式。用光标靶套住构件布置处的节点或网格。

2）沿轴线布置方式。用捕捉靶套住轴线，按 < Enter > 键则被套住的轴线上所有节点或网格都被布置上所选构件。

3）按窗口布置方式。用光标在图中截取一窗口，窗口中所有节点或网格被布置上所选构件。

4）按围栏布置方式。用光标选择围栏第一点，再选择围栏第二点，继续选择，最终将要选择的对象圈在围栏内，这样围栏内可被布置上所选构件。

（2）构件布置原则　在构件布置时，应遵循如下原则：

1）可根据换标准层命令转换标准层。

2）柱布置在节点上，每节点上只能布置一根柱。柱相对于节点可以有偏心和转角，柱宽边方向与 X 轴夹角称为转角；沿柱宽方向（转角方向）的偏心称为沿轴偏心，右偏为正；沿柱高方向的偏心称为偏轴偏心，以向上为正。

图 10-7　"楼层定义"下拉菜单

3）梁、墙布置在网格上，两节点之间的一段网格上仅能布置一根梁或墙，梁墙长度即是两节点之间的距离。设梁或墙的偏心时，一般输入偏心的绝对值，布置梁墙时光标偏向网格的哪一边，梁墙也就偏向哪一边。

4）洞口也布置在网格上，该网格上还应布置墙。可在一段网格上布置多个洞口，但程序会在两洞口之间自动增加节点，如洞口跨越节点布置，则该洞口会被节点截成两个标准洞口。

5）斜杆支撑有两种布置方式，按节点布置和按网格布置。斜杆在本层布置时，其两端点的高度可以任意，即可越层布置，也可水平布置，用输标高的方法来实现。注意：斜杆两端点所用的节点，不能只在执行布置的标准层有，承接斜杆另一端的标准层也应标出斜杆另一端的节点。

6）次梁布置是选取它首、尾两端相交的主梁或墙构件，连续次梁的首、尾两端可以跨越若干跨一次布置，不需要在次梁下布置网格线，次梁的顶面标高和与它相连的主梁或墙构件的标高相同。

7）本层信息菜单项是每个结构标准层必须做的操作，用于输入和确认。

8）材料强度用于设置柱、梁、板、墙、斜杆等构件的混凝土强度及钢号，在建模时只可定义每层统一的混凝土强度等级和全楼统一的钢构件钢号。这里可以为每根构件定义与统一定义值不同的强度等级。

9）构件删除中，可根据设计需要删除无用或多余的构件。

2. 楼板生成

2010PKPM 软件将"楼板生成"增加到"楼层定义"菜单中，选择"楼板生成"菜单，将弹出图 10-8 所示下拉菜单。

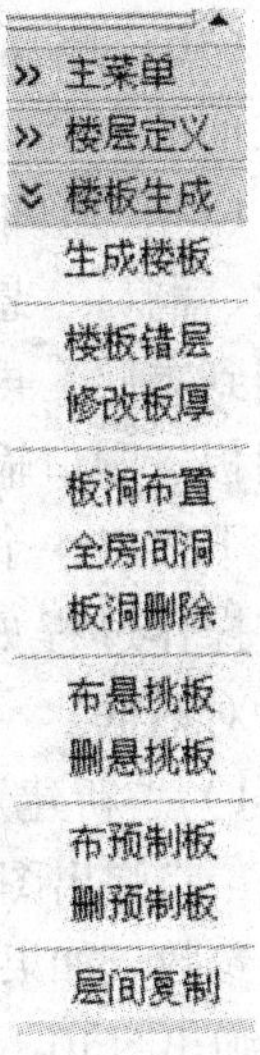

（1）生成楼板　运行此命令可自动生成本标准层结构布置后的各房间楼板，板厚默认取"本层信息"菜单中设置的板厚值，也可通过修改板厚命令进行修改。生成楼板后，如果修改"本层信息"中的板厚，没有进行过手工调整的房间的板厚将自动按照新的板厚取值。如果生成过楼板后改动了模型，此时再次执行生成楼板命令，程序可以识别出角点没有变化的楼板，并自动保留原有的板厚信息，对新的房间则按照"本层信息"菜单中设置的板厚取值。布置预制板时，同样需要用到此功能生成的房间信息，因此要先运行一次生成楼板命令，再在生成好的楼板上进行布置。

（2）楼板错层　运行此命令后，每块楼板上标出其错层值，并弹出错层参数输入窗口，输入错层高度后，此时选中需要修改的楼板即可。

（3）修改板厚　"生成楼板"功能自动按"本层信息"中的板厚值设置板厚，可以通过此项命令进行修改。运行此命令后，每块楼板上标出其目前板厚，并弹出板厚的输入窗口，输入后在图形上选中需要修改的房间楼板即可。

图 10-8　"楼板生成"下拉菜单

（4）板洞布置　新建楼板洞口截面的尺寸，单击"布置"按钮，选择要布置的楼板，根据沿轴偏心、偏轴偏心和轴转角等操作在指定房间内指定位置开洞。本命令只能对矩形房间开洞。

（5）全房间洞　指定房间全部设置为开洞。当某房间设置了全房间开洞时，该房间楼板上布置的其他洞口将不再显示。全房间开洞时，相当于该房间无楼板，也无楼板恒、活荷载。若建模时不需在该房间布置楼板，却要保留该房间楼面恒、活荷载时，可通过将该房间板厚设置为 0 解决。

（6）板洞删除　删除所选的楼板开洞。

（7）布悬挑板　具体操作要点如下：

1）悬挑板的布置方式与一般构件类似，需要先进行悬挑板形状的定义，然后再将定义好的悬挑板布置到楼面上。

2）系统支持输入矩形悬挑板和自定义多边形悬挑板。在悬挑板定义中，增加了悬挑板宽度参数，输入 0 时取布置的网格宽度。

3）悬挑板的布置方向由系统自动确定，其布置网格线的一侧必须已经存在楼板，此时悬挑板挑出方向将自动定为网格的另一侧。

4）对于在定义中指定了宽度的悬挑板，可以在"悬挑板的定位距离"中输入相对于网格线两端的定位距离。

5）在"悬挑板的顶部标高"中指定悬挑板顶部相对于楼面的高差。

6）一道网格只能布置一个悬挑板。

（8）删悬挑板　删除所选的悬挑板。

（9）布预制板　单击"布预制板"，系统弹出"自动布板"及"指定布板"对话框。自动布板就是已知板宽后自动算出板的数量。指定布板就是特定板宽及数量，布置较细致。

（10）删预制板　删除指定房间内布置的预制板，并以之前的现浇板替换。

（11）层间复制　可将上一标准层已输入的次梁、预制板、洞口、悬挑板、砖混圈梁、各房间板厚等布置直接复制到本层，再对其局部修改，从而使其余各层的次梁、预制板、洞口输入过程大大简化。

下面以一个柱布置的实例具体说明构件布置的操作方法。操作过程如下：单击"柱布置"菜单，弹出图 10-9 所示对话框。

1）"新建"。定义一个新的截面类型。单击"新建"按钮，将弹出图 10-10 所示对话框，在对话框中输入构件的相关参数。如果要修改截面类型，单击"截面类型"右侧按钮，弹出图 10-11 所示对话框，单击选择相应的截面类型。

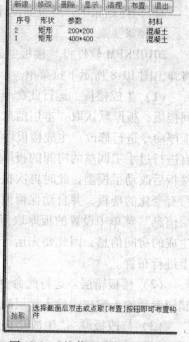

图 10-9　"柱截面列表"对话框

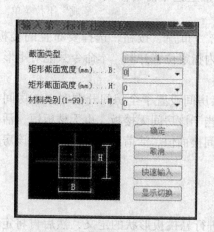

图 10-10　"截面定义"对话框

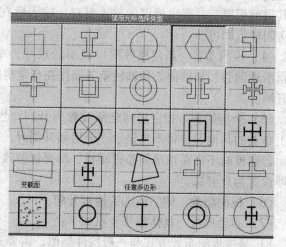

图 10-11　"截面类型"对话框

2）"修改"。修改已经定义过的构件截面形状、类型、尺寸及材料，已经布置于各层的这种构件的尺寸也会自动改变。其操作方式与"新建"相同。

3）"布置"。在对话框中选取某一种截面后，再单击"布置"按钮将其布置到楼层上。选取某一种截面后双击鼠标也可以进入布置状态，如图 10-12 所示"柱布置"对话框，输入柱子的偏心与转角。在对话框的下部对应的是构件布置的 4 种方式，可以直接用鼠标单击对应方式前的单选按钮，也可按 < Tab > 键在几种方式间转换。这里用光标输入方式和轴线输入方式来布置柱。

图 10-12　"柱布置"对话框

4）"清理"。自动将定义了但在整个工程中未使用的截面类型清除。

5）"本层信息"。本层信息菜单项是每个结构标准层必须执行的操作，用于输入和确认图 10-13 所示各项结构信息参数。

3. 本层修改

单击"本层修改"，屏幕弹出图 10-14 所示下拉菜单，可以对已布置好的构件执行删除或替换的操作，删除的方式也有四种，即逐个用光标点取、沿轴线选取、窗口选取和任意开多边形选取。替换就是把平面上某一类型截面的构件用另一类型截面替换。

图 10-13　"本层信息"对话框

图 10-14　"本层修改"下拉菜单

4. 层编辑

用于在已创建楼层的基础上快速生成其他楼层。选择"层编辑"菜单将弹出图 10-15 所示下拉菜单：

1）删标准层。删除某个标准层。

2）插标准层。在两标准层之间插入新的标准层。

3）层间编辑。"层间编辑"对话框如图 10-16 所示。利用该对话框可将操作在多个或全部标准层上同时进行，省去来回切换到不同标准层去执行同一命令的麻烦。

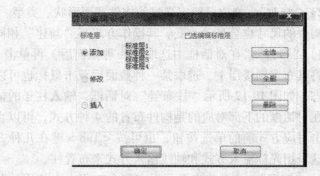

图 10-15　"层编辑"下拉菜单　　　　　　图 10-16　"层间编辑"对话框

4）层间复制。将当前层的部分构件复制到已有的其他标准层中。操作过程如下：选择"层间复制"→程序提示"层间复制的结果将不能用 Undo 恢复"→单击"继续"按钮→通过"添加""修改""插入"对目标标准层进行选择，然后单击"确定"按钮→选择当前标准层中被复制的对象→按 < Esc > 键退出选择→程序提示"确认选择/重新选择"→继续提示选择当前标准层中被复制的对象，按 < Esc > 键退出选择→按 < Esc > 键结束。

5）单层拼装。可以实现与其他工程或本工程的某一被选标准层之间的对象复制。操作过程如下：选择"单层拼装"→输入拼装的工程名（< Tab > 本工程/< Esc > 返回），右侧出现此工程所有标准层→选择要拼装的标准层→整体拼装/局部拼装？（Y < Enter >/N < Esc >）→选择复制对象（整体拼装不必选择对象→确认选择/重新选择/返回？（Y < Enter >/A < Tab >/N < Esc >）→是否移动？（Y < Enter >/N < Esc >）→输入被选对象基准点→输入插入后旋转角→输入新工程中当前标准层的插入点→完毕。

6）工程拼装。将拼装工程中所有标准层拼装到当前工程相应的标准层中，而"单层拼装"是只拼装某一标准层。

5. 截面显示

显示通过开关控制，即每单击一次开关菜单可实现显示开和关的切换，程序隐含对输入在图上的构件截面开显示，对截面数据尺寸关显示。

6. 绘墙线、梁线

这里可以把墙、梁的布置连同它上面的轴线一起输入，省去先输轴线再布置墙、梁的两步操作。

7. 偏心对齐

根据布置的要求自动完成偏心计算与偏心布置，举例说明如下：

（1）柱上下齐　当上下层柱的尺寸不一样时，可按上层柱对下层柱某一边对齐（或中心对齐）的要求自动算出上层柱的偏心并按该偏心对柱的布置自动修正。此时打开"层间编辑"菜单可使从上到下各标准层的某些柱都与第一层的某边对齐。因此，用户布置柱时可先省去偏心的输入，在各层布置完后再用本菜单修正各层柱偏心。

（2）梁与柱齐　可使梁与柱的某一边自动对齐，按轴线或窗口方式选择某一列梁时可使这些梁全部自动与柱对齐，这样在布置梁时不必输入偏心，省去人工计算偏心的过程。

8. 楼梯布置

可在此处布置楼梯，也可在 LTCAD 中绘制。

10.5.4　荷载输入

单击"荷载输入",弹出图 10-17 所示下拉菜单,共有"楼面荷载""梁间荷载""柱间荷载""墙间荷载""节点荷载""次梁荷载""墙洞荷载""人防荷载""吊车荷载"九个子菜单。

荷载布置前必须要定义其类型、值、参数信息。

（1）梁间荷载　单击"梁间荷载",弹出图 10-18 所示下拉菜单,在这里可输入非楼面传来的作用在梁上的恒荷载或活荷载,对菜单顺序依次介绍。

图 10-17　"荷载输入"下拉菜单　　　　图 10-18　"梁间荷载"下拉菜单

1）梁荷定义。操作界面如图 10-19 所示,定义梁的标准荷载,软件将梁墙的标准荷载统一,定义完梁的荷载后,在墙荷载定义中也会出现这些荷载。单击"添加"按钮,选择荷载的类型,共有 7 类,选择完类别后,输入相应的参数即可。

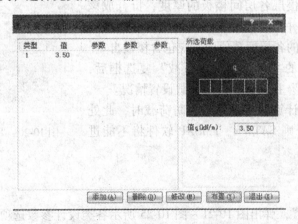

图 10-19　"梁荷定义"对话框

2）数据开关。打开或关闭荷载数据显示开关。只有在荷载显示的状态下才起作用。

3）恒载输入。选择完某一标准荷载信息后,单击"布置"将其布置到梁上。布置的方式包括光标选择、轴线选择、框选、围栏选择四种方式。

4）恒载修改。修改已经布置到梁上的恒载。如果修改后的荷载值在已经定义完的标准荷载中不存在，此荷载自动添加到标准荷载中。

5）恒载显示。打开梁恒载显示开关。在执行完恒载输入、恒载修改、恒载删除、恒载拷贝后显示开关自动打开。

6）恒载删除。删除梁上的恒载。删除方式包括光标选择、轴线选择、框选、围栏选择四种方式。

7）恒载拷贝。将已输入完的梁上恒载复制到其他梁上。活载命令类似，不再赘述。

（2）柱间荷载　主要输入柱间的荷载，操作与梁间荷载类同。命令依次为"柱荷定义""数据开关""恒载输入""恒载修改""恒载显示""恒载删除""恒载拷贝""活载输入""活载修改""活载显示""活载删除""活载拷贝"。

（3）墙间荷载　操作与梁间荷载类同。

（4）节点荷载　节点荷载操作与梁间荷载类同。注意：输入了梁、墙荷载后，如果再修改节点信息（删除节点、清理节点、形成网点、绘节点等），由于和相关节点相连的杆件的荷载将作等效替换（合并或拆分），所以此时应核对一下相关的荷载。

10.5.5　楼面恒活

单击"恒活设置"，弹出图 10-20 所示对话框，每荷载标准层需定义作用于楼面的恒、活均布面荷载，输入的是荷载标准值。先假定各标准层上选用统一的（大多数房间的数值）恒、活面荷载，如各房间不同时，可在楼面恒载和楼面活载处修改调整。

凡楼面的恒、活均布面荷载布置相同的楼层可视为一个荷载标准层。

选中窗口左上部的"自动计算现浇楼板自重"复选框后，系统可以根据楼层各房间楼板的厚度，折合成该房间的均布面荷载，并把它叠加到该房间的恒载面荷载中。此时，用户输入的各层恒载值中不应包含楼板自重。

选中窗口左上部的"考虑活荷载折减"复选框后，单击"设置折减参数"按钮，确定活荷载设置情况。

注意：如在结构计算时考虑地下人防荷载时，此处必须输入活荷载，否则 SATWE、PMSAP 软件将不能进行人防地下室的计算。

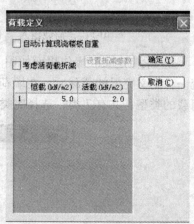

图 10-20　"荷载定义"对话框

10.5.6　设计参数

单击"设计参数"，弹出图 10-21 ~ 图 10-25 所示各类设计参数选项卡，用户根据实际情况依次进行修改。其中，地下室层数是当用 TAT、SATWE 计算时，对地震力、风力作用、地下人防等因素有影响。修正后的基本风压只考虑了荷载规范的基本风压，未考虑地形条件的修正系数 η。材料属性可在 TAT、SATWE 中个别修改。以上各设计参数在从 PM 生成的各种结构计算文件中均起控制作用。

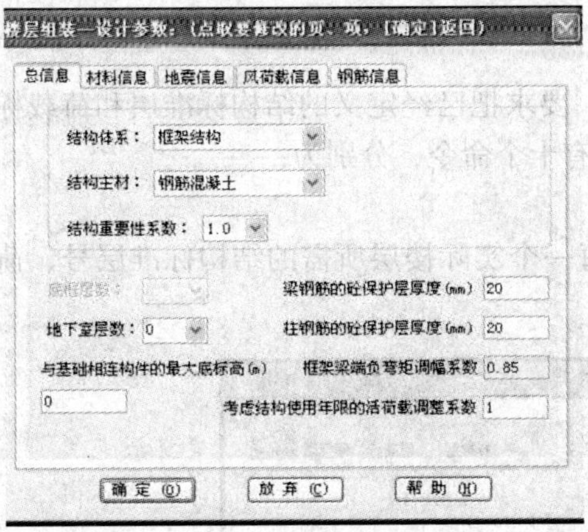

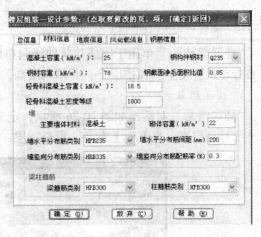

图 10-21　"总信息"选项卡　　　　　　图 10-22　"材料信息"选项卡

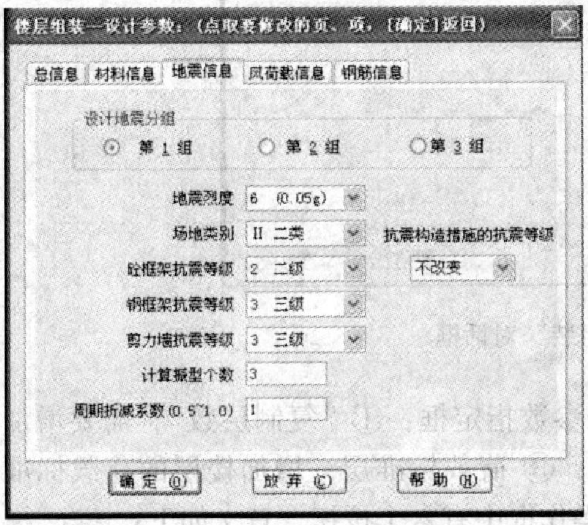

图 10-23　"地震信息"选项卡 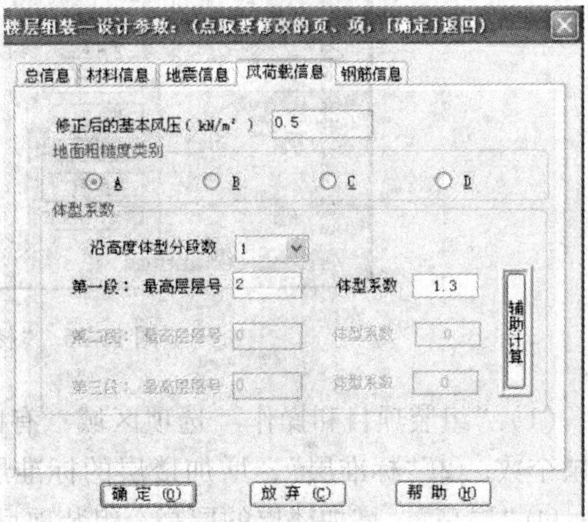　　　　　　图 10-24　"风荷载信息"选项卡

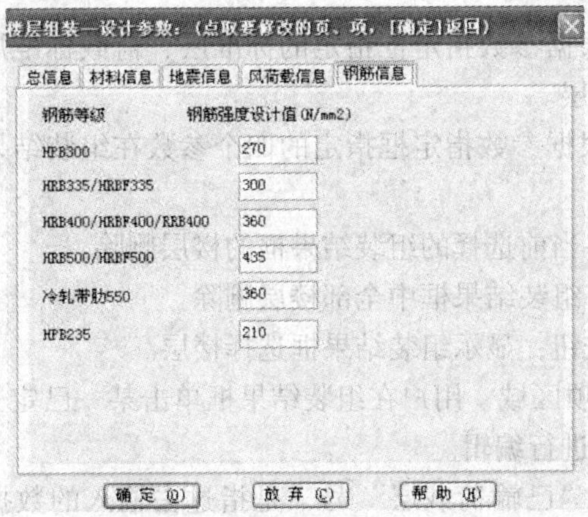

图 10-25　"钢筋信息"对话框

10.5.7　楼层组装

"楼层组装"菜单用于完成建筑的竖向布局，要求把已经定义的结构标准层和荷载标准层布置在从下至上的各楼层上，并输入层高，共有十个命令，分别为：

1. 楼层组装

"楼层组装"对话框如图 10-26 所示，定义每一个实际楼层所需的结构标准层号、荷载标准层号和层高，自下而上布置，直至顶层。

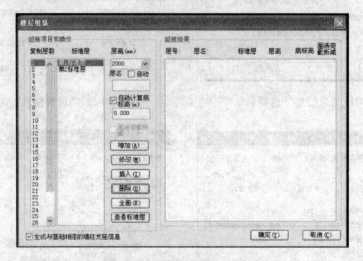

图 10-26　"楼层组装"对话框

（1）"组装项目和操作"选项区域　有四个参数指定框：①"复制层数"，需要增加的楼层个数；②"标准层"，增加楼层的标准层号；③荷载标准层，增加楼层的荷载标准层号；④"层高"，增加楼层的层高。组装项目和操作框中有六个按钮，意义如下：

1）"增加"按钮：根据参数指定框指定的四个参数在组装结果框楼层列表后面添加若干楼层。

2）"修改"按钮：根据参数指定框指定的标准层、荷载标准层、层高三个参数修改组装结果框中选择的一个楼层。

3）"插入"按钮：根据参数指定框指定的四个参数在组装结果框中选择的一个楼层下面插入若干楼层。

4）"删除"按钮：将当前选择的组装结果框的楼层删除。

5）"全删"按钮：将组装结果框中全部楼层删除。

6）"查看标准层"按钮：显示组装结果框选择楼层。

（2）"组装结果"选项区域　用户在组装结果框单击某一已定义的楼层后该楼层有一条蓝条，可用各功能键对其进行编辑。

组装结果框中右侧的"已输荷载层"号，是指过去输入的数据，且已经通过后面主菜单 3 导算了荷载时的层号。增、删楼层时，此层号代表了原来输入的各层荷载与现在各层之间的对应关系，从而把以前输入的旧的各层荷载和新的层号自动对位。对于新增加的各层，已输入荷载层号则为 0。

2. 节点下传

上下楼层之间的节点和轴网对齐，是 PMCAD 中上下楼层构件之间对齐和正确连接的基础，大部分情况下如果上下层构件的定位节点、轴线不对齐，则在后续的其他程序中往往会视为没有正确连接，从而无法正确处理，可根据上层节点的位置在下层生成一个对齐节点，并打断下层的梁、墙构件，使上下层构件可以正确连接。

节点下传有自动下传和交互选择下传两种方式，一般情况下自动下传可以解决大部分问题，包括梁托柱、梁托墙、梁托斜杆、墙托柱、墙托斜杆、斜杆上接梁的情况。自动下传功能有两处可执行，一是"楼层组装—节点下传"弹出的对话框中单击"自动下传"按钮，软件将当前标准层相关节点下传至下方的标准层上；另外，在退出提示中选择"生成梁托柱、墙托柱节点"复选框，则程序会自动对所有楼层执行节点的自动下传。

3. 单层拼装

可调入其他工程或本工程的任意一个标准层，将其全部或部分地拼装到当前标准层上。

4. 工程拼装

可以把已经输入完成的一个或几个工程拼装到一起，这是简化模型输入操作的非常有用的功能；也可以在平面上拼装，比如可把一个工程从平面上切成几块，对每块分别输入，最后拼装到一起；还可以把工程在竖向切成几块，如把一个高层的建筑按照层分成几块，最后从下到上拼装到一起。

假如要在当前工程上拼装另一个工程，称它为"拼装工程"。

1）输入拼装工程名，该拼装工程可能在另外一个工作子目录下。

2）输入要在当前工程的哪一个标准层上开始拼装。如果是平面拼装，输入 1，即从第一层开始两工程的各楼层对应。如果是竖向拼装，输入拼装工程搭建在当前工程上的标准层号。

3）屏幕上出现拼装工程的底层平面，用户需用光标拾取拼装的基准点，并输入旋转角度。

4）屏幕上出现当前工程的拼装平面，用户可用光标拖动拼装工程平面，在把它和当前工程平面上的某点相交，以便对拼装工程定位，这样就完成了一次拼装的操作。

5. 自动拼装

程序根据楼层布置情况自动拼装。

6. 整楼模型

用三维透视方式显示全楼组装后的整体模型。

（1）重新组装　要显示全楼模型就点取"重新组装"项。按照"楼层组装"的结果把从下到上全楼各层的模型整体的三维显示出来，并自动进入三维透视显示状态。如屏幕显示不全，可按 < F6 > 键全屏显示，然后打开三维实时漫游开关，把线框模型转成实用模型显示。为观察模型全貌，可用 < Ctrl > 键 + 主鼠标中键平移，切换模型的方位视角。

（2）分层组装　只拼装显示局部的几层模型。用户输入要显示的起始层号和终止层号，即三维显示局部几层的模型。

7. 动态模型

相对于"整楼模型"一次性完成组装的效果，动态模型功能可以实现楼层的逐层组装，更好的展示楼层组装的顺序，尤其可以很直观地反映出广义楼层模型的组装情况。

8. 设支座

可根据工程设计具体情况手动设置支座。

9. 设非支座

可根据工程设计具体情况手动设置非支座。

10. 清除设置

在此可把多余及无用布置清除。

10.5.8 保存及退出

"保存文件"菜单项用于保存输入的数据。

选择"退出程序"菜单，将弹出图 10-27 所示"退出程序"信息窗口。

如果选择"存盘退出"，则弹出图 10-28 所示信息窗口，可根据需要选择要进行的后续操作复选框，单击"确定"按钮，系统自动运行。

图 10-27 "退出程序"信息窗口

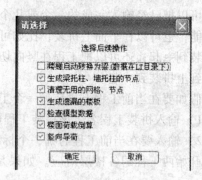

图 10-28 "存盘退出"信息窗口

10.6 PMCAD 主菜单 2——平面荷载显示校核

此菜单可检查在 PMCAD 中设计者输入的荷载，自动导算的荷载是否正确。为便于荷载校核，一般出计算书也在这个选项下进行，因为这里汇总了所有的荷载类型，且可以进行竖向导荷和荷载统计，便于分析控制整个结构的荷载，在不考虑抗震时，竖向导荷的结果可直接用于基础设计。

10.7 PMCAD 主菜单 3——画结构平面图

应用 PMCAD 主菜单 3，可进行框架结构、框剪结构、剪力墙结构和砖混结构的平面图绘制，还可完成现浇楼板的配筋计算。下面对 PMCAD 主菜单 3 的操作过程进行详细说明。

10.7.1 参数定义

参数定义包含两个子菜单：

1）计算参数：单击"计算参数"，弹出图 10-29 所示对话框，用户可以单击相应标签，在相应选项卡中根据实际进行调整。

2）绘图参数：单击"绘图参数"，弹出图 10-30 所示对话框，用户可以根据实际进行调整。

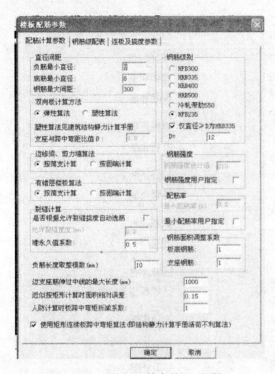

图 10-29　"楼板配筋参数"对话框

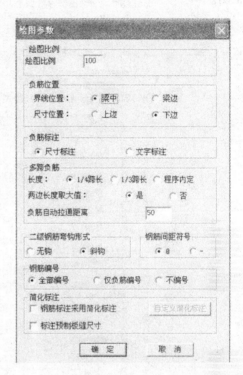

图 10-30　"绘图参数"对话框

10.7.2　楼板计算

单击"楼板计算"，弹出如图 10-31 所示下拉菜单：

1）"修改板厚""修改荷载"命令用于查看并修改板厚及荷载。

2）"显示边界""固定边界""简支边界""自由边界"命令用于修改楼板的支座情况。

3）"自动计算"命令用于自动对楼板进行内力、变形及配筋计算。内力和变形可以分别显示出来，而且配筋可以人工进行干预。

4）采用"自动计算"命令，各板块分别计算其内力，不考虑相邻板块的影响，因此对于中间支座两侧，其弯矩值就有可能存在不平衡的问题。为了在一定程度上考虑相邻板块的影响，特别是对于连续单向板的情况，当各块板的跨度不一致时，可考虑相邻板块影响，采用"连板计算"命令。

5）"房间编号"命令可在平面图上给每一个房间标上其编号。这是一个标注切换菜单，即再执行一次本命令，房间编号又会消失。

其他命令可检查楼板计算结果是否符合规范设计要求并生成计算书，并对楼板的面积进行校核并修改。

10.7.3　进入绘图

　　单击"楼板钢筋",弹出图 10-32 所示下拉菜单,用户可以交互式绘制并调整楼板的施工图。

图 10-31　"楼板计算"下拉菜单　　　　　　　图 10-32　"楼板钢筋"下拉菜单

10.8　PMCAD 建模应用实例

　　本节通过一个框架剪力墙结构的实例详细说明 PMCAD 结构模型输入的过程。图 10-33 所示为该建筑的标准层结构平面布置图,图中柱尺寸均为 400mm × 400mm,梁为 250mm × 500mm,建筑东、西两侧各为 250mm 厚剪力墙,剪力墙上各开有一个 900mm × 1600mm 的洞口,梁、柱未作特殊说明均为居中布置,层高 3m,混凝土强度等级为 C30。

　　1. 创建文件

　　首先设置工作目录 C:\×××并进入,选择"PMCAD 建筑模型及荷载输入",单击"应用（A）"按钮,屏幕弹出"PMCAD 建筑模型及荷载输入"窗口,在"请输入 pm 工程名"提示下,输入工程名,按 <Enter> 键确认后即进入 PMCAD 操作主界面。

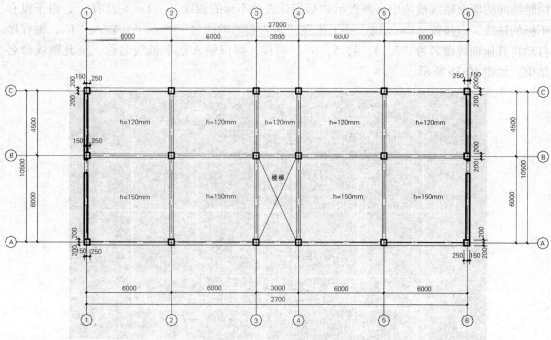

图 10-33 结构平面布置图

2. 轴线输入

选择"轴线输入"→"正交轴网",弹出图 10-34 所示对话框,输入开间和进深,单击"确定"按钮。然后选择"轴线命名",在"请用光标选择轴线(<Tab>成批输入)"提示下,按<Tab>键选择成批输入。在"移光标点取起始轴线"提示下单击左侧第一根轴线作为起始轴线,在"移光标点取终止轴线"提示下单击右侧第一根轴线作为终止轴线,此时

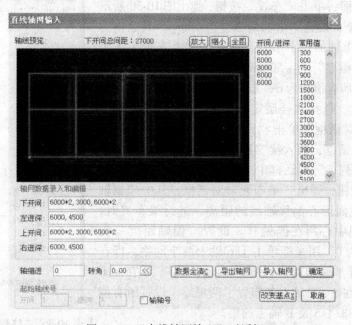

图 10-34 "直线轴网输入"对话框

两轴线间的所有轴线被选中，并提示"移光标去掉不标的轴线（<Esc>没有）"，由于没有不标的轴线，直接按<Esc>键。接下来在"输入起始轴线名"提示下，输入"1"，则程序自动将其他轴线命名为"2，3，4，5，6"。同样，可以输入水平轴线名称，至此轴线命名结束，如图 10-35 所示。

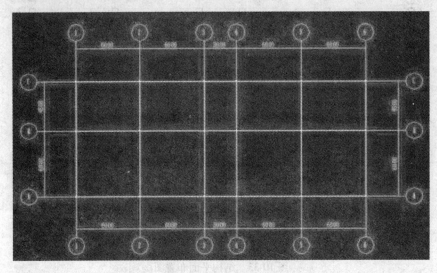

图 10-35　轴线命名

3. 楼层定义

（1）柱布置　选择"楼层定义"→"柱布置"，弹出图 10-36 所示"柱截面列表"对话框。单击"新建"按钮，弹出图 10-37 所示"输入第 1 标准柱"对话框，输入柱参数，然后单击"确定"按钮。在"柱截面列表"对话框中选中一个已定义的柱截面，单击"布置"按钮，弹出图 10-38 所示"柱布置"对话框，设置"沿轴偏心"为 50mm，其余值为 0。用光标单击①轴的三个节点，即在①轴上布置了三个柱。设置"沿轴偏心"为 -50mm，其余值为 0，布置 ⑥轴上三个柱。设置所有值均为 0，布置 ②③④⑤轴上三个柱。

（2）梁布置　选择"楼层定义"→"梁布置"，弹出"梁截面列表"对话框，单击"新建"按钮，弹出"输入第 1 标准梁"对话框，输入梁参数，然后单击"确定"按钮。在"梁截面列表"对话框中选中一个已定义的梁截面，单击"布置"按钮，弹出"梁布置"对话框，其中"偏轴距离"是指梁截面形心偏移轴线的距离，进行梁布置时，梁将向鼠标标靶中心所在侧偏移。设置"偏轴距离"为 25mm，其余值为 0，用光标单击①⑥轴上两个网格，即在①⑥轴上各布置了两根梁。设置"偏轴距离"为 75mm，其余值为 0，即在 A、C 轴上各布置了两根梁。设置所有值均为 0，布置 ②③④⑤及 B 轴上的梁。

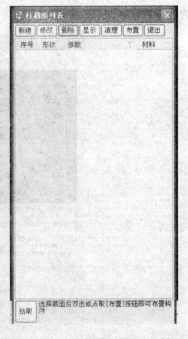

图 10-36　"柱截面列表"对话框

图 10-37　"输入第 1 标准柱"对话框　　　　图 10-38　"柱布置"对话框

（3）墙布置　选择"楼层定义"→"墙布置"，弹出"墙截面列表"对话框，单击"新建"按钮弹出"输入第 1 标准墙"对话框，输入墙厚度及材料，单击"确定"按钮。在"墙截面列表"对话框中选中一个已定义的墙截面，单击"布置"按钮，弹出"墙布置"对话框，设置"偏轴距离"为 25mm，用光标单击①⑥轴上两个网格，即在①⑥轴上各布置了两段墙。

（4）洞口布置　选择"楼层定义"→"洞口布置"，弹出"洞口截面列表"对话框，单击"新建"按钮弹出"输入第 1 标准洞口"对话框，输入洞口宽度和高度，单击"确定"按钮。在"洞口截面列表"对话框中选中一个已定义的洞口截面，单击"布置"按钮，弹出 10-39 所示"洞口布置"对话框，输入定位距离 –300mm，底标高 900mm，用光标单击①⑥轴下部网格，即在①⑥轴下部各布置一个洞口。

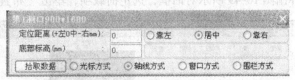

图 10-39　"洞口布置"对话框

4. 本层信息

选择"楼层定义"→"本层信息"，弹出图 10-40 所示"本层信息"对话框，将板厚改为 120mm，板、柱、梁、剪力墙混凝土强度等级均设置为 30mm，本层层高设置为 3000mm，单击"确定"按钮完成。至此，完成了第一结构标准层的布置工作，如图 10-41 所示。

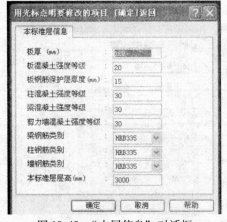
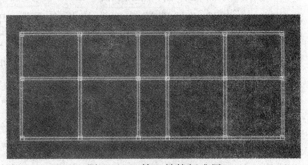

图 10-40　"本层信息"对话框　　　　　图 10-41　第一结构标准层

5. 楼层布置

利用"层编辑"命令在此结构层基础上快速生成其他楼层。选择"楼层定义"→"层编辑"→"插标准层",弹出图 10-42 所示对话框,选定欲插入的标准层,单击"全部复制"单选按钮,然后单击"确定"按钮即增加了一个标准层。每个标准层可以从 PMCAD 的下拉列表框中随时切换,如图 10-43 所示。

图 10-42 "插标准层"对话框

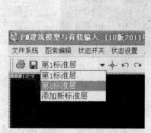

图 10-43 切换标准层

6. 荷载布置

楼层布置完毕后,进行荷载输入,选择"荷载输入"→"梁间荷载"→"梁荷定义",弹出图 10-44 所示对话框,将框架梁上的墙体荷载转换成线荷载输入。然后单击"恒载输入",弹出图 10-45 所示对话框,选定荷载项,单击"布置"按钮,分别布置到相应的梁上。

图 10-44 "梁荷定义"对话框

图 10-45 "恒载输入"对话框

输入楼面均布荷载,单击"恒活设置",弹出图 10-46 所示对话框,输入恒荷载 $5.0kN/m^2$,活荷载 $2.0kN/m^2$。勾选"是否计算现浇楼板自重",单击"确定"按钮。采用同样方式设置第二标准层的恒、活荷载信息,输入恒荷载 $7.0kN/m^2$,活荷载 $2.0kN/m^2$。

7. 板厚修改

对楼板的厚度进行修改,单击"楼层定义"→"楼板生成"→"修改板厚",进入后可以看到已经给出所有板厚为 120mm,这个数值是在"本层信息"输入的值。然后在"修改现浇板厚度"提示下,将楼梯

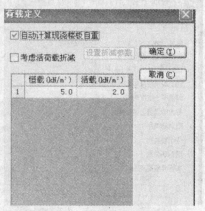

图 10-46 "荷载定义"对话框

间设为 0，个别房间板厚改为 150mm，如图 10-47 所示，楼梯间不可采用"楼板开洞"选项。因为采用楼板开洞后，开洞部分的楼板荷载将在荷载传导时扣除，而事实上楼梯部分的荷载最终是要传导到相邻的梁上的。布置完毕后回到主菜单，同理进入第二标准层的板厚修改。

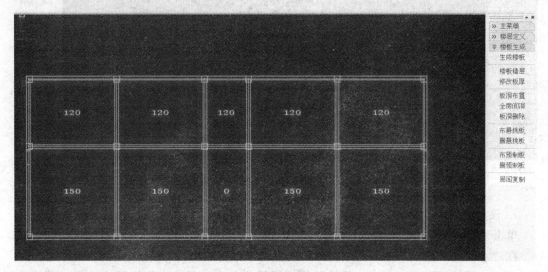

图 10-47　"修改板厚"窗口

8. 荷载修改

对楼板所承受的恒载、活载进行修改，单击"荷载输入"→"楼面荷载"→"楼面恒载"，窗口中默认的荷载"5.0"即为在"恒活设置"时设置的恒荷载。在"输入修改恒载的荷载值"提示下，输入 6.5 后，选择要处理荷载的房间，单击楼梯间，即将楼梯间恒荷载修改为 6.5kN/m²，如图 10-48 所示，按 < Esc > 键退出恒荷载修改。同理，选择"楼面荷载"→"楼面活载"，弹出图 10-49 所示窗口，输入需修改的数值，单击被修改的房间即可，本例所有活荷载均为 2.0kN/m²，按 < Esc > 键退出荷载修改。

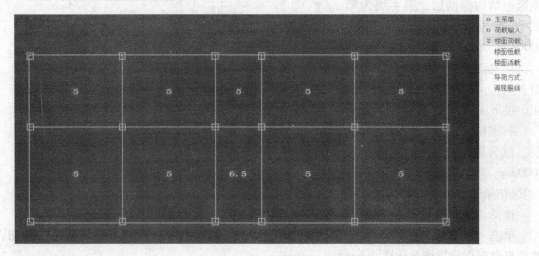

图 10-48　"楼面恒载"窗口

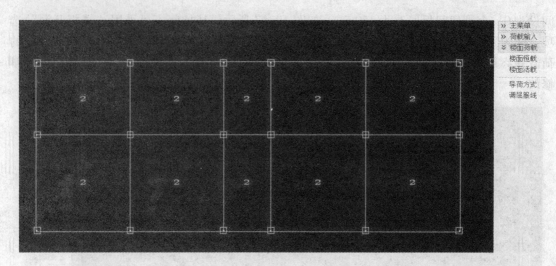

图 10-49 "楼面活载"窗口

9. 设置参数

单击"设置参数",弹出图 10-21 ~ 图 10-25 所示选项卡,根据具体工程情况设置参数。

在"总信息"选项卡中,将结构体系设置为"框剪结构",其他采用默认值即可。

在"地震信息"选项卡中,将设防烈度设置为 7 度,场地类别设置为 2 类,其他采用默认值即可。

在"风荷载信息"选项卡中,将基本风压设置为 $0.45kN/m^2$,场地粗糙类别设置为 B 类,其他采用默认值即可。

在"钢筋信息"选项卡中,采用默认值即可。

10. 楼层组装

选择"楼层组装"→"楼层组装",弹出图 10-50 所示窗口。假设要定义 4 层结构,第 1~3 层是第一结构标准层,第 4 层为第二结构标准层,层高均为 3000mm。将"复制层数"设为 3,将"标准层"设为 1,层高设为 3000mm,然后单击"添加"按钮。接下来将"复制层数"设为 1,"标准层"设为 2,"荷载标准层"设为第二荷载层,层高指定 3000mm,然后单击"添加"按钮,"组装结果"如图 10-50 所示。

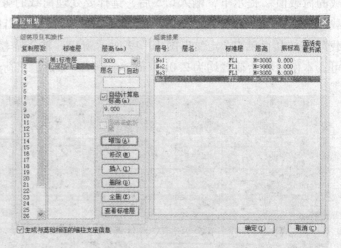

图 10-50 "楼层组装"窗口

选择"楼层组装"→"整楼模型"→"重新组装",显示图 10-51 所示全楼模型。

单击"主菜单"→"保存",然后单击"退出"→"存盘退出",单击"确定"按钮,软件自动根据设置情况计算。

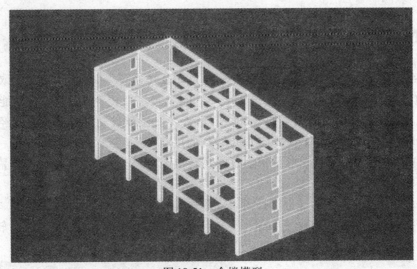

图 10-51　全楼模型

11. 结构平面图绘制

双击"画结构平面图",进入"板施工图"界面,根据设计实际情况修改"计算参数"和"绘图参数"。单击"楼板计算"→"自动计算",软件计算后可单击"弯矩""计算面积""实配钢筋""裂缝""挠度""剪力"查看并检查计算结果是否符合设计要求,如有提示不符合设计要求时,可根据具体情况进行修改。"楼板计算"的下拉菜单中,单击"修改板厚",可以看到程序已经给出所有板厚,这个数值是 PMCAD 主菜单 1 中输入的值,在此可对板厚进行修改。同理,单击"修改荷载",可对板面活荷载及板面恒荷载进行修改。

单击"楼板钢筋"→"房间归并"→"自动归并",图中显示归并后的房间编号及洞口位置。单击"重画钢筋",弹出提示"您是否要按楼板归并结果画钢筋",选择"是"后,用窗口方式选择要布置的楼板,配筋如图 10-52 所示。选择"标准轴线"→"自动标注",选中全部选项,进行轴线绘制。根据实际设计需要可在"标准构件"的下拉菜单中单击选项进一步绘制。同理,绘制各楼层楼板配筋图。

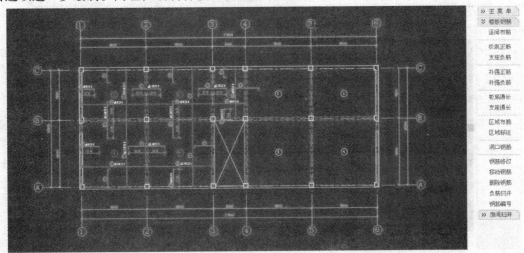

图 10-52　板配筋图

10.9　PMCAD 主菜单 7——图形编辑、打印及转换

PKPM 系列各模块主菜单均设有图形编辑、打印及转换菜单。利用本菜单可对 PKPM 各模块生成的 .t 文件进行编辑、拼接，与 .dwg、.dfx 文件进行转换以及打印等功能。

由于该软件的图形编辑能力不如 AutoCAD 等专业制图软件功能强，所以要经常将 .t 文件转换成 .dwg 文件，以实现 PKPM 与 AutoCAD 的接口。

选择 PMCAD 主菜单 7"图形编辑、打印及转换"，单击"应用"按钮，屏幕显示"图形编辑、打印及转换"窗口，然后单击"工具"下拉菜单中的"T 图转 DWG"，如图 10-53 所示。屏幕弹出图 10-54 所示文件选择窗口，选择要转换的 .T 图形文件，单击"打开"按钮即完成转换操作，转换后在同一目录下生成与原文件名相同的 *.DWG 文件。转换后可在 AutoCAD 中进行图形绘制与完善。

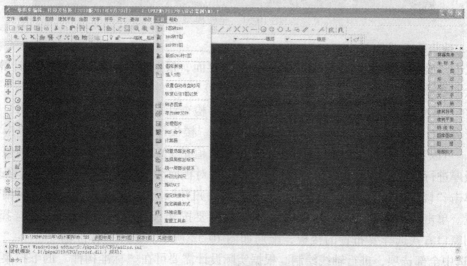

图 10-53　T 图转 DWG

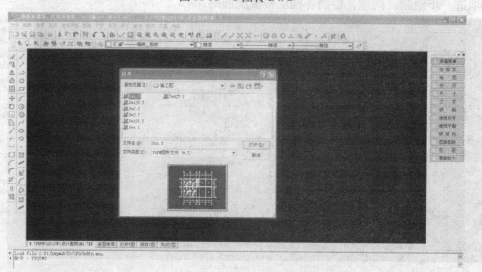

图 10-54　选择 *.T 文件

本 章 小 结

　　本章主要介绍 PMCAD 的建筑模型与荷载输入，用人机交互方式输入各层平面数据，完成结构整体模型的输入。结合实例，学习使用 PKPM 软件进行建模。

复 习 题

　　1. PMCAD 的基本功能有哪些？
　　2. PMCAD 的主要操作过程是怎样的？
　　3. 有一框架结构，结构布置如图 10-55 所示，全楼模型如图 10-56 所示。请使用 PMCAD 输入结构模型，并绘制各楼层结构平面图。主要参数：矩形柱截面尺寸 500mm × 500mm，梁矩形截面 300mm × 500mm，现浇板厚 140mm；梁柱混凝土强度等级为 C30；楼面恒、活荷载分别为 $5kN/m^2$、$2kN/m^2$，屋面恒、活荷载分别为 $7kN/m^2$、$2kN/m^2$；楼层共有 4 个结构标准层，两个荷载层，1 层为第一结构标准层，2 层为第二结构标准层，3～5 层为第三结构标准层，6 层为第四结构标准层，楼面荷载为第一荷载标准层，屋面荷载为第二荷载标准层。

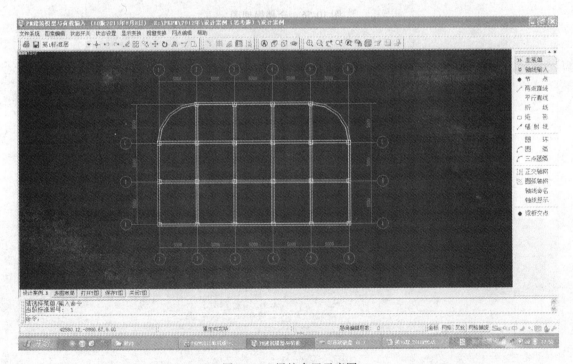

图 10-55　梁柱布置示意图

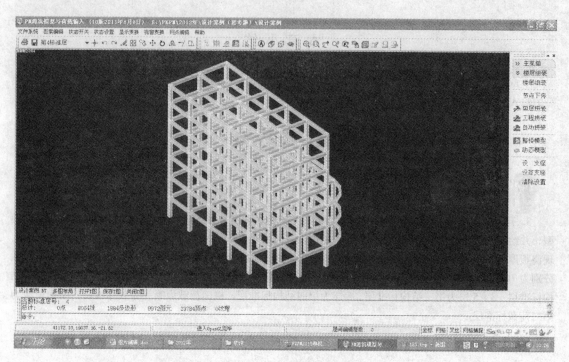

图 10-56　全楼模型图

第 11 章

SATWE 空间组合结构有限元分析与设计

SATWE 是采用空间有限元壳元模型计算分析的软件，是目前国内外精度最高的计算方法，适合于各种复杂体形的高层钢筋混凝土框架、框剪、剪力墙、筒体结构等，以及钢-混凝土混合结构和高层钢结构。

11.1　SATWE 的基本功能与适用范围

11.1.1　SATWE 的基本功能

SATWE 可自动读取经 PMCAD 主菜单 1、2 形成的几何数据和荷载数据，基本功能如下：

1）数据转换成 SATWE 所需的数据格式，并为用户保留了编辑修改几何数据文件及荷载数据文件的功能。

2）程序中的空间杆单元除了可以模拟常规的柱、梁外，还可有效地模拟铰接梁、支撑等。

3）梁、柱及支撑的截面形状不限，考虑了各种异形截面情况，构件材料也不限，可以是混凝土、钢，也可以是复合材料的，如钢管混凝土、型钢混凝土等。

4）剪力墙的洞口仅考虑矩形洞，其空间位置及大小不限，无需为结构模型简化加计算洞。

5）考虑了多塔、错层、转换层及楼板局部开大洞口等结构的特点，可以高效、准确地分析这些特殊结构。

6）适用于多层结构、工业厂房以及体育场馆等各种复杂结构，并实现了在三维结构分析中考虑活荷载不利布置功能、底框结构计算和起重机荷载计算。

7）自动考虑了梁、柱的偏心、刚域影响。

8）具有较完善的数据检查和图形检查功能，及较强的容错能力。

9）具有剪力墙墙元和弹性楼板单元自动划分功能。

10）具有模拟施工加载过程的功能，并可以考虑梁上的活荷载不利布置。

11）可任意指定水平力作用方向，程序自动按转角进行坐标变换及风荷载导算。

12）在单向地震力作用时，可考虑偶然偏心的影响；可进行双向水平地震作用下的扭转地震作用效应计算；可计算多方向输入的地震作用效应；对于复杂体型的高层结构，可采用振型分解反应谱法进行耦联抗震分析和弹性动力时程分析。

13）对于复杂砌体结构，可进行空间有限元分析和抗震验算。

14）对于底框结构，可进行底框部分的空间分析和配筋设计。

15）对于高层结构，程序可以考虑 P-Δ 效应。

16）可进行起重机荷载的空间分析和配筋设计。

17）具有地下室人防设计功能，在进行上部结构分析与设计的同时即可完成地下室的人防设计。

18）可考虑上部结构与地下室的联合工作，上部结构与地下室可同时进行分析与设计。

19）具有梁、柱配筋整楼归并功能，归并结果自动传给 PMCAD，可在平面楼板施工图上自动标注出归并结果。

20）可接力梁柱施工图软件，直接绘梁、柱施工图。梁、柱施工图中考虑了高层结构的构造要求。

21）可接力 JLQ 绘剪力墙施工图。

22）可接力 STS 绘钢结构施工图。

23）可为 PKPM 系列中基础设计软件 JCCAD、BOX 提供底层柱、墙组合内力作为其设计荷载，从而使各类基础设计中数据的准备工作大大简化。

11.1.2　SATWE 的适用范围

SATWE 的适用范围是：结构层数（高层版）≤200；每层节点数≤8000；每层梁数 ≤8000；每层柱数≤5000；每层墙数≤3000；每层支撑数≤2000；每层塔数≤9；每层刚性楼板块数≤99；结构总自由度数不限。

11.2　SATWE 的前处理——数据准备

SATWE 主菜单 1 "接 PM 生成 SATWE 数据"的主要功能就是在 PMCAD 生成的（假定工程文件名为××）××.＊和＊.PM 数据文件基础上，补充结构分析所需的一些参数，并对一些特殊结构（如多塔、错层结构）、特殊构件（如角柱、非连梁、弹性楼板等）作出相应设定，最后将上述所有信息自动转换为结构有限元分析及设计所需的数据格式，生成几何数据文件 STRU.SAT、竖向荷载数据文件 LDAD.SAT 和风荷载数据文件 WIND.SAT，供 SATWE 的主菜单 2、3 调用。

单击 SATWE，弹出 SATWE 主菜单界面，如图 11-1 所示。单击 SATWE 的主菜单 1，弹出 "SATWE 前处理" 菜单，如图 11-2 所示。在图 11-2 中，1 和 6 是必须执行的。

11.2.1　分析与设计参数补充定义

在 1 菜单（分析与设计参数补充定义）中共包含 10 项内容，这 10 项内容需要用户根据工程实际情况进行修改，下面简单介绍一下这 10 项内容的基本含义。

1. 总信息

单击 "总信息" 标签，"总信息" 选项卡如图 11-3 所示。

（1）水平力与整体坐标夹角（度）　该参数为地震力、风力作用方向与结构整体坐标的夹角，逆时针方向为正。当需进行多方向侧力核算时，可改变此参数，这样在后续计算中，程序会自动考虑此参数的影响。

图 11-1　SATWE 主菜单界面

图 11-2　"SATWE 前处理"菜单

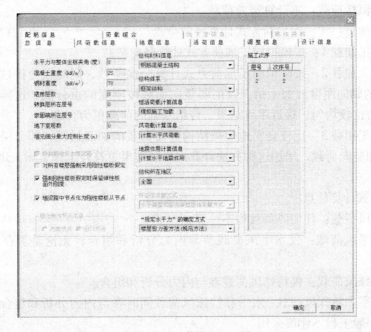

图 11-3　"总信息"选项卡

（2）混凝土重度（kN/m^3）　一般情况下，钢筋混凝土结构的重度为 25kN/m^3，若采用轻混凝土或要考虑构件表面装修层重时，混凝土重度可填入适当值。

（3）钢材重度（kN/m^3）　一般情况下，钢材重度为 78kN/m^3，若要考虑钢构件表面装修层重时，钢材的重度可填入适当值。

（4）裙房层数　裙房层数仅用作底部加强区高度的判断，根据实际情况填写。

（5）转换层所在层号　按 PMCAD 楼层组装中的自然层号填写，如有转换层时，必须指明其层号，以便程序能够进行正确的内力调整。

（6）嵌固端所在层号　这里的嵌固端指上部结构的计算嵌固端，可根据实际情况填写。

（7）地下室层数　指与上部结构同时进行内力分析的地下室部分层数。

（8）墙元细分最大控制长度（m） 程序限定在 1.0 ~ 5.0 之间，程序隐含值为 2.0。对于一般的工程足以满足设计要求，但对于框支剪力墙结构，为了更好地保证框支梁与上部剪力墙有更好的协调性，该值可以取 1.0 或 1.5。

（9）对所有楼层强制采用刚性楼板假定 只有在计算结构的位移比和周期比的时候，才选择此项，在计算结构的内力和配筋时，不选。

（10）强制刚性楼板假定时保留弹性板面外刚度 选择此项时，程序在进行弹性板网格划分时自动实现梁、板边界变形协调，以保证计算的准确性。

（11）墙元侧向节点信息 这是墙元刚度矩阵凝聚计算的一个控制参数，程序强制为"出口"，即只把墙元因细分而在其内部增加的节点凝聚掉，四边上的节点均作为出口节点，使得墙元的变形协调性好，分析结果更符合剪力墙的实际。

（12）结构材料信息 按实际情况填写，程序会按相应的规范计算地震力和风荷载。

（13）结构体系 按实际情况填写。

（14）恒活荷载计算信息 这是竖向荷载计算控制参数，其含义如下：

1）不计算恒活荷载：不计算竖向荷载。

2）一次性加载：按一次加荷方式计算竖向荷载。

3）模拟施工加载 1：按模拟施工加荷方式计算竖向荷载。

4）模拟施工加载 2：按模拟施工加荷方式计算竖向荷载，同时在分析过程中将竖向构件（柱、墙）的轴向刚度放大十倍，以削弱竖向荷载按刚度的重分配。这样做将使得柱和墙上分得的轴力比较均匀，接近手算结果，传给基础的荷载更为合理。

5）模拟施工加载 3：比较真实地模拟结构竖向荷载的加载过程，即分层计算各层刚度后，再分层施加竖向荷载，采用这种方法计算出来的结果更符合工程实际。建议采用模拟施工加载 3。

（15）风荷载计算信息

1）不计算风荷载：任何风荷载均不计算。

2）计算水平风荷载：仅水平风荷载参与内力分析和组合，无论是否存在特殊风荷载数据。

3）计算特殊风荷载：仅特殊风荷载参与内力分析和组合。

4）计算水平和特殊风荷载：水平和特殊风荷载同时参与内力分析和组合。此选项只用于特殊情况，一般工程不建议采用。

（16）地震作用计算信息

1）不计算地震作用：对于不进行抗震设防的地区或者抗震设防烈度为 6 度时的部分结构，可选此项。

2）计算水平地震作用：计算 X、Y 两个方向的地震作用。

3）计算水平和规范简化方法竖向地震：按《建筑抗震设计规范》第 5.3.1 条规定的简化方法计算竖向地震。

4）计算水平和反应谱方法竖向地震：按竖向振型分解反应谱方法计算竖向地震。

（17）"规定水平力"的确定方法 主要计算位移比，倾覆力矩。

2. 风荷载信息

单击"风荷载信息"标签，"风荷载信息"选项卡如图 11-4 所示，共十一个参数。

1）地面粗糙度类别：分 A、B、C、D 四类，用于计算风压高度变化系数等。

2）修正后的基本风压：一般按照《建筑结构荷载规范》给出的 50 年一遇的风压采用。

3）X 向结构基本周期（s）：根据 SATWE 计算结果填写。

4）Y 向结构基本周期（s）：根据 SATWE 计算结果填写。

5）风荷载作用下结构的阻尼比（%）：程序会根据"结构材料信息"自动对此项赋值，一般不作修改。

6）承载力设计时风荷载效应放大系数：程序将直接对风荷载作用下的结构内力进行放大，不改变结构位移。

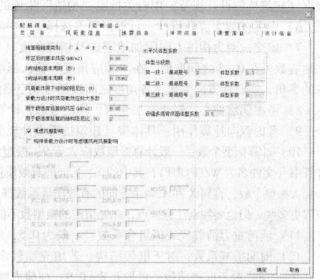

图 11-4　"风荷载信息"选项卡

7）用于舒适度验算的风压：高度≥150m 时考虑。

8）用于舒适度验算的结构阻尼比（%）：按《建筑抗震设计规范》取值。

9）考虑风振影响：选此项时，程序自动按照《建筑结构荷载规范》计算风振系数，否则不考虑风振系数。

10）构件承载力设计时考虑横风向风振影响：普通工程不用考虑。

11）水平风体形系数："体型分段数"定义结构体型变化分段，体型无变化填 1；"各段最高层号"按各分段内各层的最高层层号填写；高宽比不大于 4 的矩形、方形、十字形平面的"各段体形系数"取 1.3。

3. 地震信息

单击"地震信息"标签，"地震信息"选项卡如图 11-5 所示。

1）结构规则性信息：根据结构具体情况而定。

2）设防地震分组和设防烈度：按照《建筑抗震设计规范》具体规定选用。

3）场地类别：采用地质报告提供的场地类别。

4）混凝土框架、剪力墙、钢框架抗震等级：按照《建筑抗震设计规范》规定选用。

5）抗震构造措施的抗震等级：

图 11-5　"地震信息"选项卡

根据《建筑抗震设计规范》中有关抗震"构造"措施的抗震等级是提高还是降低选择。

6）中震（或大震）设计：可根据要求选择。

7）斜交抗侧力构件方向附加地震数及相应角度（度）：最多可允许附加 5 组地震。附加地震数可在 0 ~ 5 之间取值。在"相应角度"输入框填入各角度值，该角度是与 X 轴正方向的夹角，逆时针方向为正，各角度之间以逗号或空格隔开。

8）考虑偶然偏心：对于高层建筑，均应考虑，计算层间位移角时可以不考虑。

9）考虑双向地震作用：具体按《建筑抗震设计规范》执行。

10）计算振型个数：一般计算振型数应大于 9，振型组合数是否取值合理，可以看 SATWE 计算书（文件名为 WZQ. OUT），其中的 X、Y 向的有效质量系数是否大于 0.9。若小于 0.9，可逐步加大振型个数，直到 X 和 Y 两个方向的有效质量系数都大于 0.9 为止。多塔结构的计算振型数应取更多些。但也要特别注意一点，此处指定的振型数不能超过结构固有振型的总数。

11）活荷重力荷载代表值组合系数：一般为 0.5，用户可根据需要自行修改。

12）周期折减系数：对于框架结构，若填充墙较多，可取 0.6 ~ 0.7；填充墙较少，可取 0.7 ~ 0.8；对于框剪结构，可取 0.8 ~ 0.9；纯剪力墙结构可不折减。

13）结构的阻尼比（%）：对于一些常规结构，程序给出了隐含值，用户可通过这项菜单改变程序的隐含值。

14）特征周期 Tg（s）：可以通过《建筑抗震设计规范》确定，也可以根据具体需要来指定。

15）地震影响系数最大值：可以通过《建筑抗震设计规范》确定，也可以根据具体需要来指定。

16）用于 12 层以下规则混凝土框架结构薄弱层验算的地震影响系数最大值：仅用于 12 层以下规则混凝土框架结构薄弱层验算。

4. 活荷信息

单击"活荷信息"标签，"活荷信息"选项卡如图 11-6 所示。此选项卡是关于活荷载的信息的，若恒、活荷载不分开计算，此选项卡无效。

（1）柱、墙设计时活荷载是否折减　根据《建筑结构荷载规范》，有些结构在柱、墙设计时，可对承受的活荷载进行折减。

（2）传给基础的活荷载是否折减　在结构分析计算完成后，程序会输出一个名为"WDCNL. OUT"的组合内力文件，这是按照《建筑地基基础设计规范》要求给出的竖向构件的各种控制组合，活荷载作为一种工况，在荷载组合计算时，可进行折减。

（3）梁活荷载不利布置的最高层号　SATWE 软件有考虑梁

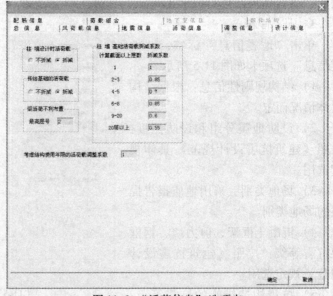

图 11-6　"活荷信息"选项卡

活荷载不利布置功能。若将此参数填 0，表示不考虑梁活荷载不利布置作用；若填一个大于零的数 NL，则表示从 1～NL 各层考虑梁活荷载的不利布置，而 NL＋1 层以上不考虑活荷载的不利布置，若 NL 等于结构的层数，则表示对全楼所有层都考虑活荷载的不利布置。

（4）柱、墙、基础活荷载折减系数　此处分 6 级给出了"计算截面以上的层数"和相应的折减系数，这些参数是根据《建筑结构荷载规范》给出的隐含值，用户可以修改。

5. 调整信息

单击"调整信息"标签，"调整信息"选项卡如图 11-7 所示。

（1）梁端负弯矩调幅系数
在竖向荷载作用下，钢筋混凝土框架梁设计允许考虑混凝土的塑性变形内力重分布，适当减少支座负弯矩，相应增大跨中正弯矩，梁端负弯矩调幅系数可在 0.8～1.0 范围内取值。

（2）梁活荷载内力放大系数　当考虑了活荷载不利布置时，此参数应填 1。

（3）梁扭矩折减系数　对于现浇楼板结构，当采用刚性楼板假定时，可以考虑楼板对梁抗扭的作用而对梁的扭矩进行折减。折减系数可在 0.4～1.0 范围内取值。若考虑楼板的弹性变形，梁的扭矩不应折减。

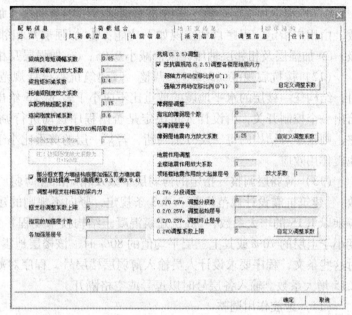

图 11-7　"调整信息"选项卡

（4）托墙梁刚度放大系数　针对梁式转换层结构，由于框支梁与剪力墙的共同作用，使框支梁的刚度增大。托墙梁刚度放大指与上部剪力墙及暗柱直接接触共同工作部分，托墙梁上部有洞口部分梁刚度不放大，此系数不调整，输入 1。

（5）实配钢筋超配系数　设计人员根据经验输入超配系数，程序根据该值自动调整配筋面积。

（6）连梁刚度折减系数　多、高层结构设计中允许连梁开裂，开裂后连梁的刚度有所降低，程序中通过连梁刚度折减系数来反映开裂后的连梁刚度。为避免连梁开裂过大，此系数不宜取值过小，一般不宜小于 0.55。剪力墙洞口间部分（连梁）也采用此参数进行刚度折减。

（7）梁刚度放大系数按 2010 规范取值和中梁刚度增大系数　选择"梁刚度放大系数按 2010 规范取值"后，程序自动按照梁翼缘尺寸和梁截面的相对尺寸确定，仅考虑对梁刚度的贡献，承载力设计时不考虑。程序中框架梁是按矩形部分输入截面尺寸并计算刚度的，对于现浇楼板，在采用刚性楼板假定时，楼板作为梁的翼缘，是梁的一部分，在分析中可用此系数来考虑楼板对梁刚度的贡献。梁刚度增大系数 BK 可在 1.0～2.0 范围内取值。

（8）部分框支剪力墙结构底部加强区剪力墙抗震等级自动提高一级（《高层建筑混凝土结构技术规程》表 3.9.3、表 3.9.4）：可根据需要进行选择。

（9）调整与框支柱相连的梁内力　《建筑抗震设计规范》要求对框支柱的地震作用弯矩、剪力进行调整。程序自动对框支柱的弯矩剪力作调整，由于调整系数往往很大，为了避免异常情况，程序给出一个控制开关，由设计人员决定是否对与框支柱相连的框架梁的弯矩剪力进行相应调整。

（10）框支柱调整系数上限　上限设为 5。

（11）指定加强层个数　指的是多遇地震下的薄弱层。加强层是新版 SATWE 新增的参数，由用户指定。程序自动实现如下功能：① 加强层及相邻层柱、墙抗震等级自动提高一级；② 加强层及相邻层轴压比限值减小 0.05；③ 加强层及相邻层设置约束边缘构件。

（12）按抗震规范（5.2.5）调整　《建筑抗震设计规范》第 5.2.5 条规定，抗震验算时，结构任一楼层的水平地震的剪重比不应小于表 5.2.5 给出的最小地震剪力系数 λ。程序给出一个控制开关，由设计人员决定是否由程序自动进行调整。若选择由程序自动进行调整，则程序对结构的每一层分别判断，若某一层的剪重比小于规范要求，则相应放大该层的地震作用效应。

（13）薄弱层调整　指定的薄弱层个数及相应的各薄弱层层号，薄弱层地震内力放大系数。《建筑抗震设计规范》第 3.4.3 条规定，竖向不规则的建筑结构，其薄弱层的地震剪力应乘以 1.15 的增大系数；《高层建筑混凝土结构技术规程》第 5.4.14 条规定，楼层侧向刚度小于上层的 70% 或其上三层平均值的 80% 时，该楼层地震剪力应乘以 1.15 增大系数。针对这些条文，程序要求设计人员输入薄弱层楼层号，程序对薄弱层构件的地震作用内力乘以 1.15 增大系数。输入各层号时以逗号或空格隔开。

（14）地震作用调整

1）全楼地震作用放大系数。这是地震力调整系数，可通过此参数来放大地震作用，提高结构的抗震安全度，其经验取值范围是 1.0 ~ 1.5。

2）顶塔楼地震作用放大起算层号和顶塔楼地震作用放大系数。设计人员可以通过这个系数来放大结构顶部塔楼的地震内力，若不调整顶部塔楼的内力，可将起算层号及放大系数均填为 0。当采用底部剪力法时，才考虑顶塔楼地震作用放大系数。（注：该系数仅放大顶部塔楼的地震内力，并不改变位移）。

（15）$0.2V_0$ 分段调整

1）$0.2/0.25V_0$ 调整分段数可根据要求填写。

2）$0.2/0.25V_0$ 调整起始层号和终止层号只对框剪结构中的框架梁、柱起作用，若不调整，这两个数均填 0。

3）$0.2V_0$ 调整系数上限。由于程序计算的调整系数可能很大，用户可设置调整系数的上限值。

6. 设计信息

单击"设计信息"标签，"设计信息"选项卡如图 11-8 所示。

1）结构重要性系数：由用户按规范取值。

2）梁、柱保护层厚度：指截面外边缘至最外层钢筋（箍筋、构造筋、分布筋等）外缘的距离。

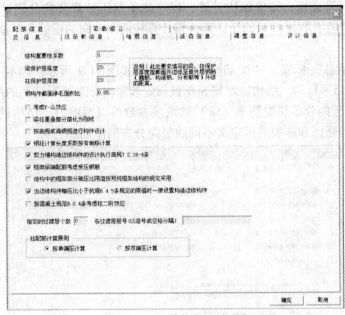

图 11-8　"设计信息"选项卡

3）钢构件截面净毛面积比：钢构件截面净面积与毛面积的比值。

4）考虑 P-Δ 效应：选择此项，程序将自动考虑重力二阶效应。

5）梁柱重叠部分简化为刚域：选择此项则程序将梁柱交叠部分作为刚域计算，否则将梁柱交叠部分作为梁的一部分计算。

6）按《高层建筑混凝土结构技术规程》或者《高层民用钢结构技术规程》进行构件设计：选择此项，程序按《高层建筑混凝土结构技术规程》进行荷载组合计算，按《高层民用钢结构技术规程》进行构件设计计算；否则，按多层结构进行荷载组合计算，按《钢结构设计规范》进行构件设计计算。

7）钢柱计算长度系数按有侧移计算：选择此项，钢柱的计算长度系数按有侧移计算；否则按无侧移计算。

8）剪力墙构造边缘构件的设计执行《高层建筑混凝土结构技术规程》7.2.16-4 条：可根据要求决定是否选择。

9）框架梁端配筋考虑受压钢筋：可根据《混凝土结构设计规范》11.3.1 条的要求决定是否选择。

10）结构中的框架部分轴压比限值按照纯框架结构的规定采用：根据《高层建筑混凝土结构技术规程》第 8.1.3 条，框架-剪力墙结构，底层框架部分承受的地震倾覆力矩的比值在一定范围内时，框架部分的轴压比需要按框架结构的规定采用。选择此项后，程序一律按纯框架结构的规定控制结构中框架的轴压比，除轴压比外，其余设计仍遵循框剪结构的规定。

11）当边缘构件轴压比小于《建筑抗震设计规范》6.4.5 条规定的限值时一律设置构造边缘构件：可根据要求决定是否选择。

12）按混凝土规范 B.0.4 条考虑柱二阶效应：可根据要求决定是否选择。

13）指定的过渡层个数及各过渡层层号：可根据具体情况填写。

14）柱配筋计算原则：按单偏压计算，程序按单偏压计算公式分别计算柱两个方向的配筋；按双偏压计算，程序按双偏压计算公式计算柱两个方向的配筋和角筋。

7. 配筋信息

单击"配筋信息"标签，"配筋信息"选项卡如图 11-9 所示。墙竖向分布筋配筋率（％），可取值 0.15~1.20。结构底部需要单独指定墙竖向分布筋配筋率的层数 NSW 和结构底部 NSW 层的墙竖向分布筋配筋率（％）这两项参数可以对剪力墙结构设定不同的竖向分布筋配筋率，如加强区和非加强区定义不同的竖向分布筋配筋率。

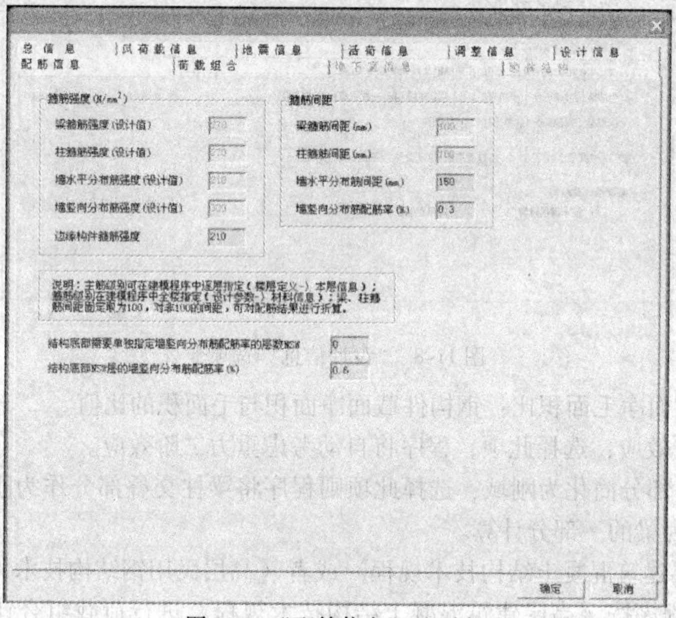

图 11-9 "配筋信息"选项卡

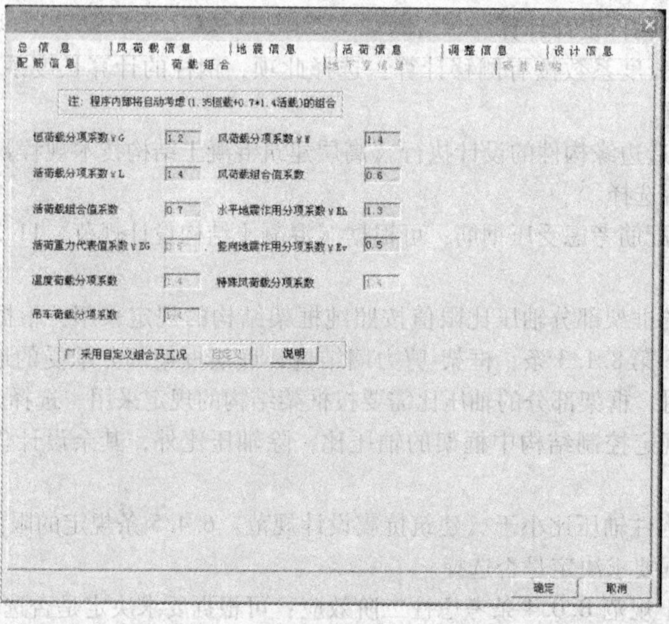

图 11-10 "荷载组合"选项卡

8. 荷载组合

单击"荷载组合"标签,"荷载组合"选项卡如图 11-10 所示,用户可直接对组合系数进行修改。如果选择"采用自定义组合及工况",程序出现一个对话框,用户可自定义荷载组合。程序在默认组合中自动判断用户是否定义了人防、温度、起重机和特殊风荷载,其中温度和起重机荷载分项系数与活荷载相同,特殊风荷载分项系数与风荷载相同。

9. 地下室信息

"地下室信息"选项卡中各参数含义如下:

1) 土层水平抗力系数的比例系数:该参数的算法即为土力学中的 M 法。M 取值范围:稍密及松散填土 5.4 ~ 6.0,中密 6.0 ~ 10,密实老填土 10 ~ 22。

2) 外墙分布筋保护层厚度(mm):在地下室外墙平面外配筋计算时用到此参数。

3) 回填土重度和回填土侧压力系数:这两个参数是用来计算地下室外围墙侧土压力的。

4) 室外地面附加荷载(kN/m^2):应考虑地面恒荷载和活荷载。

5) 室外地坪标高(m),地下水位标高(m):以结构 0.00 标高为准,高则填正值,低则填负值。

10. 砌体结构

单击"砌体结构"标签前,需把总信息中的结构材料信息改为"砌体结构"。"砌体结构"选项卡中参数含义如下:

1) 砌块类别:程序中考虑的砌块类别有烧结砖、蒸压砖、混凝土砌块三种。

2) 砌块重度(kN/m^3):这是用来计算砌块墙的自重的参数。

3) 构造柱刚度折减系数:通过这个参数可以有保留地考虑构造柱的作用。

4) 底部框架层数:底框结构必须填入底部框架层数,即参与 SATWE 内力分析和设计的层数。

5) 底框结构空间分析方法:接 PM 主菜单 8 的规范算法是接 PM 传递的上部结构的恒、活荷载与地震作用,然后仅对底框部分进行空间分析。

11.2.2　特殊构件补充定义

这是一项补充输入菜单,通过这项菜单,可补充定义特殊柱、特殊梁、弹性楼板单元、材料强度和抗震等级等信息。对于一个工程,经 PMCAD 的第 1、2 和 3 项菜单后,若需补充定义特殊柱、特殊梁、弹性楼板单元、材料强度和抗震等级等,可执行本项菜单,否则,可跳过这项菜单。

若经 PMCAD 的第 1 项菜单对一个工程的某一标准层的柱、梁布置作过增减修改,则应相应地修改该标准层的补充定义信息,而其他标准层的特殊构件信息无需重新定义,程序会自动保留下来。若结构标准层数发生变化,应重新执行本菜单进行补充定义,否则可能造成后面的计算出错。

单击"特殊构件补充定义",弹出图 11-11 所示窗口。

(1) 换标准层　用光标选取各标准层,则在屏幕的绘图区相应地显示该标准层的内容,上述标准层与 PMCAD 中定义的标准层是一致的。按 < Esc > 键可返回到前一级子菜单。

(2) 特殊梁　特殊梁包括不调幅梁、连梁、转换梁、铰接梁、滑动支座梁、门式钢梁、

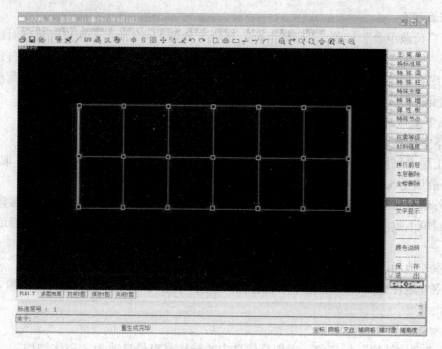

图 11-11 "特殊构件补充定义" 窗口

耗能梁和组合梁，各种特殊梁的含义及定义方法如下：

1）不调幅梁。"不调幅梁"是指在配筋计算时不作弯矩调幅的梁，程序对全楼的所有梁都自动进行判断，首先把各层所有的梁以轴线关系为依据连接起来，形成连续梁。然后，以墙或柱为支座，把两端都有支座的梁作为普通梁，以暗青色显示，在配筋计算时，对其支座弯矩及跨中弯矩进行调幅计算，把两端都没有支座或仅有一端有支座的梁（包括次梁、悬臂梁等）隐含定义为不调幅梁，以亮青色显示。用户可按自己的意愿进行修改定义，如想要把普通梁定义为不调幅梁，可用鼠标单击该梁，则该梁的颜色变为亮青色，表明该梁已被定义为不调幅梁了，反过来，若想把隐含的不调幅梁改为普通梁或想把定义错的不调幅梁改为普通梁，用鼠标单击该梁即可，则该梁的颜色为暗青色，此时该梁已被改为普通梁了。

2）连梁。"连梁"是指与剪力墙相连，允许开裂，可作刚度折减的梁。程序对全楼所有的梁都自动进行了判断，把两端都与剪力墙相连，且至少在一端与剪力墙轴线的夹角不大于 25°的梁隐含定义为连梁，以亮黄色显示，"连梁"的定义及修改方法与"不调幅梁"一样。

3）转换梁。"转换梁"是指框支转换大梁或托柱梁，程序没有隐含定义转换梁，需用户自定义，转换梁的定义及修改方法与"不调幅梁"相同，转换梁以亮白色显示，在设计计算时，程序自动按抗震等级放大转换梁的地震作用内力。

4）铰接梁。SATWE 软件中考虑了梁有一端铰接或两端铰接的情况，铰接梁没有隐含定义，需用户指定，单击需定义的梁，则该梁在靠近光标的一端出现一红色小圆点，表示梁的该端为铰接，若一根梁的两端都为铰接，需在这根梁上靠近其两端分别单击，则该梁的两端各出现一个红色小圆点。

5）滑动支座梁。SATWE 软件中考虑了梁有一端有滑动支座约束的情况，滑动支座梁没有隐含定义，需用户指定，用光标单击需定义的梁，则该梁在靠近光标的一端出现一白色小圆点，表示梁的该端为滑动支座。

6）门式钢梁。门式钢梁没有隐含定义，需用户指定，单击需定义的梁，则该梁的1/3长度以暗白色显示，表示该梁为门式钢梁。

7）耗能梁。耗能梁没有隐含定义，需用户指定，单击需定义的梁，则该梁的1/3长度以亮绿色显示，表示该梁为耗能梁。

8）组合梁。组合梁没有隐含定义，需用户指定。单击"组合梁"可进入下级菜单，首次进入此项菜单时，程序提示是否从PM数据自动生成组合梁定义信息，用户单击"确定"按钮后，程序自动判断组合梁，并在所有组合梁上标注"ZHL"，表示该梁为组合梁，用户可以通过右侧菜单查看或修改组合梁参数。组合梁信息记录在文件"ZHL.SAT"中，若想取消组合梁的定义，可简单地将该文件删除。

自动生成：恢复程序自动生成的组合梁信息，用户进行的定义将被删除，针对全楼；

定义/删除：定义和删除组合梁；

查询/修改：可查询或修改单根组合梁的参数；

本层删除：可删除所选择的组合梁，针对本层；

全楼删除：删除所有的组合梁，针对全楼；

9）抗震等级。单击此按钮可以定义梁的抗震等级。

10）材料强度。定义梁混凝土强度等级和梁钢号。

11）刚度系数。连梁刚度系数默认值取"连梁刚度折减系数"。

12）扭矩折减。扭矩折减系数的默认值为"梁扭矩折减系数"，但对于弧梁和不与楼板相连的梁不进行扭矩折减，默认值为1。

13）调幅系数。调幅系数的默认值为"梁端负弯矩调幅系数"。

注：在进行特殊梁定义时，不调幅梁、连梁和转换梁三者中只能进行一种定义，但门式钢梁、耗能梁和组合梁可以同时定义，也可以同时和前三种梁中的一种进行定义。

（3）特殊柱　特殊柱包括角柱、框支柱、上端铰接柱、下端铰接柱、两端铰接柱、框支柱和门式钢柱。这些特殊柱的定义方法如下：

1）上端铰接柱、下端铰接柱和两端铰接柱。SATWE软件中对柱考虑了有铰接约束的情况，用户单击需定义为铰接柱的柱，则该柱会变成相应颜色，其中上端铰接柱为亮白色，下端铰接柱为暗白色，两端铰接柱为亮青色。若想恢复为普通柱，只需在该柱上再单击一下，柱颜色变为暗黄色，表明该柱已被定义为普通柱了。

2）角柱。角柱没有隐含定义，用户需依次单击需定义成角柱的柱，则该柱旁显示"JZ"，表示该柱已被定义成角柱，若想把定义错的角柱改为普通柱，只需单击该柱即可，"JZ"标识消失，表明该柱已被定义为普通柱了。

3）转换柱。转换柱由用户自己定义。定义方法与"角柱"相同，转换柱标号为"ZHZ"。

4）门式钢柱。门式钢柱由用户自己定义。定义方法与"角柱"相同，门式钢柱标识为"MSGZ"。

5）水平转换。水平转换柱由用户自己定义。定义方法与"角柱"相同，水平转换柱标识为"SPZHZ"。

6) 抗震等级、材料强度、剪力系数由用户定义。

（4）特殊支撑

1) 两端固接。SATWE 软件对支撑考虑了两端固接约束情况，固接支撑的定义方法与"铰接梁"相同。

2) 铰接支撑。SATWE 软件对支撑考虑了有上端铰接、下端铰接或两端铰接约束情况，铰接支撑的定义方法与"铰接梁"相同。

3) 人/V 支撑。单击需定义为"人/V 支撑"的支撑，则其一半长度显示为亮青色，表示已被定义为"人/V 支撑"。

4) 十/斜支撑。定义方法与"人/V 支撑"相同，其一半长度显示为亮红色。

5) 水平转换。水平转换支撑的含义和定义方法与"水平转换柱"类似，以亮白色显示。

（5）特殊墙

1) 临空墙。当有人防层时此命令才可用。

2) 地下室外墙。程序自动搜索地下室外墙，并以白色标识。

3) 抗震等级、材料强度。可根据用户自己定义或规范要求填写。

4) 竖向配筋率。其默认值为参数"配筋信息"页"剪力墙竖向分布筋配筋率"，可以在此处指定单片墙的竖向分布筋配筋率。如当某边缘构件纵筋计算值过大时，可以在这里增加所在墙段的竖向分布筋配筋率。

5) 临空墙荷载。此项菜单可单独指定临空墙的等效静荷载，6 级及以上时默认值为 $110kN/m^2$，其余为 $210kN/m^2$。

6) 连梁刚度折减。可单独指定剪力墙洞口上方连梁的刚度折减系数，默认值为"调整信息"页"连梁刚度折减系数"。

（6）弹性板 弹性楼板是以房间为单元进行定义的，一个房间为一个弹性楼板单元。定义时，只需在某个房间内单击一下，则在该房间的形心处出现一个内带数字的小圆环，圆环内的数字为板厚（单位 cm），表示该房间已被定义为弹性楼板。在内力分析时将考虑房间楼板的弹性变形影响。修改时，仅需在该房间内再单击一下，则小圆环消失，说明该房间的楼板已不是弹性楼板单元。在平面简图上，小圆环内为 0 表示该房间无楼板或板厚为零（洞口面积大于房间面积一半时，则认为该房间无楼板）。弹性楼板单元分"弹性楼板 6""弹性楼板 3"和"弹性膜"三种。选择"弹性楼板 6"时，程序真实地计算楼板平面内和平面外的刚度；选择"弹性楼板 3"时，假定楼板平面内无限刚，程序仅真实地计算楼板平面外刚度；选择"弹性膜"时，程序真实地计算楼板平面内刚度，楼板平面外刚度不考虑（取为零）。

（7）特殊节点 通过这项菜单，可以输入节点附加质量，单位为"t"。

（8）抗震等级 单击"抗震等级"，弹出图 11-12 所示下拉菜单，在此菜单中先单击"梁/柱/墙/支撑"，然后输入抗震等级，并选择需修改的构件，则可把这些构件的抗震等级定义为刚输入的等级数。单击"本层删除"或"全楼删除"可恢复本层或全楼的默认值。

（9）材料强度 单击"材料强度"，弹出图 11-13 所示下拉菜单，屏幕显示本层的构件强度，并出现下一级菜单。用户可修改构件的材料强度，方法同"抗震等级"。本菜单的功能与 PM 第二步"强度等级"菜单的功能类似，但如果同时进行定义，则最终以本菜单定义的结果为准。

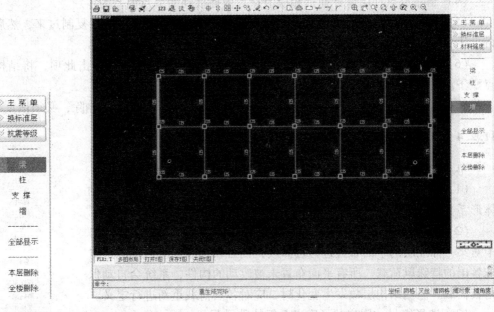

图 11-12 "抗震等级"
下拉菜单

图 11-13 "材料强度"下拉菜单

（10）拷贝前层　单击这项菜单可把在前一标准层中定义的特殊梁（不包括组合梁）、柱、支撑及弹性板信息按坐标对应关系复制到当前标准层，以达到减少重复操作的目的。

（11）本层删除或全楼删除　这两项菜单的功能是恢复本层或全楼的默认值。

（12）刚性板号　这项菜单的功能是以填充方式显示各块刚性楼板，以便于检查在弹性楼板定义中是否有遗漏。

11.2.3　温度荷载定义

单击"温度荷载定义"，弹出图 11-14 所示下拉菜单。

（1）指定自然层号（注意：此处为自然层，非标准层）　除第 0 层外，各层平面均为楼面。第 0 层对应首层地面。若在 PMCAD1 中对某一标准层的平面布置进行过修改，需相应修改该标准层对应各层的温度荷载。所有平面布置未被改动的构件，程序会自动保留其温度荷载。但当结构层数发生变化时，应对各层温度荷载重新进行定义。

注意：若不进行相应修改可能造成计算出错。

（2）指定温差　温差指结构某部位的当前温度值与该部位处于自然状态（无温度应力）时的温度值的差值，单位为℃。升温为正，降温为负。该对话框不需退出即可进行下一步操作，便于用户随时修改当前温差。

图 11-14 "温度荷载
定义"下拉菜单

（3）捕捉节点　用鼠标捕捉相应节点，被捕捉到的节点被赋予当前温差。未捕捉到的节点温差为零。若某节点被重复捕捉，则以最后一次捕捉时的温差值为准。

（4）删除节点　用鼠标捕捉相应节点，被捕捉到的节点温差为零。

（5）拷贝前层　当前层为第 I 层时，单击该项可将 I-1 温度荷载复制过来，然后在此基础上进行修改。

（6）全楼同温　如果结构统一升高或降低一个温度值，可以单击此项，将结构所有节点赋予温差。

（7）温荷全删　单击本项可将已有的所有楼层的温差定义全部删除，必须慎重。

11.2.4　特殊风荷载定义

单击"特殊风荷载定义"，弹出图 11-15 所示下拉菜单。

（1）屋面系数　可指定屋面层各斜面房间的迎风面、背风面的体形系数。

（2）自然层号　注意此处为自然层，非标准层。若在 PMCAD1 中对某一标准层的平面布置进行过修改，则必须相应修改该标准层对应各层的特殊风荷载。所有平面布置未被改动的构件，系统会自动保留其荷载。但当结构层数发生变化时，应对各层荷载重新进行定义。

（3）选择组号　用户共可定义 5 组特殊风荷载。

（4）定义梁或节点　输入梁或节点风力。节点水平力正向同整体坐标，竖向力及梁上均布力向下为正。若某构件被重复选择，则以最后一次选择时的荷载值为准。

（5）删除梁或节点　选择相应构件，该构件当前组号的特殊风荷载定义被删除。

（6）拷贝前层　当前层为第 I 层时，单击该项可将 I-1 层的特殊风荷载复制过来，然后在此基础上进行修改。注意：此时复制的仅为当前组号的荷载。其余组的荷载不会被复制。

图 11-15　"特殊风荷载定义"下拉菜单

（7）本组删除　单击本项可将所有楼层的当前组号的特殊风荷载定义全部删除，必须慎重。

（8）全部删除　单击本项可将所有楼层的所有组号的特殊风荷载定义全部删除，必须慎重。

11.2.5　多塔结构补充定义

单击"多塔结构补充定义"，弹出图 11-16 所示下拉菜单。

这是一项补充输入菜单，通过此菜单，可补充定义结构的多塔信息。对一个非多塔结构，可跳过此菜单，直接执行"生成 SATWE 数据文件及数据检查"菜单，程序隐含规定该工程为非多塔结构。对于多塔结构，若经 PMCAD 的主菜单 1 对一个工程的某一标准层布置作过修改，则应相应地修改（或复核一下）补充定义的多塔定义信息，其他标准层的多塔信息不变。若结构的标准层数发生变化，则多塔定义信息不被保留。

单击"多塔结构补充定义"菜单后，程序在屏幕上绘出结构首层平面简图。若以前执行过"多塔结构补充定义"菜单，则程序会提示："是否保留以前定义的多塔信息（是/＜Enter＞/否＜Esc＞)?"，若按＜Enter＞键则保留以前补充输入的多塔信息，若按＜Esc＞键，则删除以前补充输入的多塔信息。

（1）换层显示　通过此菜单可查看各个标准层。

（2）多塔平面　通过此菜单可复核各层多塔定义是否正确。

1）多塔定义。通过此菜单可定义多塔信息，单击此菜单后，程序要求用户在提示区输入定义多塔的起始层号、终止层号和塔数，然后程序要求用户以闭合折线围区的方法依次指定各塔的范围。建议把最高的塔命名为一号塔，次之为二号塔，依此类推。依次指定完各塔的范围后，程序再次让用户确认多塔定义是否正确，若正确可按＜Enter＞键，否则可按＜Esc＞键，再重新定义多塔。对于一个复杂工程，立面可能变化较大，可多次反复执行"多塔定义"菜单，来完成整个结构的多塔定义工作。

图 11-16　"多塔结构补充定义"下拉菜单

2）多塔检查。进行多塔定义时，要特别注意以下三条原则，否则会造成后续计算出错：任意一个节点必须位于某一围区内；每个节点只能位于一个围区内；每个围区内至少应有一个节点。也就是说，任意一个节点必须且只能属于一个塔，且不能存在空塔。为此，软件增加了"多塔检查"的功能，单击此菜单，系统会对上述三种情况进行检查并给出提示。

3）多塔删除。对定义的多塔结构进行删除。

（3）遮挡平面　通过此菜单可指定设缝多塔结构的背风面，从而在风荷载计算中自动考虑背风面的影响。遮挡定义方式与多塔定义方式基本相同，需要首先指定起始和终止层号以及遮挡面总数，然后用闭合折线围区的方法依次指定各遮挡面的范围，每个塔可以同时有几个遮挡面，但是一个节点只能属于一个遮挡面。定义遮挡面时不需要分方向指定，将该塔所有的遮挡边界以围区方式指定即可，也可以两个塔同时指定遮挡边界。

（4）多塔立面　通过这项菜单可显示多塔结构各塔的关联简图，还可显示或修改各塔的有关参数，其 1～6 项子菜单的功能是显示各层各塔的层高、梁、柱、墙和楼板的混凝土强度等级以及钢构件的钢号。通过第 7～11 项子菜单可修改底部加强部位、约束边缘、过渡层、加强层、薄弱层参数。

11.2.6　生成 SATWE 数据文件及数据检查

此菜单是 SATWE 前处理的核心，是 SATWE 的前处理向内力分析与配筋计算及后处理过渡的一项菜单，其功能是综合 PMCAD 的第 1、2、3 项菜单生成的数据和前述几项菜单输入的补充信息，将其转换成空间组合结构有限元分析所需的数据格式。不经过"生成 SAT-WE 数据文件及数据检查"，SATWE 的第二项主菜单功能无法正常执行。

单击"生成 SATWE 数据文件及数据检查"，弹出图 11-17 所示对话框，设置"保留用户自定义的柱、梁、支撑长度系数""保留用户自定义的水平风荷载"等信息。如果用户是第一次执行本菜单，或者先前没有执行过第 8～9 项菜单，直接单击"确定"按钮即可，否则可能造成后面出错。如果不是第一次执行本菜单，用户可以选择是否保留先前在第 8、9 项菜单修改的信息。需要特别注意的是，如果在 PM 中对结构的几何布置或楼层数等进行了修改，则此处前两项不能选择，必须重新生成长度系数、水平风荷载及人防荷载信息，否则会造成计算出错。

单击"确定"按钮后，程序将分两个步骤执行：首先生成 SATWE 数据文件，然后执行数据检查。

SATWE 生成的数据文件主要包括几何数据文件 STRU. SAT、竖向荷载数据文件 LOAD. SAT 和风荷载数据文件 WIND. SAT，同时，在接 PM 数据时，还生成一个名为 TOJLQ. SAT 的二进制文件供 SAT-WE 后处理调用。TOJLQ. SAT 文件存储的是 SATWE 数据结构与 PM 数据结构的对应关系。

数据检查功能包括两个方面，一是通过物理概念分析检查几何数据文件 STRU. SAT、竖向荷载数

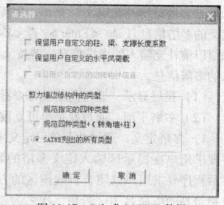

图 11-17　"生成 SATWE 数据
文件及数据检查"对话框

据文件 LOAD. SAT 和风荷载数据文件 WIND. SAT 的正确性，为用户输出名为 CHECK. OUT 的数检报告，供用户参考；二是对 STRU. SAT、LOAD. SAT 和 WIND. SAT 进行有关信息处理并作数据格式转换，生成名为 DATA. SAT 的二进制文件，供内力分析与配筋计算及后处理调用。

在数据检查过程中，如发现几何数据文件或荷载数据文件有错，会在数检报告中输出有关错误信息，用户可单击"查看数检报告"菜单查阅数检报告中的有关信息。

对于一个工程，方案修改是经常的，凡是经 PMCAD 的第 1、2 项菜单，或前述几项菜单采用交互方式对工程的几何布置或荷载信息作过修改的，都要经过这项菜单重新生成 SATWE 的几何数据文件和荷载数据文件，并最终转换生成 DATA. SAT 文件。

11. 2. 7　修改构件计算长度系数

单击"修改构件计算长度系数"，弹出图 11-18 所示窗口，程序在屏幕上显示隐含计算

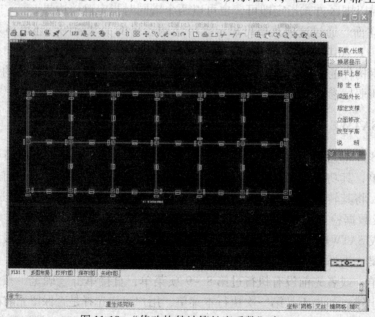

图 11-18　"修改构件计算长度系数"窗口

的柱、支撑计算长度系数及梁面外长，用户可根据工程的实际情况进行交互修改。

1）换层显示和显示上层：用来进行换层操作。

2）指定柱：按系统提示输入两个方向的长度系数，然后选择需要进行修改的柱，可单击或者窗选，则柱的长度系数被修改。

3）梁面外长：可修改指定梁的面外长度。

4）指定支撑：可修改支撑计算长度系数。

5）立面修改：单击图面即生成立面图，然后进行修改。

退出本菜单后，即可执行 SATWE 主菜单 2 结构内力和配筋计算，不需要再执行"生成 SATWE 数据及数据检查"。

如果需要恢复程序隐含计算的长度系数，可再执行一遍"生成 SATWE 数据及数据检查"，并选择不保留用户自定义的支撑长度系数，此时用户在本菜单定义的数据将被删除。

注意：如果用户需要保留在本菜单中修改的长度系数数据，以后每次执行"生成 SAT-WE 数据及数据检查"时，都应选择"保留用户自定义的柱、梁、支撑长度系数"，否则自定义的数据将被删除。但如果在 PM 中对结构的几何布置或层数进行了修改，则不可保留用户自定义的长度系数，需要重新生成数据后再进行修改。

11. 2. 8　水平风荷载查询/修改

单击"水平风荷载查询/修改"，弹出图 11-19 所示下拉菜单。

用户执行"生成 SATWE 数据及数据检查"后，系统会自动导算出水平风荷载用于后续的计算。如果用户认为系统自动导算的风荷载有必要修改，可在本菜单中查看并修改。

进入本菜单后，系统首先显示首层的风荷载，其中刚性楼板上的荷载以红色显示，弹性节点上以白色显示。用户可以通过右侧的"换层显示"和"显示上层"菜单进行换层操作；要修改荷载，则首先点"修改荷载"菜单，然后选中需要修改的荷载（注意，需要点中三角或圆形标志），在弹出的对话框中进行修改即可。

图 11-19　"水平风荷载查询/修改"下拉菜单

退出本菜单后，即可执行 SATWE 主菜单 2 结构内力和配筋计算，不需要再执行"生成 SATWE 数据及数据检查"。

如果需要恢复系统自动导算的风荷载，可再执行一遍"生成 SATWE 数据及数据检查"，并选择不保留用户自定义的水平风荷载，此时系统将重新生成风荷载数据。

注意，如果用户需要保留在本菜单中的风荷载数据，以后每次执行"生成 SATWE 数据及数据检查"时，都应选择"保留用户自定义的水平风荷载"，否则自定义的数据将被删除。但如果在 PM 中对结构的几何布置或层数进行了修改，则不可保留用户自定义的风荷载，需要重新生成数据后再进行修改。

11. 2. 9　SATWE 前处理的注意事项

（1）按结构原型输入　尽量按结构原型输入，不要把基于薄壁柱理论的软件对结构所作的简化带过来，该是什么构件，就按什么构件输入。如符合梁的简化条件，就按梁输入，符合柱或异形柱条件的，就按柱或异形柱输入，符合剪力墙条件的，就按（带洞）剪力墙输入，没有楼板的房间，要将其板厚改成 0.0mm。

（2）轴网输入　为适应 SATWE 数据结构和理论模型的特点，建议用户在使用 PMCAD 输入高层结构数据时，注意如下事项：尽可能地发挥"分层独立轴网"的特点，将各标准层不必要的网格线和节点删掉；可充分发挥柱、梁墙布置可带有任意偏心的特点，尽可能避免近距离的节点。

（3）柱、梁的截面形式及材料　SATWE 对柱梁的截面形式及材料基本上没有限制。

（4）板-柱结构的输入　在采用 SATWE 软件进行板-柱结构分析时，由于 SATWE 软件具有考虑楼板弹性变形的功能，可用弹性楼板单元较真实地模拟楼板的刚度和变形。对于板-柱结构，在 PMCAD 交互式输入中，在以前需输入等带梁的位置上，布置截面尺寸为 100mm×100mm 的矩形截面虚梁。这里布置虚梁的目的有两点，一是为了 SATWE 软件在接 PMCAD 前处理过程中能够自动读到楼板的外边界信息；二是为了辅助弹性楼板单元的划分。

（5）厚板转换层结构的输入　SATWE 对转换层厚板采用"平面内无限刚，平面外有限刚"的假定，用中厚板弯曲单元模拟其平面外刚度和变形。在 PMCAD 的交互式输入中，和板-柱结构的输入要求一样，也要布置 100mm×100mm 的虚梁，要充分利用本层柱网和上层柱、墙节点（网格）布置虚梁。此外，层高的输入有所改变，将厚板的板厚均分给与其相邻两层的层高，即取与厚板相邻的两层的层高分别为其净空加上厚板的一半厚度。

（6）错层结构的输入　对于框架错层结构，在 PMCAD 数据输入中，可通过给定梁两端节点高，来实现错层梁或斜梁的布置，SATWE 前处理菜单会自动处理梁柱在不同高度的相交问题。对于剪力墙错层结构，在 PMCAD 数据输入中，结构层的划分原则是"以楼板为界"，如图 11-20 所示，底盘错层部分（图中画虚线的部分）被人为地分开，这样底盘虽然只有两层，但要按三层输入。涉及错层因素的构件只有柱和墙，用户判断柱和墙是否错层的原则是：既不和梁相连，又不和楼板相连。所以，在错层结构的数据输入中，一定要注意，错层部分不可布置

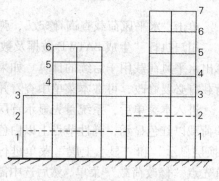

图 11-20　错层结构示意图

楼板。由于在 SATWE 的数据结构中，多塔结构允许同一层的各塔有其独立的层高，所以可按非错层结构输入，只是在"多塔、错层定义"时要给各塔赋予不同的层高。这样数据输入效率和计算效率都很高。

11.3　结构内力与配筋计算

单击"结构内力，配筋计算"，弹出图 11-21 所示对话框。结构内力，配筋计算是 SATWE 的核心功能，多、高层结构分析的主要计算工作都在这里完成。整个计算过程分为六步，由六个参数控制，各步之间相互独立，可以依次连续计算，也可以分步计算，用户可灵活控制，如在方案修改时，仅改动了荷载信息，则可不用重复进行总刚计算。

（1）层刚度比计算　"剪切刚度"是按 GB 50011—2010《建筑抗震设计规范》第 6.1.14 条文说明中给出的方法计算；"剪弯刚度"是按有限元方法，通过加单位力来计算

的；"地震剪力与地震层间位移的比"
是按 GR 50011—2010《建筑抗震设计规
范》第 3.4.3 条文说明中给出的。

（2）地震作用分析方法　"侧刚分
析方法"是指按侧刚模型进行结构振动
分析；"总刚分析方法"是指按总刚模
型进行结构振动分析。当结构中各楼层
均采用刚性楼板假定时可采用"侧刚分
析方法"；其他情况，如定义了弹性楼
板或有较多的错层构件时，建议采用
"总刚分析方法"。

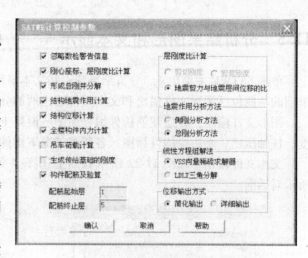

图 11-21　SATWE 计算控制参数

（3）线性方程组解法　"VSS 向量
稀疏求解器"是一种大型稀疏对称矩阵
快速求解方法；"LDLT 三角分解"是通
常所用的三角求解方法。

（4）位移输出方式　"简化输出"是在 WDISP. OUT 文件中仅输出各工况下结构的楼层
最大位移值，不输出各节点的位移信息，按总刚模型进行结构的振动分析，在 WZQ. OUT 文
件中仅输出周期、地震力，不输出各振型信息；"详细输出"则是在前述的输出内容基础
上，在 WDISP. OUT 文件中还输出各工况下每个节点的位移，在 WZQ. OUT 文件中还输出各
振型下每个节点的位移。

（5）吊车荷载计算　计算起重机荷载作用。

（6）生成传给基础的刚度　使上部结构刚度与基础共同工作。

（7）构件配筋及验算　按现行规范进行荷载组合、内力调整，然后计算钢筋混凝土构
件梁、柱、墙的配筋。程序按选择的"配筋起始层"和"配筋终止层"进行构件的配筋、
验算，但第 1 次计算时，必须计算整层即所有层都要选择，第 2 次以后就可以按需要选
择了。

对于带有剪力墙的结构，程序自动生成边缘构件，并可以在边缘构件配筋简图中，或在
边缘构件的文本文件 SATBMB. OUT 中查看边缘构件的配筋结果。

对于 12 层以下的混凝土矩形柱纯框架结构，程序将自动用简化的方法进行弹塑性位移
验算和薄弱层验算，并可在 SAT – K. OUT 文件中查看计算结果。

确定好各项计算控制参数后，可单击"确认"按钮开始进行结构分析，若不想进行计
算，可单击"取消"按钮返回前菜单。

11.4　PM 次梁内力与配筋计算

此菜单的功能是将在 PMCAD 中输入的次梁按"连续梁"简化力学模型进行内力分析，
并进行截面配筋设计。在 SATWE 配筋简图中将把次梁和 SATWE 计算的梁共同显示在一张
图上以便统一查看。在接 PK 绘梁的施工图时，主次梁统一处理，和主梁一起出施工图，从
而达到简化用户操作的目的。

11.5　分析结果图形和文本显示

单击 SATWE 主菜单 4 "分析结果图形和文本显示",弹出如图 11-22 所示对话框,该菜单项的功能包括图形文件输出和文本文件输出两部分。

图形文件输出:各层配筋构件编号简图、混凝土构件配筋及钢构件验算简图、梁弹性挠度、柱轴压比、墙边缘构件简图、各荷载工况下构件标准内力简图等。

文本文件输出:在图 11-22 所示界面上选择 "文本文件输出",则屏幕显示如图 11-23 所示对话框。

图 11-22　"图形文件输出" 对话框

图 11-23　"文本文件输出" 对话框

11.6　与 PK、JLQ 连接绘制梁柱、剪力墙施工图

PKPM 结构设计系统的空间有限元计算软件 SATWE、多高层建筑三维分析软件 TAT 和特殊多高层计算软件 PMSAP 计算完成以后,可以接力运行完成梁柱的施工图设计。此功能由 PKPM 主菜单的第 7 项 "梁柱施工图" 完成。这时计算配筋取自 TAT、SATWE 或 PMSAP,绘图能力扩大到 TAT 或 SATWE 的计算规模。软件提供多种梁柱施工图画法,有梁柱的立面、剖面详图画图方式、平面整体表示方法。这时可在整栋建筑的任意层挑选要画图的柱或梁。软件还提供可挑选任一轴线的框架按照框架整榀画图的方式画图。绘图操作前应对全楼的梁柱作归并计算。

剪力墙的施工图设计需要由 S4 模块中的剪力墙计算机辅助设计软件 JLQ 完成。JLQ 使用 PM-CAD 生成的结构布置数据和多、高层计算软件 TAT、SATWE 或 PMSAP 分析得出的剪力墙配筋数据，通过归并整理与智能分析，并经人机交互操作形成剪力墙结构或框-剪结构的施工图。

11.7　SATWE 应用实例

本节仍然通过第 10 章框架-剪力墙结构的实例详细说明 SATWE 空间组合结构有限元分析与设计的过程。具体操作步骤如下：

1）选择 SATWE 主菜单 1 "接 PM 生成 SATWE 数据"，单击"应用"按钮，选择"1. 分析与设计参数补充定义"，单击"应用"按钮，分别将 10 个分项的内容按实际情况填写，然后单击"确定"按钮。

2）选择"6. 生成 SATWE 数据文件及数据检查"，单击"应用"按钮，在弹出的界面中选择"SATWE 列出的所有类型"，单击"确定"按钮。检查完毕自动退回到 SATWE 主菜单 1 的窗口，单击"退出"按钮。

3）选择 SATWE 主菜单 2 "结构内力，配筋计算"，单击"应用"按钮，在弹出的界面中选择"生成传给基础的刚度"，其他采用默认值。单击"确定"按钮，程序即自动进行结构内力及配筋的计算。

4）选择 SATWE 主菜单 4 "分析结果图形和文本显示"，单击"应用"按钮，弹出如图 11-22 所示对话框。

① 单击"各层配筋构件标号简图"，可以查看各层构件编号，如图 11-24 所示。

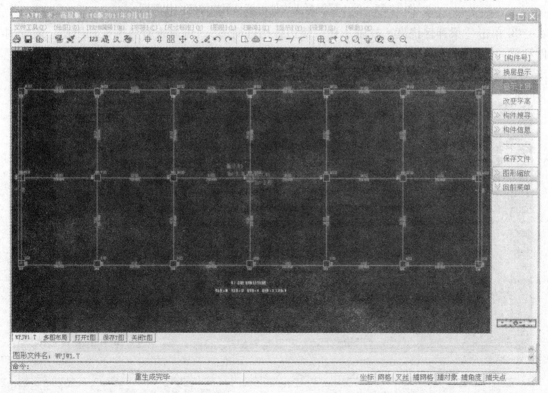

图 11-24　第 1 层构件编号简图

② 单击"混凝土构件配筋及钢构件验算简图"，可以查看各层混凝土构件配筋及钢构件应力比，如图 11-25 所示。

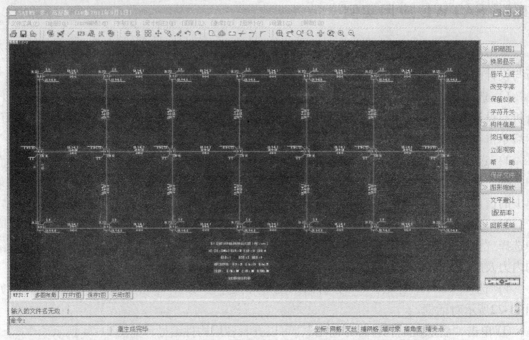

图 11-25　第1层混凝土构件配筋及钢构件应力比简图

③ 单击"梁弹性挠度、柱轴压比、墙边缘构件简图"，可以查看各层柱轴压比、边缘构件和梁弹性挠度，如图 11-26 ~ 图 11-28 所示。

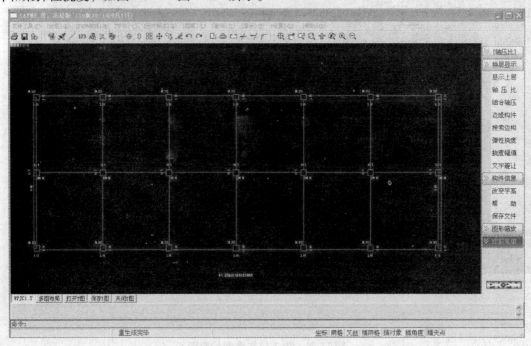

图 11-26　第1层柱轴压比

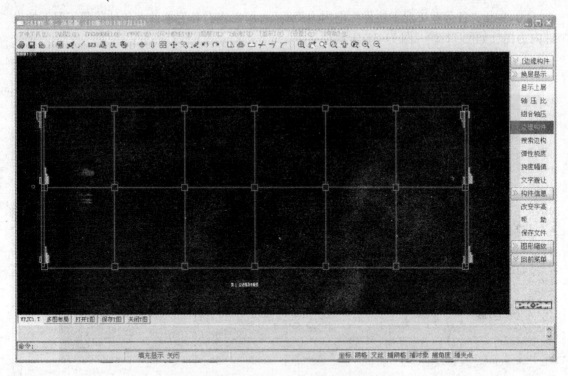

图 11-27　第 1 层边缘构件简图

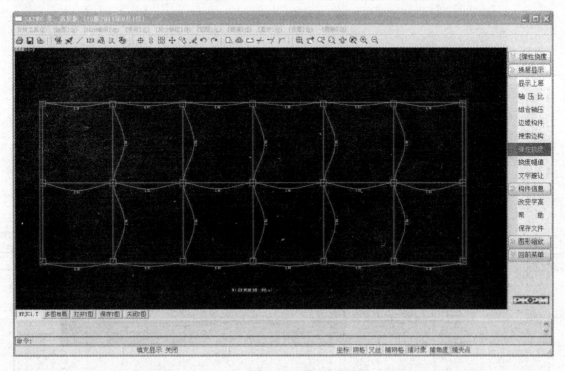

图 11-28　第 1 层梁弹性挠度简图

④ 单击"各荷载工况下构件标准内力简图",可以查看各层构件在各种荷载工况下的设计内力图,如图 11-29～图 11-31 所示。

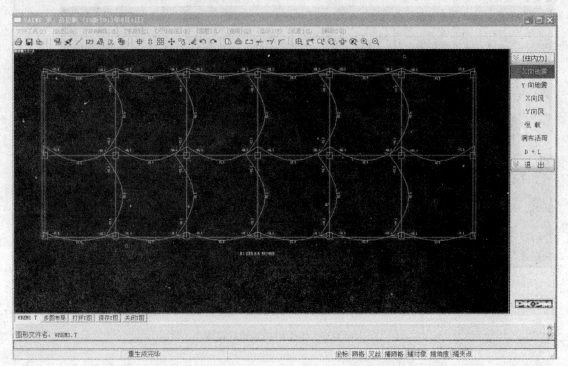

图 11-29 第 1 层梁在恒荷载作用下弯矩简图

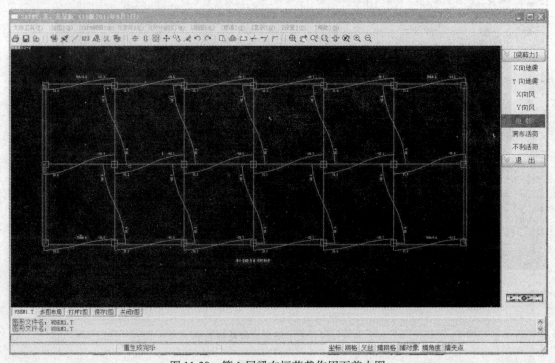

图 11-30 第 1 层梁在恒荷载作用下剪力图

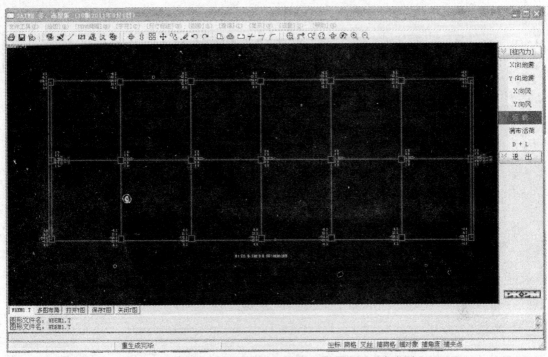

图 11-31　第 1 层柱、墙、支撑在恒荷载作用下内力图

⑤ 单击"梁设计内力包络图",可以查看各层梁的弯矩、剪力包络图,如图 11-32、图 11-33 所示。

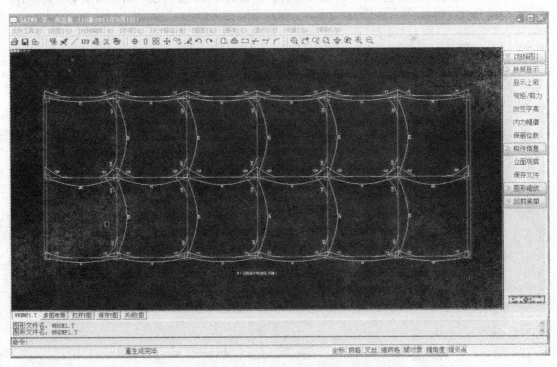

图 11-32　第 1 层梁截面设计弯矩包络图

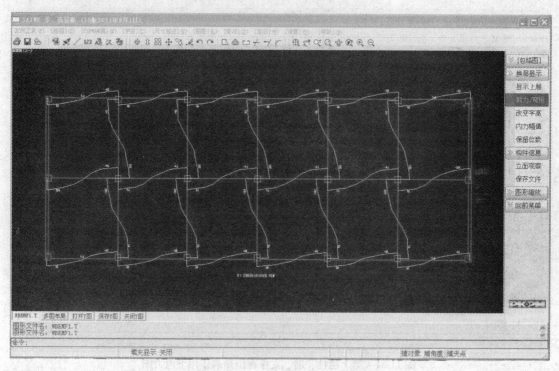

图 11-33　第 1 层梁截面设计剪力包络图

⑥ 单击"梁设计配筋包络图"，可以查看各层梁的主筋/箍筋包络图，如图 11-34 所示。

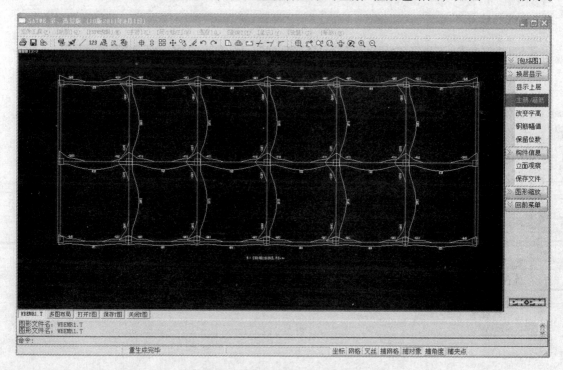

图 11-34　第 1 层梁各截面设计主筋/箍筋包络图

本 章 小 结

　　SATWE 是专门为高层结构分析与设计而研制的空间组合结构有限元分析软件。SATWE 的核心工作就是要解决剪力墙和楼板的模型化问题，尽可能地减小其模型化误差，使多、高层结构的简化分析模型尽可能地合理，更好地反映出结构的真实受力状态。

复 习 题

　　1. SATWE 可实现哪些基本功能？

　　2. SATWE 的主要操作过程有哪些？

　　3. SATWE 前处理菜单都包括哪几项内容？

　　4. "地震信息" 选项卡中的参数如何设置？

本门课程的学习，同学们应掌握用计算机辅助结构设计的基本能力，包括用 SATWE 进行多高层结构的建模和数据的录入问题。考虑如何用框架、剪力墙、简体等进行合理的结构布置，同时还应掌握如何分析多高层结构的计算结果等内容。

1. SATWE 的主要功能和基本功能
2. SATWE 的主要操作步骤及方法

第 12 章

基础工程计算机辅助设计软件——JCCAD

JCCAD 软件是建筑工程的基础设计软件。主要功能如下：

（1）适应多种类型基础的设计　可设计的独立基础的形式包括倒锥形、阶梯形，现浇或预制杯口基础，单柱、双柱、或多柱的联合基础；条形基础包括砖条形基础、毛石条形基础、钢筋混凝土条形基础（可带下卧梁）、灰土条形基础、混凝土条形基础及钢筋混凝土毛石条形基础；筏形基础的梁肋可朝上或朝下；桩基础包括预制混凝土方桩、圆桩、钢管桩、水下冲（钻）孔桩、沉管灌注桩、干作业法桩和各种形状的单桩或多桩承台。

（2）接力上部结构模型　基础程序首先自动读取上部结构中与基础相连的各层柱、墙、支撑布置信息（包括异形柱、劲性混凝土截面柱和钢管混凝土柱），并可在基础交互输入和基础平面施工图中绘制出来。

（3）接力上部结构计算生成的荷载　自动读取多种 PKPM 上部结构分析程序传递下来的各种工况荷载标准值。有平面荷载（PMCAD 建模中导算的荷载或砌体结构建模中导算的荷载）、SATWE 荷载、TAT 荷载、PMSAP 荷载、PK 荷载等。此外软件还能够提取利用 PK-PM 柱施工图软件生成的柱钢筋数据，用来画基础柱的插筋。

（4）将读入的各荷载工况标准值按照不同的设计需要生成各种类型荷载组合　在计算地基承载力或桩基承载力时采用荷载的标准组合；在进行基础抗冲切、抗剪、抗弯、局部承压计算时采用荷载的基本组合；在进行沉降计算时采用准永久组合；在进行正常使用阶段的挠度、裂缝计算时取标准组合和准永久组合。软件在计算过程中会识别各组合的类型，自动判断是否适合当前的计算内容。

（5）考虑上部结构刚度的计算　《建筑地基基础设计规范》等规定，在多种情况下基础的设计应考虑上部结构和地基的共同作用。JCCAD 软件能够较好地实现上部结构、基础与地基的共同作用。JCCAD 程序对地基梁、筏板、桩筏等整体基础，可采用上部结构刚度凝聚法、上部结构刚度无穷大的倒楼盖法、上部结构等代刚度法等多种方法考虑上部结构对基础的影响，其主要目的就是控制整体性基础的非倾斜性沉降差，即控制基础的整体弯曲。

（6）提供多样化、全面的计算功能，满足不同需要　对于整体基础的计算，软件提供多种计算模型，如交叉地基梁既可采用文克尔模型（即普通弹性地基梁模型进行分析），又可采用考虑土壤之间相互作用的广义文克尔模型进行分析。筏形基础既可按弹性地基梁有限元法计算，也可按 Mindlin 理论的中厚板有限元法计算，还可按一般薄板理论的三角板有限元法分析。筏板的沉降计算提供了规范的假设附加压应力已知的方法和刚性底板假定、附加应力为未知的两种计算方法。

（7）设计功能自动化、灵活化　对于独立基础、条形、桩承台等，软件可按照规范要求及用户交互填写的相关参数自动完成全面设计，包括不利荷载组合选取、基础底面积计算、按冲切计算结果生成基础高度、碰撞检查、基础配筋计算和选择配筋等功能。对于整体基础，软件可自动调整交叉地基梁的翼缘宽度、自动确定筏形基础中梁的翼缘宽度。同时软件还允许用户修改已生成的相关结果，并提供按用户干预重新计算的功能。

（8）完整的计算体系　对各种基础形式可能需要依据不同的规范、采用不同的计算方法，但是无论是哪一种基础形式，软件都提供承载力计算、配筋计算、沉降计算、冲切抗剪计算、局部承压计算等全面的计算功能。

（9）辅助计算设计　这方面软件提供各种即时计算工具，辅助用户建模、校核。

（10）提供大量简单实用的计算模式　针对基础设计中不同方面的内容，结合多年用户的工程应用，给出若干简单实用合理的计算设计方案。

（11）导入 AutoCAD 各种基础平面图辅助建模　对于地质资料输入和基础平面建模等工作，软件提供以 AutoCAD 的各种基础平面图为底图的参照建模方式。软件自动读取转换 AutoCAD 的图形格式文件，操作简便，充分利用周围数据接口资源，提高工作效率。

（12）施工图辅助设计　可以完成软件中设计的各种类型基础的施工图，包括平面图、详图及剖面图。施工图管理风格、绘制操作与上部结构施工图相同。软件依据《制图标准》、《建筑工程设计文件编制深度规定》、《设计深度图样》等相关标准。对于地基梁提供了立剖面表示法、平面表示法等多种方法，还提供了参数化绘制各类常用标准大样图功能。

（13）地质资料的输入　提供直观快捷的人机交互方式输入地质资料，充分利用勘察设计单位提供的地质资料，完成基础沉降计算和桩的各类计算。

（14）基础计算工具箱　工具箱提供有关基础的各种计算工具，包括地基验算、基础构件计算、人防荷载计算、人防构件计算等。工具箱是脱离基础模型单独工作的计算工具，也是基础工程设计过程中必备的手段。

JCCAD 操作界面如图 12-1 所示，JCCAD 主菜单有 9 个菜单项，即 9 个子菜单，协同完成基础工程的计算机辅助设计工作。

图 12-1　JCCAD 主菜单

12.1　地质资料的输入

地质资料是建筑物场地地基状况的描述，是基础设计的重要信息。JCCAD 进行基础设计时，用户必须提供建筑物场地的各个勘测孔的平面坐标、竖向土层标高和各个土层的物理力学指标等信息，此类信息应在地质资料文件（内定扩展名为 .dz）中描述清楚。地质资料可通过人机交互方式生成，也可用文本编辑工具直接填写。

"JCCAD"以用户提供的勘测孔的平面位置自动生成平面控制网格，并以形函数插值方法自动求得基础设计所需的任一处的竖向各土层的标高和物理力学指标，并可形象地观察平面上任意一点和任意竖向剖面的土层分布和土层的物理力学参数。

由于不同基础类型对土的物理力学指标有不同要求，JCCAD 将地质资料分为两类：有桩地质资料和无桩地质资料。有桩地质资料需要每层土的压缩模量、重度、土层厚度、状态参数、内摩擦角和粘聚力等六个参数；而无桩地质资料只需每层土的压缩模量、重度、土层厚度等三个参数。

单击 JCCAD 主菜单 1 "地质资料的输入"，屏幕弹出图 12-2 所示 "选择地质资料文件" 对话框，输入要打开的地质资料文件名或将要建立的地质资料文件名，单击 "打开" 按钮，屏幕弹出图 12-3 所示的下拉菜单。

图 12-2　"选择地质资料文件"对话框　　　　　　　图 12-3　"输入地质资料"下拉菜单

（1）土参数　用于设定各类土的物理力学指标。单击 "土参数"，弹出图 12-4 所示 "默认土参数表" 窗口，表中列出了 19 类岩土的类别号、名称、压缩模量、重度、内摩擦角、粘聚力、状态参数和状态参数含义的默认值，允许用户修改。修改后，单击 "OK" 按钮使修改数据有效。

土名称	压缩模量	重度	摩擦角	粘聚力	状态参数	状态参数含义
（单位）	(MPa)	(KN/M3)	(度)	(KPa)		
1 填土	10.00	20.00	15.00	0.00	1.00	(定性/-IL)
2 淤泥	2.00	16.00	5.00	5.00	1.00	(定性/-IL)
3 淤泥质土	3.00	16.00	2.00	5.00	1.00	(定性/-IL)
4 粘性土	10.00	18.00	5.00	10.00	0.50	(液性指数)
5 红粘土	10.00	18.00	5.00	0.00	0.20	(含水量)
6 粉土	10.00	20.00	15.00	2.00	0.20	(孔隙比e)
71 粉砂	12.00	20.00	15.00	0.00	25.00	(标贯击数)
72 细砂	31.50	20.00	15.00	0.00	25.00	(标贯击数)
73 中砂	35.00	20.00	15.00	0.00	25.00	(标贯击数)
74 粗砂	39.50	20.00	15.00	0.00	25.00	(标贯击数)
75 砾砂	40.00	20.00	15.00	0.00	25.00	(标贯击数)
76 角砾	45.00	20.00	15.00	0.00	25.00	(标贯击数)
77 圆砾	45.00	20.00	15.00	0.00	25.00	(标贯击数)
78 碎石	50.00	20.00	15.00	0.00	25.00	(标贯击数)

图 12-4　"默认土参数表"窗口

提示：

1）软件对各种类别的土进行了分类，并约定了类别号。

2）无桩基础只需压缩模量参数，不需要修改其他参数。

3）所有土层的压缩模量不得为零。

（2）标准孔点　用于生成土层参数表——描述建筑物场地地基土的总体分层信息，作为生成各个勘察孔柱状图的地基土分层数据的模块。每层土的参数包括层号、土名称、土层厚度、极限侧摩擦力、极限桩端阻力、压缩模量、重度、内摩擦角、粘聚力和状态参数等10 个信息。

首先用户应根据所有勘探点的地质资料，将建筑物场地地基土统一分层。分层时，可暂不考虑土层厚度，把土层其他参数相同的土层视为同层。再按实际场地地基土情况，从地表面起向下逐一编制土层号，形成地基土分层表。这个孔点可以作为输入其他孔点的"标准孔点"土层。

单击"标准孔点"，弹出图 12-5 所示"土层参数表"窗口，列出了已有的或初始化的土层参数表。某层土的参数输完后，可通过"添加"按钮输入其他层的参数，也可用"插入""删除"按钮进行土层的调整。

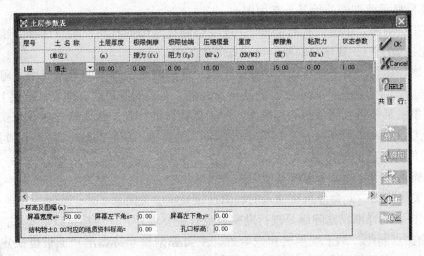

图 12-5　"土层参数表"窗口

（3）输入孔点　单击"输入孔点"，用户可用光标依次输入各孔点的相对位置（相对于屏幕左下角点）。孔点的精确定位方法同 PM。一旦孔点生成，其土层分层数据自动读取"土层布置"菜单中"土层参数表"的内容。

（4）复制孔点　用于土层参数相同勘察点的土层设置。也可以将对应的土层厚度相近的孔点用该菜单进行输入，然后再编辑孔点参数。

（5）删除孔点　用于删除多余的勘测点。

（6）单点编辑　单击要编辑的孔点，弹出"孔点土层参数表"对话框。对话框包括"标高及图幅"和"土层参数表"两部分内容。"标高及图幅"中的孔口标高、探孔水头标高、孔口坐标（X，Y）以及"土层参数表"中的每一土层的土层底标高，各土层物理参数都可修改。同时，可用"删除"按钮删除某层土，用"Undo"按钮恢复删除的土层。

（7）动态编辑　单击"动态编辑"，弹出图12-6所示下拉菜单。

1）剖面类型：单击"剖面类型"后，单击鼠标右键，就会显示土参数剖面图。

2）孔点编辑：单击"孔点编辑"进入孔点编辑状态，将鼠标移动到要编辑的土层上，土层会动态加亮显示，表示当前操作是对土层操作，如土层添加、土层参数编辑、土层删除。

3）标高拖动：单击"标高拖动"进入孔点土层标高拖动修改状态，这时用户可以拾取土层的顶标高进行拖动来修改土层的厚度。

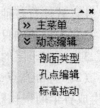

图12-6　"动态编辑"下拉菜单

（8）点柱状图　用于观看场地上任何点的土层柱状图。进入此菜单后，连续单击平面位置的点，按<Esc>键退出后，将显示这些点的土层柱状图。注意：

1）单击土层柱状图时，如取点为非孔点，提示区中虽然会显示"特征点未选中"，但选取仍有效。该点的参数取周围节点的差值结果。

2）土柱状图右边四级菜单"桩承载力"和"沉降计算"是为特殊需要而设计的。一般在选择桩形式时可以用其作单桩承载力的估算。

（9）土剖面图　用于观看场地上任意剖面的地基土剖面图。进入菜单后，单击一个剖面后，则屏幕显示此剖面的地基土剖面图。

（10）孔点剖面　单击"孔点剖面"，进入绘制孔点剖面状态，用户选择要绘制剖面的孔点（不超过20个），程序自动绘制出孔点的剖断面。

（11）画等高线　用于查看场地的任一土层、地表或水头标高的等高线图。单击"画等高线"菜单后，屏幕的主区显示已有的孔点及网格，右边的条目区有地表、土层1底、土层2底……。单击某条目，则显示等高线图。地表指孔口的标高；水头指导探孔水头标高；土层1底、土层2底……指等1层土层底部的标高、第2层土层底部的标高……。每条等高线上标注的数值为相应的标高值。

（12）插入底图　此命令可将其他图插入该显示中。

（13）关闭底图　此命令可将插入的底图在该显示中关闭。

注意：桩基的详细勘察除满足现行勘察规范有关要求外，还应满足以下要求：

（1）勘探点间距　对于端承桩和嵌岩桩，主要根据桩端持力层顶面坡度决定，间距一般为12~24m。当相邻两个勘探点任意土层的层面坡度大于10%时，应根据具体工程条件适当加密勘探；对于摩擦桩，一般为20~35m布置勘探点，但遇到土层的性质或状态在水平方向变化较大，或存在可能影响成桩的土层存时，应适当加密勘探点；复杂地质条件下的柱下单桩基础应按柱列线布置勘探点，并宜每桩设一勘探点。

（2）勘探深度　布置1/3~1/2的勘探孔为控制性孔，且一级建筑物场地至少布置3个，二级建筑物场地至少布置2个控制性孔。控制性孔深度应穿透桩端平面以下压缩层厚度，一般性勘探应深入桩端平面以下3~5m；嵌岩桩钻孔应深入持力层不小于3~5倍桩径；当持力岩层较薄时，应有部分孔钻穿持力岩层。岩溶地区，应查明溶洞、溶沟、溶槽、岩笋的分布情况。

（3）校验　在勘探深度范围内的每一地层，均应进行室内试验或原位测试，提供设计所需参数。

12.2　基础人机交互输入

单击 JCCAD 主菜单 2 "基础人机交互输入"，屏幕显示上部结构与基础相连的各层轴网及其柱墙布置，并弹出图 12-7 所示 "存在基础模型数据文件" 对话框。选择 "读取已有的基础布置数据" 项，则程序将原有的基础数据和上部结构数据都读出。选择 "重新输入基础数据"，则程序不读取原有的基础数据，而仅重新读取 PMCAD、砌体结构或 STS 生成的轴网和柱、墙、支撑布置。选择 "读取已有基础布置并更新上部结构数据"，在 PMCAD 菜单中进行了构件修改后又想保留原有的基础时选取。选择 "选择保留部分已有的基础"，用户可有选择地读取原有的基础数据和上部结构数据。选择了一种读取基础数据的方法后，屏幕上显示 "基础人机交互输入" 的主菜单，如图 12-8 所示。

1. 地质资料

用户把前面建立的地质数据文件调入，同实际结构平面位置相对位。

2. 参数输入

用于设置各类基础的设计参数，以适合当前工程的基础设计。在这里用户可以根据需要和规范的要求进行修改，如果不需要修改，则程序自动默认初始值。单击 "参数输入" 菜单后，弹出图 12-9 所示下拉菜单：

图 12-7　"存在基础模型
数据文件" 对话框

图 12-8　"基础人机交互
输入" 主菜单

图 12-9　"参数输
入" 下拉菜单

（1）基本参数　包含了 "地基承载力计算参数" 选项卡（见图 12-10）"基础设计参数" 选项卡（见图 12-11）和 "其他参数" 选项卡（见图 12-12）。

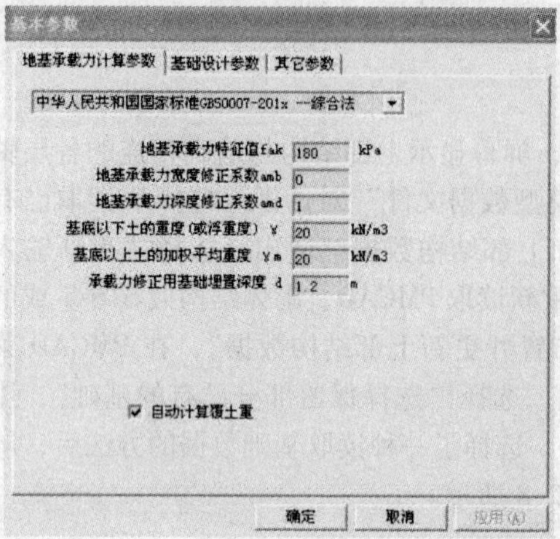

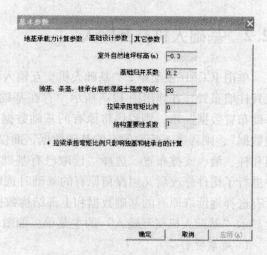

图 12-10 "地基承载力计算参数"选项卡

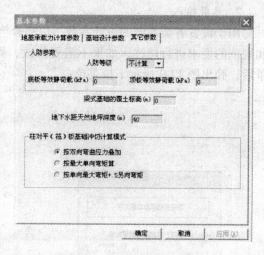

图 12-11 "基础设计参数"选项卡

在"地基承载力计算参数"选项卡中，用户应选择是否"自动计算覆土重"。覆土重指和基础及其基底上回填土的平均重度。进行独立基础和条形基础计算时，选择该项，程序自动按 20kN/m³ 的基础与土的平均重度计算；不选择此项，则选项卡显示"单位面积覆土重"参数，需要用户填写。一般设计有地下室的条形基础、独立基础时应采用人工填写"单位面积覆土重"，且覆土高度应计算到地下室室内地坪处，从而保证地基承载力计算正确。

图 12-12 "其他参数"选项卡

"基础设计参数"选项卡中，"基础归并系数"是指独立基础和条形基础截面尺寸归并时的控制参数，软件将基础宽度相对差异在归并系数之内的基础视为同一种基础，其初始值为 0.2。

（2）个别参数　用于对"基本参数"统一设置的基础参数进行个别修改，以便不同的区域使用不同的参数进行基础设计。单击后，屏幕显示的结构与基础相连的平面布置图上，用户可用类似 PMCAD 中的围区布置、窗口布置、轴线布置、直接布置等方法选取要修改参数的网格节点。选定结束后，屏幕上会弹出"基础设计参数输入"选项卡，输入要修改的参数值，单击"确定"按钮，则完成了对这些选定网格节点上的基础参数修改。

（3）参数输出　单击该菜单，弹出图 12-13 所示的"基础基本参数 .txt"文件，用户可查看本节相关参数。文件所列的参数为总体参数，当个别节点的参数与总体参数不一致时应以相应计算结果文件中所列参数为准。

3. 网格节点

本菜单功能用于增加、编辑 PMCAD 传来的平面网格、轴线和节点，以满足基础布置的需要。

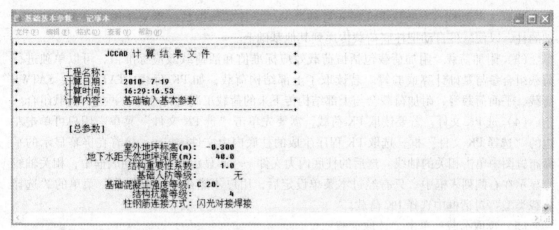

图 12-13　"基础基本参数.txt"文件

4. 上部构件

本菜单用于输入基础上的一些附加构件，供绘制施工图用。

5. 荷载输入

本菜单用于输入用户自己定义的荷载和读取上部结构计算传下来的荷载，并可对各类各组荷载进行修改或删除。程序能自动将用户输入的荷载与读取的荷载进行叠加组合，作为地基基础的依据。

单击"荷载输入"，弹出图 12-14 所示的菜单，如果已经输入荷载，屏幕上则显示其中一组荷载值。

用户可根据上部结构计算及当前工程具体情况，选择相应的菜单完成荷载的输入。

（1）荷载参数　用于修改隐含定义的荷载分项系数、组合系数等参数。单击"荷载参数"，弹出图 12-15 所示的"请输入荷载组合参数"对话框，内含其隐含值。这些参数的隐含值按规范的相应内容确定。白色输入框的值是用户必须根据工程的用途进行修改的参数。灰色的数值是规范指定值，一般不修改。若用户修改灰色的数值可双击该值，将其变成白色的输入框，再修改。其中，选择"分配无柱节点荷载"复选项后，程序可将墙间无柱节点或无基础柱上的荷载分配到节点周围的墙上，并且对墙下基础不会产生丢荷载情况。该项默认为选中。

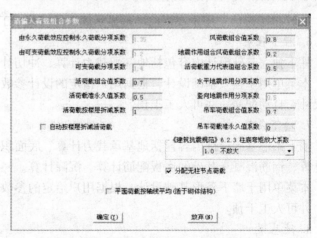

图 12-14　"荷载输入"下拉菜单　　　　图 12-15　"请输入荷载组合参数"对话框

（2）无基础柱　有些柱下无需布置独立基础，比如构造柱。本菜单用于设定无独立基础的柱，以便软件自动把柱底荷载传递到其他基础上。

（3）附加荷载　附加荷载包括恒荷载效应标准值和活荷载效应标准值，可以单独进行荷载组合参与基础计算或验算。若读取了上部结构荷载，如 PK 荷载、TAT 荷载、SATWE 荷载、平面荷载等，附加荷载会与上部结构传下来的荷载工况进行叠加，再进行荷载组合。

（4）选 PK 文件　若要读取 PK 荷载，需要先单击"选 PK 文件"菜单。用户可单击左边的"选择 PK 文件"框，选取 PK 程序生成的柱底内力文件 * . jcn，接着在屏幕显示的平面布置图中单击相关的轴线。选后的柱底内力文件 * . jcn 显示在左面的列表框中，相关轴线号显示在右侧列表框中。只有经过本菜单设定后，用户才能在"读取荷载"菜单的"选择荷载类型"对话框中选择 PK 荷载。

（5）读取荷载　单击"读取荷载"，弹出图 12-16 所示对话框，用于读取 PM 导荷和砖混、TAT、PK、SATWE、PM-SAP 等上部结构分析程序传来的与基础相连的柱、墙支撑内力，作为基础设计的外荷载。

（6）荷载编辑　用于查询或修改附加荷载和上部结构传下的各工况标准荷载。单击"荷载编辑"，屏幕显示"读取荷载"操作后的荷载图，并显示子菜单。用户只需选用相关菜单，就可编辑荷载。

（7）当前组合　用于显示指定的荷载组合图，便于查询或打印。

（8）目标组合　用于显示具备某些特征的荷载图，如标准组合下的最大轴

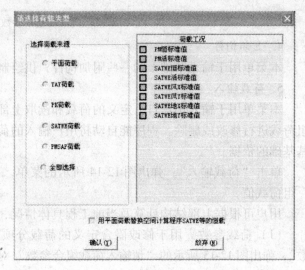

图 12-16　"读取荷载"对话框

力、最大偏心距等。目标组合仅供用户校核荷载使用，与地基基础设计最终选用的荷载组合无关。

（9）单工况值　用于在当前屏幕显示读取的荷载单工况值，方便用户手工校核。

6. 柱下独基

柱下独立基础设计内容包括地基承载力计算、冲切计算、底板配筋计算、沉降计算。

本菜单用于独立基础设计，根据用户指定的设计参数和输入的多种荷载自动选取独立基础尺寸、自动配筋，并可人工干预。

7. 墙下条基

墙下条形基础设计内容包括地基承载力计算、底面积重叠影响计算、素混凝土基础的抗剪计算、钢筋混凝土基础的底板配筋计算、沉降计算。

本菜单用于墙下条形基础设计，根据用户给定的参数和输入的多种荷载自动选取条基尺寸，并可人工干预。

8. 地基梁

地基梁是整体式基础。其设计过程是由用户定义基础尺寸，然后采用弹性地基梁或倒楼

盖方法进行基础计算，从而判断基础截面是否合理。基础尺寸选择时，不但要满足承载力的要求，更重要的是要保证基础的内力和配筋要合理。

本菜单用于输入各种钢筋混凝土基础梁，包括普通交叉地基梁、有桩无桩筏板上的肋梁、墙下筏板上的墙折算肋梁、桩承台梁等。

9. 筏板

本菜单用于定义筏板厚度、布置筏板和板上荷载，并完成板的冲切和内筒冲剪验算。

10. 板带

本菜单用于设置板带，是柱下平板基础按弹性地基梁元法计算时必须运行的菜单。

注意：

1）若采用"桩筏、筏板有限元计算"方法计算平板，且按"梁板（板带）方式"进行交互钢筋设计及绘制板筋施工图时，则应设置板带，计算应遵照规范有关规定，如一般柱网应正交，柱网间距相差不宜太大。

2）板带布置位置不同可导致配筋的差异。布置原则是将板带视为暗梁，沿柱网轴线布置，但在抽柱位置不应布置板带，以免将柱下板带布置到跨中。

11. 承台桩

通过承台与上部结构框架柱相连的桩称为承台桩。这里所指的承台是狭义的，只指柱下独立承台，包括单柱或多柱的矩形、多边形承台。

本菜单完成上述承台桩的生成和布置。而墙下或柱下条形承台桩、十字交叉条形承台桩、筏形承台桩和箱形承台桩，则属于非承台桩，其输入方法将在后文介绍。

桩基础的设计思路为：由用户提供桩的形式、桩的尺寸和单桩承载力特征值。对于承台桩，软件可由上部荷载计算出平面各处桩的根数，对于非承台桩人工输入桩的位置和根数。软件计算出每个桩在给定的单桩承载力和地质资料情况下所需的桩长，并根据桩长计算出等代地基刚度和基础沉降。

本菜单用于定义和布置各类桩及承台，并完成计算、修改桩长以及查询区内桩的统计信息。

（1）定义桩 单击"定义桩"，弹出图 12-17 所示窗口，单击"新建"按钮，弹出图 12-18 所示对话框，用户在此定义桩类。

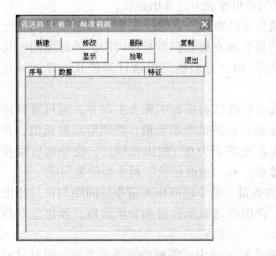

图 12-17 "定义桩"窗口　　　　　　　　　　图 12-18 "定义桩"对话框

（2）承台参数 单击"承台参数"，弹出图 12-19 所示对话框，用于定义桩承台的控制参数和生成方法。承台自动生成方式有两种：按荷载和单桩承载力计算、指定桩数生成。按荷载和单桩承载力计算，是程序按当前选择桩的单桩承载力和指定范围内上部结构的荷载，计算出所需的桩数和桩的布置情况以及承台的几何尺寸，生成承台的类型和布置位置。指定桩数生成是用户指定桩数，桩布置方式和布置范围，程序按承台参数生成承台的类型和布置位置。

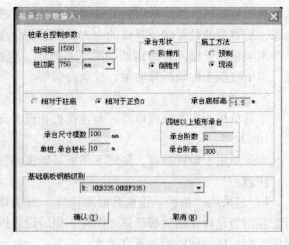

图 12-19 "桩承台参数输入"对话框

（3）自动生成 程序按照用户选择的桩类型和定义的承台参数，在指定的承台布置范围内自动生成柱下承台。单击"自动生成"后，系统弹出桩定义菜单，然后利用围区布置、窗口布置、轴线布置、直接布置等方法指定生成柱下承台的范围，软件按指定桩类完成柱下承台设计。

（4）承台布置 用于定义新的承台或修改已定义的承台，并将已定义的承台布置到结构平面中。此菜单常用于对软件自动生成的承台修改和重新布置。

（5）联合承台 联合承台是多柱共用的一个承台，可以用本菜单生成，也可以由上述"自动生成"菜单生成。在"自动生成"操作后，发现承台间的间距过小并要合成一个承台时，可先将原有的承台删掉，再执行本菜单，然后按系统的提示输入一个多边形，将指定的柱包在多边形内，软件会根据多边形范围内所有柱的合力生成一个联合承台。承台的布置角度由使用者指定。生成的联合承台上柱数不能超过四根，否则操作无效。联合承台形成后，软件将其上各柱的荷载按矢量合成的原则叠加成为联合承台的设计荷载。

（6）承台删除 用于删除已经布置的承台。

（7）围桩承台 用于把非承台的群桩或几个独立桩合成一个承台桩。

（8）计算桩长 可根据地质资料和每根桩的单桩承载力计算出桩长。

注意：① 运行本菜单前必须先执行过"地质资料输入"菜单；② 同一承台下桩的长度取相同的值；③ 为了减少桩长的种类，程序将桩长差在桩长归并长度内的桩处理为同一长度；④ 按照 JGJ 94—2008《建筑桩基技术规范》的"经验值"方法计算桩长，详见桩长计算。

（9）修改桩长 用于修改或输入桩长。既可修改已有桩长实现人工归并，也可对尚未计算桩长的桩直接输入桩长。注意：① 无论是承台桩还是非承台桩，必须给定桩长值，否则退出"桩基础"菜单时，屏幕将显示"程序发现桩长为 0"的出错信息，会导致后续程序计算校核错误；② 给定桩长值可用"计算桩长"和"修改桩长"两个菜单来完成。

（10）区域桩数 用于统计特定围区内桩的数量、最小桩间距和最小桩间距与桩径比值等信息，供检查之用。单击"区域桩数"后，在围区选取承台桩和非承台桩，弹出选取范围内桩的统计结果。

（11）桩数量图 用于生成且显示各节点和筏板区域内所需桩的数量参考值。同时显示筏板抗力和抗力形心坐标，筏板荷载合力和合力作用点坐标。注意：筏板区域内所需桩的数量参考值后面用括号表示的数值是单桩承载力。

（12）清理屏幕　清除在平面图上显示的验算数值，可以重新计算。

（13）计算书　完成桩承台基础的各项计算，包括桩反力，承台受弯、受剪切、受冲切，桩承台沉降计算等内容。

12. 非承台桩

墙下或柱下条形承台桩、十字交叉条形承台桩、筏形承台桩和箱形承台桩都视为非承台桩。这些承台桩的承台视为地基梁和筏板。通过对桩的布置，形成柱下单根桩基础、桩梁基础、桩墙基础、桩筏基础和桩箱基础。同时可进行沉降试算和显示桩数量图。

（1）定义桩　单击"定义桩"，单击"新建"按钮，用户在此定义桩类型。

（2）布置参数　用于输入桩布置参数。单击"布置参数"，弹出图 12-20 所示对话框，对话框中显示了当前桩类型和直径及其桩布置信息，用户按实际工程情况输入。

（3）单桩布置　用于按所选的桩类，布置单桩。操作方法与"群桩布置"相似，只是省略了桩间距的输入。

（4）桩复制

1）单桩复制：用于把一个桩复制形成一个行列式群桩。

2）群桩复制：用于把一个区域的桩复制到其他位置上。

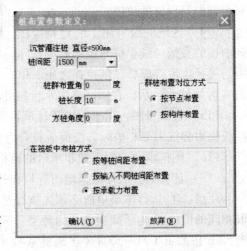

图 12-20　"桩布置参数定义"对话框

（5）桩阵列　用于对桩进行不同方向的复制。

（6）桩删除　用于删除已经布置好的桩。

（7）桩移动　用于调整已经布置好的桩的位置。

（8）等分桩距　用于自选等分数，并在选定的两根桩的等分点上插入桩，可与"群桩布置"和"单桩布置"菜单混合使用输入基础梁下桩。单击"等分桩距"后输入等分数，然后选择两根桩，则在这两根桩之间的等分点上插入当前截面类型的桩，并显示于屏幕上。

（9）梁下布桩　用于自动布置基础梁下的桩。

（10）筏板布桩　用于在筏板下布桩。软件提供两种布桩方法，由"桩布置参数定义"对话框中的"按参数方式在筏板中布桩"复选框决定。

（11）群桩布置　单击"群桩布置"，弹出图 12-21 所示对话框，用于用户按所选的桩类、设定桩间距和布置方式进行一组群桩布置。在对话框中有桩相对于节点的布置简图。参数"排列方式"指相对于节点的群桩布置方式，有"对齐"和"交错"选项，分别表示行列对齐或隔行对齐。参数"方向"可分别输入 X 向或 Y 向距离即可，可通过单击"插入"、"修改"、"删除"等按钮进行对桩间距的编辑。注意：这里不进行承载力验算，在后续分析中完成。

（12）桩替换　可重新定义桩，对原有的桩进行替换。

（13）沉降试算　本菜单提供了一种根据 MIDLIN 方法计算桩筏沉降来确定桩布置数量

或桩长的工具。通过一系列沉降试算可帮助用户最终确定桩—筏基础的桩数、桩长和桩类。

注意：

1）沉降试算所用的方法是明德林应力公式，详见有关技术资料。

2）曲线中显示桩长是按单桩承载力计算得到的，与用户输入的不同。

3）桩的数量初始值为筏板中已布置的桩数，桩位置为按在筏板下均匀分布得到的每根桩的位置。

（14）区域桩数　用于统计特定围区内桩的数量、最小桩间距和最小桩间距与桩径比值等信息，供检查之用。单击"区域桩数"后，在围区选取承台桩和非承台桩，弹出选取范围内桩的统计结果。

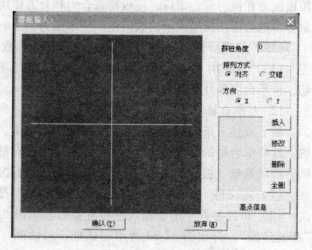

图 12-21　"群桩输入"对话框

（15）桩数量图　用于生成且显示各节点和筏板区域内所需桩的数量参考值，同时显示筏板抗力和抗力形心坐标，筏板荷载合力和合力作用点坐标。

（16）围桩承台　用于把非承台的群桩或几个独立桩合成一个承台桩。

（17）计算桩长　可根据地质资料和每根桩的单桩承载力计算出桩长。

注意：① 运行本菜单前必须先执行过"地质资料输入"菜单；② 同一承台下桩的长度取相同的值；③ 为了减少桩长的种类，程序将桩长差在桩长归并长度内的桩处理为同一类型；④ 按照 JGJ 94—2008《建筑桩基技术规范》的"经验值"方法计算桩长，详见桩长计算。

（18）修改桩长　用于修改或输入桩长。既可修改已有桩长实现人工归并，也可对尚未计算桩长的桩直接输入桩长。注意：① 无论是承台桩还是非承台桩，必须给定桩长值，否则退出"桩基础"菜单时，屏幕将显示"程序发现桩长为0"的出错信息，会导致后续程序计算校核错误；② 给定桩长值可用"计算桩长"和"修改桩长"两个菜单来完成。

（19）查桩数据　用于统计特定围区内桩的数量、最小桩间距和最小桩间距与桩径比值等信息，供检查之用。单击"查桩数据"后，在围区选取承台桩和非承台桩，弹出选取范围内桩的统计结果。

（20）桩承载率　按刚性筏板的假定统计下，计算出每根桩承受的单桩反力，并将计算出的单桩反力与单桩承载力特征值的比值输出到屏幕，用户可以根据输出到屏幕上的承载率值优化调整筏板下的桩布置信息。

（21）清理屏幕　清除在平面图上显示的验算数值，可以重新计算。

13. 导入桩位

本菜单可以将 AutoCAD 格式的桩位平面图或者 TCAD 格式的桩位平面图导入基础模型文件中。不需要进入 AutoCAD 或 TCAD 程序，直接在基础模型输入程序中完成。

14. 重心校核

本菜单用于筏板基础、桩基础的荷载重心、基础形心位置校核以及基底反力、地基承载力校核。

15. 局部承压

本菜单用于进行柱对独基、承台、基础梁，桩对承台的局部承压计算。

16. 图形管理

本菜单用于编辑图。

12.3　基础梁板弹性地基梁法计算

本菜单是采用弹性地基梁法进行基础结构计算的，它由 4 个从属分菜单组成。2010 版增加了一些新功能，肋板计算增加了冲切、抗剪验算，并用图形显示计算结果；增加了地梁、筏板人防计算，可计算 5、6 级人防荷载下的梁板内力与配筋，并与非人防计算结果综合配筋，人防计算对梁式结构与筏板结构分别采用了不同的人防荷载；筏板交互配筋部分作了较大改动，除原有交互配筋外，增加了新的高功能的交互配筋画图程序（不包含在本菜单下），用户可任意修改钢筋，并且增加了板的裂缝宽度验算；沉降计算除原有的刚性底板假定与完全柔性假定方法（即规范手算方法）外，又增加了考虑基础刚度和上部结构刚度及考虑分层总和法的地基刚度变化影响的沉降计算功能；修改地质资料数据插值问题；修改程序的交互界面；增加了沉降柔性计算根据板厚度变化自动分配不同的均布荷载功能。以下将对 4 个从属菜单的功能与使用作一介绍。

（1）基础沉降计算　本菜单可用于按弹性地基梁法输入的筏形（带肋梁或板带）基础、梁式基础、独立基础、条形基础。桩筏基础和无板带的平板基础则不能应用此菜单。如不进行沉降计算可不运行此菜单，如采用广义文克尔法计算梁板式基础则必须运行此菜单，并按刚性底板假定方法计算。

（2）弹性地基梁结构计算　该项菜单为弹性地基梁的结构设计，但带肋板式基础、划分了板带的平板式基础和墙下筏形基础也可以用此菜单计算，其中墙下筏形基础采用本菜单时，仅计算出节点反力，用于板内力计算，其他计算结果没意义。

模式 1 是指进行弹性地基结构计算时不考虑上部结构刚度影响，该方法是最常用的，一般推荐使用，只有当该方法计算截面不够且不宜扩大时再考虑其他计算模式。

模式 2 是指进行弹性地基结构计算时可考虑一定上部结构刚度的影响，上部结构刚度影响的大小可根据具体情况输入一个地基梁刚度倍数即可。

模式 3 是指进行弹性地基结构计算时将等代上部结构刚度考虑得非常大，以致各节点的位移差很小（不包括整体倾斜时的位移差），此时几乎不存在整体弯矩，只有局部弯矩，其结果类似于传统的倒楼盖方法。一般来说，如果跨度相差不大，考虑上部结构刚度后，各梁的弯矩相差不太大，配筋更加均匀了。

模式 4 是 SATWE 或 TAT 计算的上部结构刚度用子结构方法凝聚到基础上，该方法最接近实际情况，用于框架结构非常理想。另外用于剪力墙结构时，墙体本身已考虑了刚度扩大，因此纯剪力墙结构可不必再考虑上部刚度，如要考虑宜采用模式 3。使用模式 4 的条件是必须在计算 SATWE 或 TAT 时选择把刚度传给基础项，如两种数据都存在时，优先使用 SATWE 刚度（TAT 或 SATWE 刚度数据文件名为 TATFDK. TAT 和 SATFDK. SAT）。

模式 5 是采用传统的倒楼盖方法，梁单元取用了考虑剪切变形的普通梁单元刚度矩阵，一般不推荐使用该方法，其计算结果明显不同于弹性地基梁方法。

（3）弹性地基板内力配筋计算　该菜单主要功能是地基板局部内力分析与配筋，以及裂缝宽度计算（计算前应进行实际钢筋选配与修改实配钢筋）。梁式基础结构则无须运行此菜单。

（4）弹性地基梁板计算结果查询　本菜单的主要功能是方便用户查询主菜单 3 中完成的计算结果，包括图形和文本数据文件。

12. 4　桩基承台及独立基础沉降计算

独立桩基承台是桩基础的主要形式，其计算可在菜单提示下进行，如图 12-22 所示。其主要内容如下：

（1）退出程序　运行这一菜单，会将交互式计算及归并的结果进行储存，形成绘制桩基础详图程序所需的数据文件。

（2）计算参数　单击此菜单将出现"计算参数"对话框，如图 12-23 所示，输入确定的参数。其中，"考虑相互影响的距离"是基于桩基承台或独立基础沉降计算时，当两基础距离较远时，相互之间的应力作用和沉降影响很小，故软件设立该参数供用户修改，当两基础之间距离超过该值时，软件自动不考虑其沉降的相互影响。

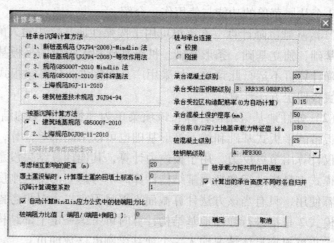

图 12-22　"桩基承台及独基　　　　　　图 12-23　"计算参数"对话框
　　　　沉降计算"下拉菜单

（3）承台计算　可根据条件选用 SATWE 荷载和 PM 恒载加活载对承台进行计算。

（4）结果显示　可以查询计算结果，包括桩长信息、单桩反力、桩水平力、承台配筋、承台归并、沉降等信息。

12. 5　桩筏、筏板有限元计算

单击 JCCAD 主菜单 5 "桩筏、筏板有限元计算"，弹出图 12-24 所示下拉菜单。本菜单用于桩筏和筏板基础的有限元分析计算。采用的筏形基础可以包括有桩、无桩、有肋、无肋、板厚度变化、地基刚度变化等各种情况。可以采用"弹性地基梁板模型""倒楼盖模型"和"弹性理论—有限压缩层模型"等计算模型。基础形式及沉降计算可以采用"天然地基、常规桩基（外荷载完全由桩基承担）""复合地基（JGJ 79—2002《地基处理规范》）""复合桩基（JGJ 94—2008《桩基础设计规范》）"以及"沉降控制复合桩基（DGJ 08—11—1999《上海市地基基础设计规范》）"等多种规范，并且可以接力 SATWE、TAT 和 PMSAP 进行考虑上部结构刚度影响的基础计算。

图 12-24　"桩筏、筏板有限元计算"下拉菜单

进行板有限元法计算，首先必须进行网格单元划分，这是一个十分繁重的工作，软件实现了对于一般承台梁与筏板的网格与单元按用户指定的单元尺寸范围自动划分与编号，形成有限元计算程序所需的几何数据文件 DAT. ZF 及荷载数据文件 LOAD. ZF。荷载文件中包含多种荷载，并同时进行计算。

通过本菜单的运行，可以计算得到筏板在各荷载工况下的配筋、内力、位移、沉降、反力等较为全面的图形和文本结果。在单元自动划分上，软件可以按用户指定的单元尺寸自动进行网格（矩形与三角形）加密，形成合适的计算单元。

12.6　防水板抗浮等计算

桩筏、筏板有限元计算考虑抗浮板的整体挠曲，而"防水板抗浮等计算"只是考虑局部弯曲，即抗浮板的配筋设计是单独计算，不考虑其与基础的整体受力，柱和墙底作为不动支座，没有竖向变形的计算模式。如果需考虑柱与墙底处的位移和位移差，则必须采用"桩筏、筏板有限元计算"。

对柱下独立基础加防水板、柱下条形基础加防水板、桩承台加防水板等形式的防水板一般较薄，可以采用"防水板抗浮等计算"，软件采用柱和墙底作为不动支座，没有竖向变形的计算模式对防水板作了恒载＋活载组合和抗水浮力组合的计算，对抗水浮力组合计算考虑的荷载是水浮力、筏板自重、板上覆土重等荷载。

12.7　基础施工图

单击 JCCAD 主菜单 7"基础施工图"，屏幕显示"基础施工图"下拉菜单，如图 12-25所示，用户可根据要求进行交互式绘制基础平面施工图。

（1）梁筋标注　该项菜单的功能是为用各种计算方法（梁元法、板元法）计算出的所有地基梁（包括板上肋梁）选择钢筋、修改钢筋，并根据 11G101-3《混凝土结构施工图平面整体表示方法制图规则和构造详图》绘出基础梁的平法施工图，对于墙下筏形基础暗梁无须执行此项。

（2）基础详图　本菜单的功能与基础平面图中的"基础详图"基本类似，是绘制独立基础和条形基础的大样详图，如果在基础平面图中没有画详图或没画完详图则可点取本菜单进行基础详图的绘制工作。

（3）桩位平面图　单击 JCCAD 的主菜单"桩位平面图"，弹出图 12-26 所示下拉菜单：

1）"绘图参数"的内容与基础平面图相同。

2）"标注参数"是设定标注桩位的方式。

3）"参考线"控制是否显示网格线（轴线）。在显示网格线状态中可以看清相对节点有偏心的承台。

4）"承台名称"可按"标注参数"中设定的"自动"或"交互"标注方式注写承台名称。当选择"自动"方式时，单击本菜单后软件将标注所有承台的名称；当选择"交互"标注时，单击本菜单后要用鼠标选择要标注名称的承台和标注位置。

5）"标注承台"用于标注承台相对于轴线的偏心，可按"标注参数"中设定的"自动"或"交互"方式进行标注。

6）"注群桩位"用于标注一组桩的间距以及和轴线的关系。单击该菜单后需要先选择桩（选择方式可用 <Tab> 键转换），然后选择要一起标注的轴线。如果选择了轴线，则沿轴线的垂直方向标注桩间距，否则要指定标注角度。

7）"桩位编号"是将桩按一定水平或垂直方向编号。单击"桩位编号"后先指定桩起始编号，然后选择桩，再指定标注位置。

8）"写图名"是将图名标注在图上。

（4）筏板钢筋图　单击"筏板钢筋图"，弹出图 12-27 所示下拉菜单，用户可以交互式绘制筏板基础配筋施工图。

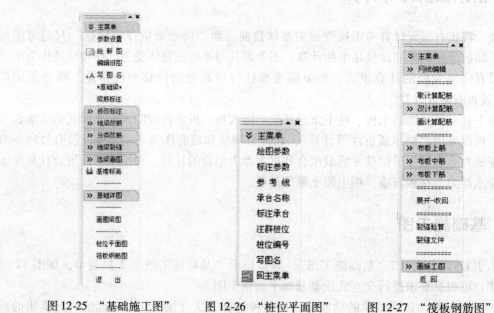

图 12-25　"基础施工图"　　　图 12-26　"桩位平面图"　　　图 12-27　"筏板钢筋图"
　　　　下拉菜单　　　　　　　　　　下拉菜单　　　　　　　　　　下拉菜单

本 章 小 结

基础设计软件 JCCAD 是 PKPM 系统中功能最为纷繁复杂的模块。它能够适应多种类型基础的设计，提供多种计算功能满足不同需要，具有自动化、灵活化的特点并且有完整的计算体系。基础设计软件 JCCAD

能够提供大量简单实用的计算模式，界面友好，操作顺畅。

复　习　题

1. JCCAD 的基本功能有哪些？
2. JCCAD 的主要操作过程是怎样的？
3. 结合第 10 章复习题 3 所建结构模型，利用本章学习的内容进行基础的设计。主要参数：基础埋深 2.2m，持力层地基承载力特征值为 220kPa。

第 13 章

公路优化设计系统 Hard 2013

海地公路优化设计系统 Hard 2013 是公路专业 CAD 专业设计软件，不但适用于公路路线设计、立体交叉设计、桥涵设计等各个相关领域，也适用于初步设计、技术设计、施工图设计以及外业测量的各个测设阶段。

海地公路优化设计系统 Hard 2013 具有以下几方面主要功能：

1）项目管理：用于设置项目的基本信息。

2）DTM：即数字化地面模型，用于实现公路系统的三维设计与处理。

3）平面：纵断面、横断面，包括外业资料录入、交互式设计、成果输出三部分。外业资料录入用于将外业资料（即交点线资料）输入系统；交互式设计即利用交点法进行平面或断面设计；成果输出用于生成设计图表。

4）挡墙设计：包括基本资料录入、挡墙设计、挡墙验算三部分。

5）测设放样：包括切线支距法、偏角法、极坐标法以及全站仪法四种。

6）涵洞设计：包括暗板涵、圆管涵、拱涵、箱涵以及明板涵的设计。

7）公路运行速度分析计算：为 Hard 2013 新增功能。

下面将对以上内容进行逐一介绍。

13.1 项目管理

在 Hard 2013 系统中项目管理为用户管理图档和文件。

打开或新建项目是进入 Hard 2013 系统的第一步，通过项目管理的引导可以完成全部设计。Hard 2013 系统安装完成后系统自带 5 个示例。5 个示例存放在安装目录下的 Sample 目录下，分别为：高速公路 . prj、二级公路有隧道 . prj、四级公路 . prj、城市道路 . prj 和 demo. prj，通过"项目管理"打开以上任意一个示例，比如打开 D：\Hard 2013soft\sample\高速公路 . prj（D：\Hard 2013soft 为软件的安装位置，以下均同）。

13.1.1 新建项目

（1）项目文件 其文件名为 ∗ . prj，用户可以通过"浏览"直接设定项目路径和文件名。

（2）文件路径 在设定了"项目文件"后，系统会依据项目文件自动生成文件路径以及文件名。在设计过程中系统将生成一系列文件和图纸，Hard 2013 系统通过文件的扩展名来区分文件的性质。因此，对于同一个项目，可以设定一个公用的文件名，这样系统将非常易于管理项目内的文件，如图 13-1 所示，通过这样的设定 Hard 2013 系统会在 "f：\设计示例\高速公路\高速公路示例" 目录下自动建立 DWG、Excel 和 HD 三个子目录，用于保存系统自动生成的路线 CAD 图、电子表格以及挡墙涵洞图等文件，从而实现图表统一而有序的管理。

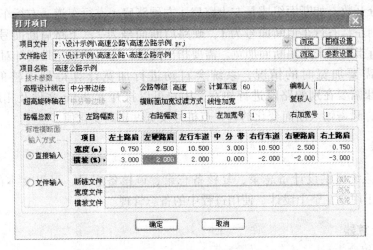

图 13-1　"打开项目" 对话框

（3）设定项目参数　在建立新项目时，依据设计要求对各种参数的精度进行设置，Hard 2013 系统通过 "参数设置" 完成。对于字体，在设计过程中尽量选用矢量字体，以提高操作运行的速度。而正式出图时通过 "打开项目" 将字体改为 Windows 标准字体，以使您设计的图版面漂亮、美观。

（4）设定图框　设定出图时的图框，也可以通过此功能设置图框中文字信息的输出位置，以及是否输出该文本。如果不设置坐标，系统将不输出相应文本内容；如果设置了坐标，系统将按照坐标位置输出相应的内容。注意：用户可以任意地更改或制作图框，但制作的图框最好保存在 d：\Hard 2013soft 目录下的 Support 目录下，图框内框的左下角坐标必须为（30，10），否则图框位置不对。设置好输出内容的坐标后单击 "存储" 按钮，系统将保留此图框定制的所有内容。系统默认的图框为 d：\Hard 2013soft \support\A3. dwg，可以用自己定制的图框覆盖它。

（5）设定路线总体参数信息　系统以选择好的高程设计线为界，往左往右分开左右路幅，如果路线的横断面存在中分带，该断面算一幅，用户可任意的定制横断面的组成方式；直接输入的方式是用于路幅的总断面数不超过 7 幅的情况，如果路线的总断面数超过 7 幅，则要以文件的方式输入标准横断面（只需输入断面宽度相同的起止点断面参数）；路拱的横坡符号界定：系统是以左下为正号，右下为负号（即斜率为正的是正号，斜率为负的是负号）。

需要特别注意的是：当 "标准横断面宽度及坡度" 值在路幅数或路基宽度沿整条路范围内发生变化时，比如：0～100m 路幅是 4 幅（左土路肩 + 左行车道 + 右行车道 + 右土路肩），路段 100～200m 路幅数由 4 幅变化为 6 幅（左土路肩 + 左硬路肩 + 左行车道 + 右行车

道 + 右硬路肩 + 右土路肩），路基宽度为 9m，200m 以后不变。在此情况下"标准横断面宽度及坡度"不能在项目管理中的"直接输入"中填写，而需要通过"文件输入"，即通过标准横断面（＊.bhd）文件及标准横坡（＊.bcg）文件来完成；用户可以通过"项目管理"下的"标准横断面文件编辑"命令来编辑 ＊.bhd 和 ＊.bcg 文件。

界面中的加宽号系统默认是 1，即指的是行车道加宽；断面号的排序是以高程设计线为界，往左往右分开数，如断面组成是左土路肩 + 左硬路肩 + 左行车道 + 右行车道 + 右硬路肩 + 右土路肩，则左、右行车道断面号为 1，硬路肩断面号为 2，土路肩断面号为 3；加宽计算时用户可自行指定哪个路幅断面加宽。需要指出的是，这里的加宽是指针对平曲线弯道半径在规范规定需要加宽时的情况，系统会自动进行加宽计算得到逐桩的横断面文件（＊.hdm）；如果需要在别的路段进行加宽，用户可以打开 ＊.hdm 文件及相应的超高文件 ＊.cg 进行编辑，只需输入断面变化的起止点桩号及宽度超高变化值。

13.1.2 备忘录

Hard 2013 系统提供设计备忘录、复核备忘录、审核备忘录，可以文本的形式输出到 Word 文档，便于用户在整个设计、使用过程中的备忘管理。

13.1.3 专用计算器

用户可以自己编制简单表达式或是复杂函数，同时提供了功能强大的内置函数表，可实现丰富的计算功能。尤其针对桥梁设计时，方便快捷，独具优越性。

专用计算器，通过变量定义、函数定义、表达式计算三个步骤实现较为复杂的计算功能。如图 13-2 所示：在变量定义输入栏中输入 A = 10，单击"定义"按钮；再输入 B = 10，单击"定义"按钮；在函数定义输入栏中输入 $f(x, y) = A*x*x + B*y*y$，单击"定义"按钮；在表达式输入栏中输入 $f(3, 2) - f(2, 1)$，单击"计算"按钮，得最终计算结果为 80。

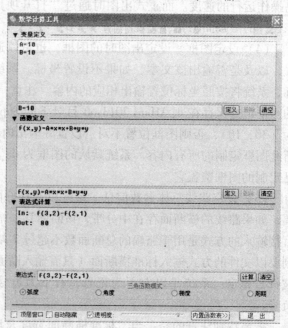

图 13-2 "数学计算器工具"对话框

13.1.4 CAD 不同版本图形格式转换

该功能是实现 AutoCAD 成果图（＊.dxf、＊.dwg 等格式）的不同版本之间的转换，使之相互兼容。

1）输出格式：是指图形文件处理后所要保存的文件格式，包括五种：＊.dwg、＊.dxf、＊.dxb、＊.dwf 以及 ＊.pdf。

2）输出版本：是指文件处理后所要保存的目标 CAD 版本号，包括 AutoCAD R2.5、AutoCAD R2.6、AutoCAD R9、

AutoCAD R10、AutoCAD R11/R12、AutoCAD R13、AutoCAD R14、AutoCAD R2000/R2002/R2002i、AutoCAD R2004/R2005/R2013 以及 AutoCAD R2007/R2008/R2009。

3）添加文件：可以单选某个图形文件，也可以多选，多选时移动鼠标的同时按住 <Shift> 键或 <Ctrl> 键。

4）添加目录：系统会自动搜寻指定目录下所有的 *.dwg 文件。

13.1.5 图纸编号

（1）编号格式 如 SV-5-3（*/28）除了"*"以外的字符（系统没有约定具体格式，用户可根据编号规则自行输入任意文本或数字字符等）都是具有相同特征的编号规则，唯一可变的"*"是代表在该位置的字符（只能为数字符号），该字符相对应于子编号。

（2）编号 X 坐标 这是指编号的整体字符在 CAD 界面中所处的横坐标；编号整体字符的坐标基点是指该整体字符编号的中心点。

（3）编号 Y 坐标 这是指编号的整体字符在 CAD 界面中所处的纵坐标；编号整体字符的坐标基点是指该整体字符编号的中心点。

（4）编号同序号 这是指子编号的顺序与序号是否一致。用户可以用鼠标单击界面中的序号或文件名称，系统将按文件名的一定排列规则来排列一批所选中的文件，以达到最终编制目标图号。

（5）删除原位置图元 若在原有图纸中放置图号位置已经存在图元，该选项可以提供用户选择是否删除该图元。

（6）按编号更名文件 该功能提供用户选择是否在编号完成后，将原有的一批图文件名称前面追加与子编号相同的数字字符，并覆盖原有文件以现有文件名前追加编号的文件名存盘。

（7）自动创建备份 编号完成后该选项能够提供用户是否将原有文件信息备份一份，以 *.bak 的格式保存。

（8）重设图形原点 不同用户所生成的 *.dwg 文件中图框的左下角点坐标在 CAD 界面里不一定一致，系统提供用户选择在编号处理完成后，批量的图形文件图框的左下角点坐标是否要移动到同一点（该功能重点配合海地批量打印功能，使成批量的图形输出完美的实现。）

在给路线图及桥涵图文件命名时，最好在同类型的图文件名前加序号，即按出版图的先后排列顺序规则追加文件名前序号，以便更有效地完成图的出版及图号编制工作。

13.1.6 海地批量打印

添加文件及添加目录同 13.1.4 节。

可用鼠标单击界面中的文件名称，系统将会按文件名的一定规则重新排列打印输出顺序，以满足图的出版要求。

13.1.7 海地专用编辑器

Hard 2013 提供了本系统所需文件的各种专用编辑器，可以极为方便地编辑所要的各种文件，而不需要去记忆文件的格式，因为专用编辑器会自动存盘并保存为专用的文件格式，同时专用编辑器在存盘的时候自动依据项目管理定义的文件路径和文件名进行保存。也可以在 Windows 提供的文档编辑器中（如 Word、Excel、写字板等）编辑所需的原始文件，但要注意文件的扩展名必须以系统所定义的文件扩展名一致，否则系统在运行的过程中会出现找不到文件的现象。

13.2 数模

数字化地面模型（DTM）技术为 Hard 2013 系统特别推荐使用的功能。它是当今最为先进的地形图处理技术，真正实现公路的三维设计。正是由于 Hard 2013 系统成功地开发了 DTM 技术，使 Hard 2013 系统不仅仅为公路设计软件，更为工程设计中的优化问题提供了强有力的技术保障。

Hard 2013 系统提供多种方法为用户获取 DTM，系统能够处理目前公路工程设计中所涉及的各种原始地形资料：对于纸质地形图可以采用数字化仪，使用系统提供的"地形图输入"功能输入计算机；也可以采用扫描仪扫描后，使用系统提供的"二维线转成三维线"功能输入计算机。输入计算机后的电子地形图，使用系统提供的"电子地形图数字化"功能，即可得到构造 DTM 所需要的地形文件。对于已有的电子地形图也可使用该功能。

13.2.1 地形图输入

1. 等高线输入

选择本功能后，依次出现如下提示：

输入描点步距（默认值为 1.0）：指对等高线进行数字化时记录等高点的步距，其单位为绘图单位，可根据用户对精度的要求输入一个合适的步距值

输入等高线标高：指等高线的高程值

P：落抬笔 S：存储继续 U：放弃继续 X：存储退出 Q：放弃退出 [抬笔]：

参数说明：

P：落抬笔：落抬笔切换。

S：存储继续：存储最新描入的图形后继续描入当前等高线。

U：放弃继续：放弃最新描入的图形后继续描入当前等高线。

X：存储退出：存储最新描入的图形后结束当前等高线的描图工作。

Q：放弃退出：放弃最新描入的图形后结束当前等高线的描图工作。

[抬笔]：落抬笔状态。

C：闭合 F：曲线拟合 T：标注 X：退出：

参数说明：

C：闭合：将描入的等高线进行首末点闭合。

F：曲线拟合：将描入的等高线进行光滑处理。

T：标注：对描入的等高线进行标注。

X：退出：结束描入等高线，退到 AutoCAD。

2. 控制点输入

选择本功能后，依次出现如下提示：

输入点：在地形图上输入点

输入高程：输入控制点的标高

3. 山脊山谷线输入

选择本功能后，依次出现如下提示：

输入点：在地形图上输入点

输入高程：输入该点的标高

13.2.2 图像矢量化

该功能主要完成将图像文件转换为 AutoCAD 可识别的矢量图形，以便于后期处理。使用时应先单击"浏览"按钮将要处理的图像文件（当前支持 bmp、jpg、png、tif、pcx 以及 tga 六种格式）打开，然后选择要处理图像的类型，并设置图像校正的基本选型，然后单击"矢量化"按钮，稍等片刻后，转换完成的矢量图形就会出现在 AutoCAD 的屏幕上，之后就可以进行常规的人工编辑了。下面介绍图像校正选项的设置：

1）自动填充小缺口。处理时自动连接由扫描导致的断线。

2）自动填充缺口。类似于上面的选项，只不过此缺口的大小由内部参数控制，而上面选项的缺口大小为 1 个像素。

3）自动连接。形成线条时，当两线段端部距离满足要求时自动合并成一条线。

4）清理斑点。忽略满足尺寸要求的像素点。

5）图像反色。处理前先将图像反色。

6）加粗图像线条。处理前先将图像中的线条加粗。

7）变细图像线条。处理前先将图像中的线条变细。

8）缩放图像。默认情况下，矢量化后形成的图形尺寸与其原始图像尺寸相同，可以通过调整此参数来缩放最终图形，如图 13-3 所示。

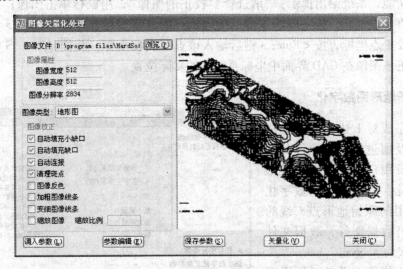

图 13-3 "图像矢量化处理"对话框

对高级用户，可单击"参数编辑"按钮以调整矢量化处理时的控制性参数，以使最终图形更精确更完美；对普通用户，建议采用系统的默认设置直接进行矢量化处理。

13.2.3 二维线转成三维线

系统共提供两种方法对二维线赋高程值：单条线或多条线。单条线：该功能完成对逐条等高线由二维向三维转化的过程。选择本功能后，依次出现如下提示：

输入高程：输入要转换的等高线的高程，选择对应上述高程值的等高线

多条线：可以批量赋值，对于坡向比较明显的地形，如图 13-4 所示，第一条等高线高程值为 800m，沿上坡而赋值等高线间距为 +2m，反之，沿下坡赋值则为 -2m

注：二维图中的等高线线型必须为 AutoCAD 中的 Pline 或 3D Poly 线。

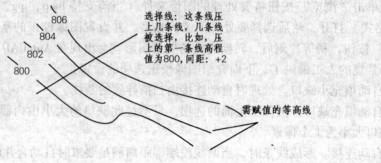

选择线：这条线压上几条线，几条线被选择，比如，压上的第一条线高程值为800，间距：+2

需赋值的等高线

图 13-4 二维线转成三维线图示

13.2.4 图像校正

该功能完成对扫描的光栅图像在 CAD 中显示的真实坐标与图像任意插入位置坐标的转换。

使用本功能，系统给出提示："请选择要校正的图像"，用鼠标单击图像；接下来请选择要校正的第一点坐标，按 <Enter> 键后输入该点的真实坐标，并按 <Enter> 键确认；然后选择第二校正点坐标，按 <Enter> 键后输入该点的真实坐标，并按 <Enter> 键确认，系统将自动校正该图像在 CAD 界面中坐标系所在的实际位置。

13.2.5 电子地形图数字化

该功能完成对上述描图工具描入的地形图及通过图形转换得到的地形图，以及用户已有的电子地形图进行数字化，并构建生成数字化地面模型运用的原始地形点、线的三维 ASCII 码数据文件，数据文件的扩展名格式为 *.xyz。

选择本功能后，弹出"地形图数字化"对话框，如图 13-5 所示。

选择高层数据层：选择利用本系统的"地形图输入"工具输出的地形图图形所在的图层；利用本系

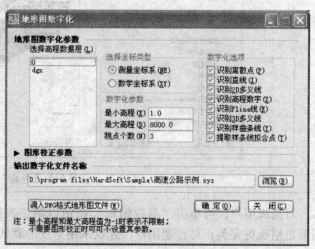

图 13-5 "地形图数字化"对话框

统的"二维线转三维线"功能转换的三维线所在的图层；或者指定已有的三维地形图中三维等高线或高程点所在的图层。应注意的是：描述高程数据点的图层可以多选，但要注意的是高程数据点所在的图层不能包含有别的不是描述地形高程数据的点的信息。

选择坐标系类型：在此选择的坐标系要与交点设计时选择的坐标系对应，否则结果会出错。

最小高程：即系统捕捉描述高程数据点的最小高程。

最大高程：即系统捕捉描述高程数据点的最大高程。在最小高程与最大高程之间的地形特征数据将被数字化，系统将会舍弃除此之外的高程数据点；如果最小、最大高程值为 -1，即表示不指定高程区间，系统将界面中的所有高程数据点数字化。

跳点个数：用户可以根据对精度的要求输入跳点个数，个数越少，精度越高；反之，个数越多，精度越低。

数字化选项：提供选择多种识别，可以更好地对地形图进行数字化处理。

图形校正参数：是指系统提供用户对要进行数字化的矢量图的坐标校正（选择四个点为参照）。

输出数字化文件名称：指记录数字化结果的文件名及路径；注意保存路径与项目管理所建的路径要一致。

13.2.6 DTM

1. 读入 DTM

该功能是在已经构造保存好 DTM 的基础上，系统读入所要的 DTM 文件，并显示在界面上，以便于进行接下来的操作。（比如进行纵横断面切值时要先读入 DTM）

2. 构造 DTM

该功能采用三角剖分法构造数字地面的三角网模型。

输入使用"地形图数字化"功能所产生的数字化文件名及其路径；或用野外实测并电子记录地形的三维坐标及属性、航空摄影测量的解析或全数字设备记录的地形三维坐标及属性、经过地形原图扫描并矢量化后记录等其他手段获取的地形数字化文件名。数字化文件的扩展名为 $*.xyz$，其格式为：

NE（或 XY）坐标系

$$
\begin{array}{lll}
x_1 & y_1 & z_1 \\
x_2 & y_2 & z_2 \\
\vdots & \vdots & \vdots \\
x_n & y_n & z_n
\end{array}
$$

其中，x，y，z 为大地坐标值。

如果用户记录的地形测量三维地面坐标文件或测绘单位提供的地形测量三维地面坐标文件的格式与上述格式有出入，只需编制一个小的数据格式转换程序即可。

本功能完成后，显示三角网模型。

3. 显示 DTM

使用该功能，系统以位图方式重新显示构建好的数字地面模型。

4. 输出 DTM

使用该命令将已经构造好的 DTM 保存起来，便于以后的使用。

5. 任意点高程查询

直接从键盘输入查询点的平面坐标或用鼠标在屏幕上点取位置，即可快速查询三角网内任意点地面标高。

13.2.7 内边界处理

内边界处理用于在数字地面模型三角网内切除多边形内的地形，即公路工程的专业术语"挖方"。在公路工程的应用中，制作公路工程的三维全景设计模型时，用此功能可以切除由挖方地段公路坡口线圈定的区域，在计算机中进行挖方处理，在此基础上可以实现公路三维模型与地形三维模型的合成。如图 13-6 所示，蓝色区域为需要挖掉的三维数字地面模型部分。

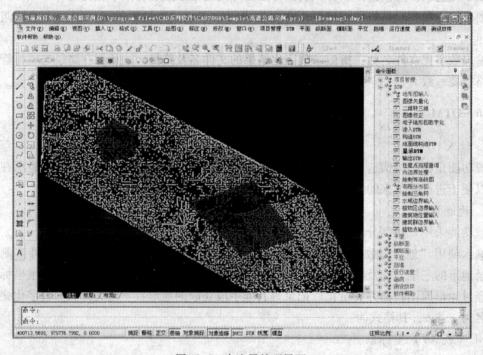

图 13-6　内边界处理界面

选择本功能后，出现如下提示：

在边界数据文件中读取多边形（F）/在屏幕获取多边形（D）：

输入 F：则由数据文件中读取边界坐标。

边界数据文件的扩展名为 * . plg，其格式有两种：

如果边界点为二维坐标，则其格式为：

　　2

　　　　n1　　　　　　　　　　第一个边界的拐点数

　　　　x₁　y₁　　　　　　　　第一个边界的第一个拐点的坐标

　　　　⋮　⋮

x_{n1}	y_{n1}	第一个边界的第 n1 个拐点的坐标
n2		第二个边界的拐点数
x_1	y_1	第二个边界的第一个拐点的坐标
$\vdots$	$\vdots$	
x_{n2}	y_{n2}	第二个边界的第 n2 个拐点的坐标

如果边界点为三维坐标，则其格式为：

3			
n1			第一个边界的拐点数
x_1	y_1	z_1	第一个边界的第一个拐点的坐标
$\vdots$	$\vdots$	$\vdots$	
x_{n1}	y_{n1}	z_{n1}	第一个边界的第 n1 个拐点的坐标
n2			第二个边界的拐点数
x_1	y_1	z_1	第二个边界的第一个拐点的坐标
$\vdots$	$\vdots$	$\vdots$	
x_{n2}	y_{n2}	z_{n2}	第二个边界的第 n2 个拐点的坐标

输入 D：则由屏幕直接获取多边形坐标。

本系统可同时处理 50 个多边形，每个多边形的拐点数不超过 2000 个。

13.2.8　水域边界输入

使用本功能，可以将路线所经过的河流水系在三维全景模型图中显现出来，并在三维动态仿真系统中真实地反映。选择本功能后，出现如下提示：

水域名称（按 [Esc] 键结束）：输入水域文件名，以便于系统识别区分

输入边界起点坐标：在界面上点取或者可以直接输入已知水域的边界点坐标

输入下一点，直至闭合区域。至此，一个闭合的水域边界就已经输入完毕。若还有另外一块水域，请再次命名水域名称，直至闭合区域。全部表示完毕，按〈Esc〉键结束，保存文件退出。水域边界文件的扩展名为 *.sy。

13.2.9　植物区边界输入

使用本功能，可以将路线所经过的植物区在三维全景模型图中显现出来，并在三维动态仿真系统中真实地反映，包括植物区里植物的形状种类。选择本功能后，出现如下提示：

植物区名称（按 [Esc] 键结束）：输入植物区的名称，以便于系统识别区分

输入边界起点坐标：在界面上点取或者可以直接输入已知植物区的边界点坐标

输入下一点，直至闭合区域。至此，一个闭合的植物区边界就已经输入完毕。若还有另外一块植物区，请再次命名植物区名称，直至闭合区域。全部表示完毕后，按〈Esc〉键结束，保存文件退出。植物区边界文件的扩展名为 *.zwq。

13.2.10　建筑物位置输入

使用本功能，可以将路线所经过区域的典型建筑物在三维全景模型图中显现出来，并在三维动态仿真系统中真实地反映。选择本功能后，出现如下提示：

建筑物名称（按 [Esc] 键结束）：输入建筑物的名称

输入建筑物位置点坐标：<u>在界面上点取或者可以直接输入已知建筑物位置点坐标</u>

全部表示完毕后，按〈Esc〉键结束，保存文件退出。建筑物位置文件的扩展名为 ∗.jzw。

13.2.11　建筑群边界输入

使用本功能，可以将路线所经过区域的成片建筑群在三维全景模型图中显现出来，并在三维动态仿真系统中真实地反映。选择本功能后，出现如下提示：

建筑群名称（按［Esc］键结束）：<u>输入建筑群的名称，以便于系统识别区分</u>

输入边界起点坐标：<u>界面上点取或者可以直接输入已知建筑群的边界点坐标</u>

输入下一点，直至闭合区域。

建筑群内建筑或植物的名称：<u>输入建筑或植物名称，以便于系统识别</u>

至此，一个闭合的建筑群边界就已经输入完毕。若还有另外建筑群，请再次命名建筑群名称，直至闭合区域。全部表示完毕，按〈Esc〉键结束，保存文件退出。建筑群边界的文件扩展名为 ∗.jzq。

13.2.12　植物点输入

使用本功能，可以将路线所经过区域的典型植物点在三维全景模型图中显现出来，并在三维动态仿真系统中真实地反映。选择本功能后，出现如下提示：

植物点名称（按［Esc］键结束）：<u>输入植物点的名称</u>

输入植物点坐标：<u>在界面上点取或者可以直接输入已知植物点坐标</u>

全部表示完毕，按〈Esc〉键结束，保存文件退出，植物点位置文件的扩展名为 ∗.zwd。

13.2.13　绘制等高线

使用本功能，在数字化地面模型已经构造好的基础上，可以根据自己所要求的等高距值来绘制等高线。

选择本功能后，出现如下提示：

输入等值距：<u>输入等高线步距，系统自动按输入的等高线步距生成等高线</u>

13.2.14　高程分布图

1. 颜色分组文件编辑

分组文件由用户先建立高程分布文件。文件扩展名为 ∗.fbt，文件格式如下：

```
800  1
850  2
880  3
900  4
2000 5
```

即高程小于800m时，颜色号为1（红）；高程在800～850m时，颜色号为2（黄）；高程在850～880m时，颜色号为3（绿）；高程大于2000m时，颜色号为5（蓝）等。

2. 高程分布图显示

本功能可通过颜色区分高程的分布情况，并显示相应的位图。选择本功能，出现如下对话框：

"自动分组"由系统依据高程范围（最大、最小值）和 AutoCAD 的 1 ~ 7 的颜色标号分七组显示高程分布；"文件分组"则由用户先建立高程分布文件，读入后系统根据用户指定的颜色显示高程分布图。

3. 绘制

本功能对所显示的分布图进行图形输出。

13.3　平面设计

平面设计主要由三大部分组成：

1）外业资料录入。交点线（导线）资料录入，生成交点线文件（＊.jdx）。

2）平面线形设计。利用"交点法"针对每个交点进行曲线设计，输出平曲线文件（＊.pqx）。

3）图表输出。工程设计文件要求的各种图表的生成，可通过字体设置输出矢量字体或标准 Windows 字体，图形文件为 dwg 格式，表格为 dwg 和 excel 两种格式。

平面设计过程中需要注意的问题：平面设计过程涉及两种坐标系，即数学坐标系（XY）和测量坐标系（NE），Hard 2013 系统的处理方法为：① 在通过"交点线设计"进行交互输入导线时，首先应在命令行提示下选择坐标系；② 在交点线文件的第一行就是对坐标系的定义，其中"XY"即为数学坐标系，"NE"即为测量坐标系。用户应注意的是：公路设计所选用的坐标系一般为 NE 坐标系，只有在 NE 坐标系下，才有方位角和偏角的概念，而在 XY 坐标系下只有偏向角和方向角，而不存在偏角和方位角的概念。在这一点上，用户经常出错，导致路线方位偏向错误。

13.3.1　交点线设计

1. 交点线文件编辑

通过"交点线"专用编辑器交互输入外业测量得到的交点线资料，可以通过坐标、偏角与交点距、方位角与交点距三种方式输入，并存储为 ＊.jdx 文件，用于平面设计。

2. 二维交点线设计

在地形图上进行选线或者将外业测量得到的交点（导线）线数据录入计算机并存储成 Hard 2013 系统承认的交点线文件，以便在平面设计中调用。

方法一：依据命令行的提示进行。

X 数学坐标系、测量坐标系：坐标系选择（公路设计通常使用 NE 坐标系，括号里的是系统默认的坐标系）

点：用鼠标在屏幕上直接点取导线的起点

Z：输入坐标（输入各个转点的坐标）

A：输入方位角（如果用户使用偏角、交点距的方式输入导线点，则起点必须输入方位角，如果没有测量数据资料，用户可自行假定，如 25d12f36m，表示25°12′36″）

P：输入偏角

L：输入交点距（两个转点之间的直线距离。注意的是：交点距不等于交点桩号的差值）

S：对前面的工作进行存储

U：取消前一步操作

说明：本系统的度、分、秒的输入为 d、f、m，如 45d45f45m 表示 45°45′45″。

方法二：直接在文件编辑器或 Windows 提供的文档编辑器中按照系统规定的格式录入交点线文件，按照项目管理确定的文件名称及文件路径存储。在利用交点法设计时系统会自动调用该交点线文件并直接输出平曲线文件（＊.pqx）。

方法三：可以直接利用"项目管理"下的交点线专用编辑器进行编辑，完成后确定，系统自动保存。

应注意的是：一是坐标系的选择，二是交点线文件的路径、文件名的完整性与项目管理中所建立的文件路径及文件名是否对应。

3. 三维交点线设计

该功能是系统提供给用户动态交互设计的过程。

第一步：读入三维地模，单击该命令。起点位置的选择录入方式有三种：坐标的方式是直接在界面上点取，前点是指上一次交点设计操作完成后的最后一个点，文件的方式是指用户利用文档编辑器已经编辑好的交点线文件直接读入。

第二步：选择坐标系，XY 或 NE。

第三步：给定路线的起始桩号，在起点坐标后的空栏中用户也可以直接输入坐标值或是点取，然后单击"确定"按钮。在这过程中，用户可以自己给定偏角及偏向等参数。

第四步：平曲线设计，单击"设计"按钮，用户就可以输入所需要的平曲线设计参数。完成后存储交点线文件。

在此过程中用户可以直接在地形图上获取交点的高程、高差及坡比。

4. Pline 线形成交点线

可利用 AutoCAD 中的"Pline"命令绘制的多义线，形成交点线。

5. 交点修改

对交点线进行修改。其中，M 表示对选择的交点进行移动，E 表示对选择的交点进行删除，I 表示在所选择的交点后面插入一个交点，S 表示对修改后的交点线进行存储。

13.3.2　平面设计

功能：完成路线平面线形的设计，同时完成对路线断链的处理，并自动输出"＊.jdx"、"＊.pqx""＊.zbb""＊.pmx"文件。

1. 断链处理

Hard 2013 系统对任意的断链情况均能自动处理，其方法是：在进行交点法设计时，在调入交点线文件（＊.jdx）或平曲线（＊.pqx）的同时也调入断链文件（＊.dl），系统将根据该文件在设计过程中一一完成长、短链的处理，系统将处理结果保存到＊.pqx 文件中。特别强调：由于系统能够自动处理断链问题，系统中的里程和桩号的概念要严格区分开，里程是绝对的；而桩号是相对的，桩号只是一个符号。长链将引起桩号的重复，也就是说相同的两个桩号对应两个不同的里程，Hard 2013 系统在设计过程中将重复桩号的前一部分在桩

号前加负号 " – " 以示区别，在成图成表过程中不输出 " – "，但会在断链处注明长短链情况。比如：长链：200 = 120 将引起有两组 120 到 200 的桩号，为了让系统知道哪组 120 到 200 是在前面的，因此地面高（ ∗ . dmg）文件、地面线（ ∗ . dmx）文件等用户自行输入的入口数据文件，都需要在前一组 120 – 200 的桩号前加 " – "。以 ∗ . dmg 文件为例应写成：

– 120	800. 152
– 160	801. 101
– 200	805. 256
120	805. 368
160	888. 287
200	800. 654

……

对于 ∗ . dmx、∗ . cg、 ∗ . hdm 等其他的入口文件也做同样的处理。

2. 平面设计方法

在交点设计完成后输出的交点线（ ∗ . jdx）文件为带有曲线要素的交点线文件，它增加了 R、LS 等参数以及虚交的信息。

（1）交点法 交点法是路线设计中最常规的设计方法，Hard 2013 系统采用人机对话的方式，交互完成每一个交点的设计。Hard 2013 系统以 LZ1 + LS1 + R + LS2 + LZ2（前直线 + 前回旋线 + 圆曲线 + 后回旋线 + 后直线）为一个基本型，通过各种方式的组合，可以完成公路上各种线形的组合方式，包括单圆曲线、对称型、非对称型、S 形、单双卵形、复型、C 形、凸形、虚交、回头曲线等。

1）单圆曲线。赋予 R 值，其他值赋零，单击 "生成" 按钮。

2）对称型。赋予 R 值或 Ly 值，赋予 LS1 或 A1 和 LS2 或 A2 并使 LS1 = LS2 或 A1 = A2，单击 "生成" 按钮。

3）非对称型。同 2 所述，其不同之处为给定的 LS1 不等于 LS2 或 A1 不等于 A2。

4）S 形。对于 S 形曲线应由两个反向交点组成，在此称为 JD1 和 JD2。对于 JD1，可以使用 "对称型"，当然也可以使用 "非对称型" 进行设计；对于 JD2，给定 LZ1 = 0，也就是给定 JD2 的前直线为 0，使得两个交点之间的直线间距为 0，并给定 LS1、LS2（或 A1、A2）的值，而曲线半径 R 值则由系统反算得出。这样由 JD1 和 JD2 共同组合的曲线形式即为 S 形。

5）卵形。方法一：卵形曲线应由两个同向交点组成，分别称为 JD1 和 JD2，那么对于 JD1 给定 LS1、R 值，而给定 LS2 = 0，也就是将 JD1 采用了非对称型的设计（即 LS1 + R，而没有 LS2）；对于 JD2，首先给定 LZ1 = 0，这是设计卵形曲线的必要条件，其次给定 LS1 的值，同时也可给定 LS2 的值，R 值由系统反算得出。这样就得到了一个由缓和曲线 + 圆曲线 + 缓和曲线（此段为两圆公用）+ 圆曲线 + 缓和曲线的设计线型，即卵形曲线。方法二：按照 C 形曲线进行处理，也就是将中间公用的缓和曲线分成两份处理，一部分放在 JD1 上而另一部分放在 JD2 上。方法三：利用交点法设计时同时选择两个同向交点，然后选择 "卵形曲线"，并给定卵形曲线设计所需的参数，单击 "生成" 按钮，便可以设计出常规的卵形曲线，如图 13-7 所示。

6）复型。复型是在两个同向交点用两段半径不同的圆曲线连接。在平面设计交点法设

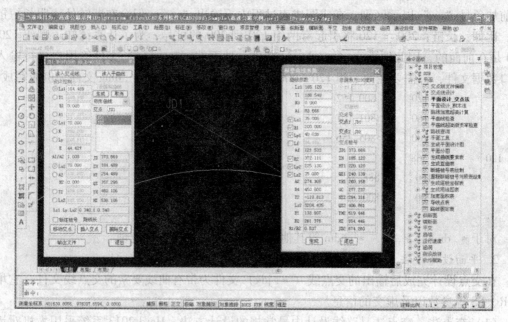

图 13-7　平面设计交点法界面

计时选择两个同向交点，然后在交点上方对话框中选择"复型曲线"，便可以对所选交点方便地进行复型曲线的设计。

7）C 形。与 S 形做法相同，不同之处是 S 形两交点偏角反方向，而 C 形为两交点同方向。

8）凸形。凸形曲线的设计要首先给定 LS1 或 A1 和 LS2 或 A2 的值，然后给定 LY = 0，这是设计凸形曲线的的必要条件，而 R 由系统反算得到。

9）虚交。当选取的交点数目多于两个的情况，系统就会认为这是虚交，同时系统会自动建立一个公共的虚交点，以供用户进行设计。

10）回头曲线。回头曲线实际上就是虚交的一种，所不同的是虚交点在路线前进方向的反方向，Hard 2013 系统会自动判断虚交中的回头曲线。

特别提示：

1）Hard 2013 系统的平面线形设计功能为用户提供了极大的方便，当曲线设计完成后，用户可以通过"输出文件"按钮输出平曲线文件（＊. pqx），这个文件记录了设计的全过程，包括各种曲线信息、虚交点、回头曲线等。当设计一次没有完成，用户可以把已设计的弯道参数保存到平曲线文件中，下次可以直接读入该文件继续进行工作。

2）路线的桩号信息（包括起点桩号、断链桩号）。调入编辑好的交点线文件时，输入路线的起点桩号和断链文件，这个文件将指明断链所发生的位置。这时当用户开始设计曲线时，系统将自动计算桩号信息，并在"输出文件"时输出到＊. pqx、＊. zbb 文件中。

3）对于四级公路的设计，Hard 2013 系统考虑了 LC 和 LS 的混合设计，原则上讲四级路应使用 LC 值，LC 只是超高缓和段的长度，一般在直线段上设置，其长度不计入路线长度，但是对于某些个别的弯道，用户需要设置缓和曲线 LS，其长度计入路线总长度。用户可以通过"交点法"设计界面上的"设缓和曲线"选项来针对个别的弯道进行缓和曲线 LS

的设计，这样就实现了对于同一条四级公路，缓和段 LC 与缓和曲线 LS 共同存在。

（2）积木法 线形设计的曲线定线方法，通过线元的组合完成线形的设计。积木法一般用于立交线形的设计。Hard 2013 系统的交点法设计和积木法设计可以互相转换，应用积木法可以非常方便地对交点法的设计成果进行修改或编辑，交点法可以直观的生成利用积木法定义的曲线的交点线，两种方法的交互使用，可以方便地定义立交匝道的线形设计，如图 13-8 所示。

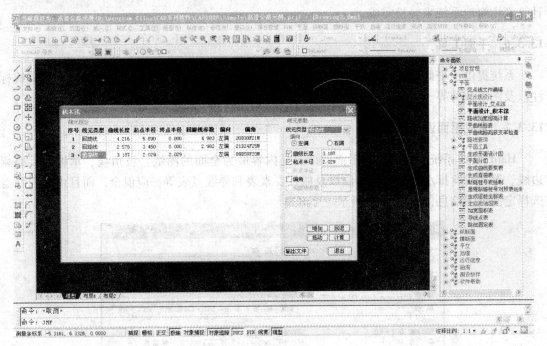

图 13-8　平面设计积木法界面

13.3.3　平曲线检查

系统依据《公路路线设计规范》对曲线设计中的参数进行检查，对违反该规范的弯道指标以及相应的参数通过报告提示出来，设计人员可以方便地检查自己在设计中的违规情况。系统只是提示违规情况，并不强行阻碍下一步的操作。

13.3.4　路线超高加宽计算

路线超高加宽计算是在平面交点设计完成后，系统依据《公路路线设计规范》自动进行路线的超高及加宽的计算。用户可以对系统自动计算的超高加宽值进行编辑修改，完成后按"确定"按钮保存成果。系统会把计算结果自动保存，自动输出横断面文件（＊.hdm）、超高文件（＊.cg）、超高图文件（＊.cgt）。计算完成后单击超高图，系统会自动绘制超高方式图。

13.3.5　路线查询

1）路线标注。标注桩号坐标，在界面中直观地显示出来。

2）里程桩号查询。在存在断链的情况下，可以查询桩号相对应的里程。

3）法线坐标查询。可以查询路线上任意桩号法线上的坐标。

4）路线平纵横信息综合查询功能。系统提供给定的桩号文件以及动态交互输入两种方式，查询路线范围内任意指定桩号点的平纵横设计数据，包括坐标、高程、横坡度等；用户在进行桥涵设计时，常常需要手工计算桥涵任意位置点的所有信息，该功能的实现，极大地方便了用户的设计需要，配合海地计算器的强大功能，用户在进行桥梁设计时大部分的数据计算都由海地系统来轻松完成。

13.3.6 平面工具

系统提供了平面设计路线标注等功能。如对生成的平面设计图进行地物标注、等高线标注以及图形裁剪等。

13.3.7 生成平面设计图

Hard 2013 系统生成的路线平面设计图是内容最为全面的图纸。坡角线、示坡线、路幅边线、等高线、排水线、坐标标注以及曲线要素表和导线点表等一应俱全，而且由用户任意选择定制出图信息，如图 13-9 所示。

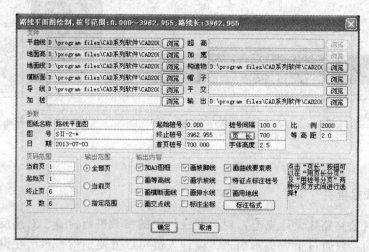

图 13-9 "路线平面图绘制"对话框

Hard 2013 系统是三维操作平台，所以系统会根据外业资料即纵断面地面高文件（ *. dmg）和横断面地面线文件（ *. dmx）自动生成数字化地面模型（dtm），从而自动绘制出等高线，并可使用"平面工具"中的"等高线标注"进行高程的标注。这里特别需要注意的是：为使系统绘制的等高线有足够的幅面，在外业测量过程中要尽可能将横断面地面线的测量宽度大一些，这样系统根据外业资料绘制的等高线将更加趋于实际。出图时通过设定页长，比如 700m/页，也可以通过单击"页长"按钮，对每页的起止桩号进行编辑，用以改变出图的页长，实现了即能指定页长又可以按桩号范围进行出图页长的控制。

系统通过"标注格式"对话框设定输出的路幅线、曲线要素表的格式等，如图 13-10 所示。系统依据设计习惯默认桩号标注的位置在曲线的内侧并垂直于路中线，路中线的线形默认为实线，可以通过"标注格式"
中的选项对默认格式进行修改。

"标注格式"对话框中的
"旋转平移缩放"是指对分割的
每张图纸进行水平旋转，使其水
平的布置在图框内，并依据用户
设定的"横向"和"宽度"方
向的比例进行比例缩放。"横向"
和"宽度"方向的比例可以不
同，对于低等级的公路可以适当
的将"宽度"比例放大一些，这
样路幅方向可以宽一些，桩号的

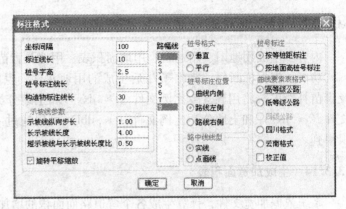

图 13-10　"标注格式"对话框

字将不会和路幅线混在一起，使图纸版面整齐美观。

出图时可以生成当前页也可以全部生成，当选择全部生成时，系统会自动命名并逐页保
存到项目管理中指定路径的 dwg 文件夹中。

13.3.8　平面分图

与 13.3.7 功能相同，区别在于：13.3.7 的地形图由 DTM 生成，而本功能的地形图是已
经存在的 dwg 格式的地形图。

系统将 CAD 中 dwg 格式的地形图完美的与路线相结合，可以完全保留原有地形图上的
内容，并指定图框内地形图的绘制范围。值得注意的是：当执行平面分图命令时，所参照的
地形图文件在 CAD 中不能处于打开的状态，因为打开状态的图形不可以进行内部操作。地
形图的坐标一定要和路线的坐标吻合。

13.3.9　生成曲线要素表

用户通过左右方向的单箭头或是双箭头，可以方便选择输出交点的序号，以及要素表的
各种形式。

13.3.10　生成逐桩坐标表

系统依据平面设计完成后生成的 *.pqx 文件生成坐标表，并根据公路等级或者测设的
需要选取是否输出方位角。一般情况下高等级公路输出，而等级较低的公路不输出。系统可
以通过设定桩号间距、加桩文件等输出用户需要的桩号坐标。

13.3.11　生成直曲表

根据 *.pqx 文件输出直曲表，依据公路等级选择是否输出坐标。对于四级公路，由于
超高加宽缓和段不是在缓和曲线上完成的，所以其表格形式有所不同。

13.3.12　生成断链桩号表

根据断链（ *.dl）文件生成总里程及桩号对应表。

13.3.13　生成用地图表

内容：生成用地图、用地表、用地面积表、用地及青苗补偿表。

功能：根据横断面"带帽子"后生成的用地文件，生成用地的各种图表。其中"用地及青苗补偿表"将用到县乡比例文件（＊.dxx）和土地分类比例文件（＊.dbl）。县乡比例文件（＊.dxx）和土地分类比例文件（＊.dbl）可以通过"项目管理"下的专用编辑器编辑得到。

13.3.14　生成加宽面积表

系统依据加宽文件，计算生成各个弯道路面面积的增加量，为计算路面工程数量提供直观的依据。

13.3.15　生成导线点表

系统依据用户自行编辑好的导线点文件＊.dx，自动输出导线点表。

13.3.16　生成路线固定表

"路线固定表绘制"如图 13-11 所示，用户自行填写固定点的参数，然后单击"输出文件"，系统自动输出文件＊.jdd，并且在参数设置好之后自动输出路线固定表。

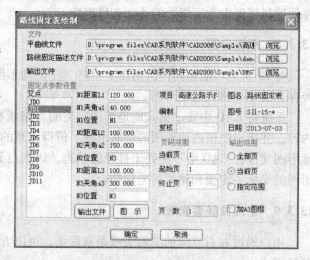

图 13-11　"路线固定表绘制"对话框

13.4　纵断面设计

Hard 2013 系统在纵断面设计中提供交互式拉坡和竖曲线设计功能，动态显示设计中的控制参数，并可通过"航空视图"纵观全局和放大局部，使纵断面设计方便、直观、准确、合理。根据用户要求自动生成纵断面图，并可任意选择栏项、栏序及作分幅处理；根据高程设计线的位置和超高方式、加宽方式等自动生成各种路基形式的路基设计表、纵坡竖曲线表、平纵缩图、水准点表、超高计算表以及主要经济技术指标表，并且可以对工程可行性研究阶段的财务评价提供数据表格的自动计算输出等。

13.4.1　由 DTM 切纵、横断面值

功能：如果选线工作是在 DTM 上进行，那么在完成平面设计后可生成逐桩坐标文件（＊.zbb），系统将通过这个文件中提供的桩号信息在 DTM 上插值，自动计算得到纵断面的地面高（＊.dmg）和横断面地面线（＊.dmx）文件，如图 13-12 所示。

横向插值范围可直接输入，也可通过文件输入，横断面插值范围文件的扩展名为＊.zbj，其格式为：

桩号　左范围距离值　右范围距离值

如:

500.000	50	40
600.000	20	30
700.000	50	50
800.000	100	100

即桩号小于 500.000 时,其左范围距
离值为 50,右范围距离值为 40,桩号区
间处于 500.000 ~ 600.000 时,其左范围
距离值为 20,右范围距离值为 30,桩号
区间处于 600.000 ~ 700.000 时,其左范
围距离值为 50,右范围距离值为 50,桩
号大于 800.000 时,其左范围距离值为
100,右范围距离值为 100。

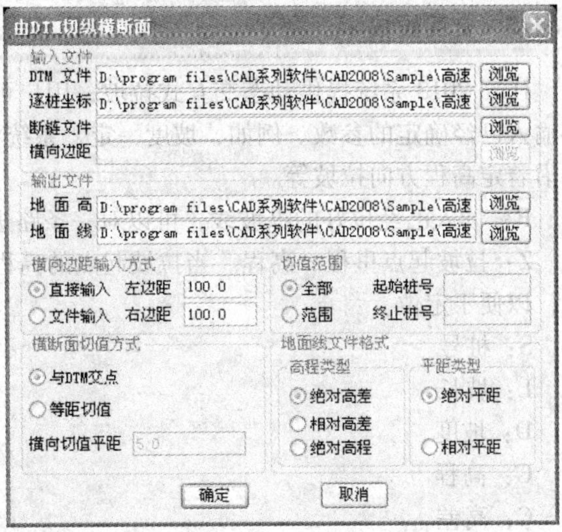

横断面的切值方式有两种:一是与

图 13-12 "由 DTM 切纵横断面"对话框

DTM 的交点,选择这种方式,系统自动判断 DTM 中地形起伏的临界点,并给出该点的信息;一是等距切值,用户可以自己给定路线横向的切值间距大小。

在此要注意,横向边距不允许超出 DTM 给定的范围区域。

13.4.2　地面高文件编辑

功能:利用操作界面,交互地输入地面高程,用户可以先调入 *.zbb 文件,这样可以不必输入桩号,为录入原始数据减少一个环节,用户可以通过"显示图形"按钮随时查看输入数据所对应的图形,用户可以在输入数据的过程中任意修改和插入一个桩号及其高程。通过保存得到文件扩展名为 *.dmg 的文件。

操作:如果有 *.zbb 文件,系统会自动调入桩号,这时用户只需输入对应的高程值,按 < Enter > 键,系统会自动跳到下一个桩号,依次输入相应的高程。如果要插入一个桩点,就将当前的桩号改成要插入的桩号并输入高程,按 < Enter > 即可插入。全部输完后按"确定"按钮,得到地面高程文件(*.dmg)。地面高程文件也可以在海地专用编辑器中编辑。

13.4.3　地面高程文件检查

通过此条命令检查地面高程文件中有没有输错的地方,系统规定两个相临的桩号高程差大于 30m 时提示为错误,当然这只是提示,用户有理由认为它是正确的。对于系统检查有错误的桩号,用户可查看错误报告文件,并可依据报告提示的信息通过"地面高文件编辑"加以修正,修正后按 < Enter > 确定,并可通过"显示"按钮浏览结果。

13.4.4　拉坡控制资料

输入拉坡所需要的资料。

13.4.5 交互拉坡

Hard 2013 系统提供动态交互式拉坡，用户可以自由拉坡，也可以通过命令行的提示直接输入已经确定的参数。例如，坡度一定，系统将沿着定坡方向拉坡；或者高程一定，系统将沿着定高程方向拉坡等。

R：读入已经拉好的纵坡线，可以对一条路进行多次拉坡进行比选。

Z：拉坡起点里程、高程。当拉坡起点的高程已经确定，用户可以直接输入里程和高程值，以便于定位。

S：桩号

L：坡长

D：坡度

G：高程

C：高差

X：相对参考点

U：取消前一步操作

系统在屏幕左下角的窗口位置，动态地显示由于鼠标拖动而引起的所有参数的变化，用户可以依据系统的动态提示进行交互式拉坡。

进行交互拉坡时可以打开"航空视图"，通过它可以放大任意局部并可纵观全局，这样就会使拉坡工作变得轻松自如。

拉坡过程可以随时进行保存（＊.zdm），当一次不能完成整条路的拉坡时，用户可以将拉好的坡保存起来。下次拉坡时，可以通过"读入纵断面"将前一次保存的拉坡文件打开，然后通过命令行的提示，输入 C（前点），即可接着上次拉的坡继续工作了。

用户可以通过输入前后的直坡长数据来控制相邻竖曲线间的直线长指标。

提示：界面中显示的红色竖线是指平曲线的起止点位置，白色竖线是指圆曲线的起止点位置，确保拉坡的过程中方便的"平包纵"。

13.4.6 竖曲线设计与修改

对拉坡线的各个变坡点进行曲线设计，系统动态显示所有设计参数，用户可以通过给定的任何已知参数进行竖曲线的设计，系统在信息窗口即时动态显示反算结果，以供设计参考。如：R 表示给定半径反算 E、T，T 表示给定切线长反算 E、R，E 表示给定外距反算 R、T。

变坡点的选择：用户可以通过鼠标直接点取设计的变坡点，也可以输入变坡点的号码（系统自动对变坡点逐个编排号码）。

在设计过程中用户可以随时保存设计，输出纵断面文件（＊.zdm），保存设计成果。当设计完成后，按 <Enter> 键或单击鼠标右键，系统自动弹出纵断面所有的设计参数，供用户编辑修改，系统提供用户可修改高程及半径，并可以对半径值进行取整，修改完成后单击计算，系统会根据修改后的数据来输出，按"确定"按钮保存纵断面设计的过程。

针对纵坡线的修改，系统可以通过移动（在命令行中输入 M）、插入（在命令行中输入 I）、删除（在命令行中输入 C）命令方便地实现，还可以通过设定竖曲线间前后直线长来控制生成竖曲线。

13.4.7　竖曲线检查

系统依据相关规范对纵断面设计参数进行检查，并提交检查报告。用户可以依据检查报告对纵断面参数进行修改。对于特殊的地段，由用户自行把握。

13.4.8　设计高程计算

计算给定的批量桩点的设计高程，批量桩点可以通过"输入文件"或"输入桩号"两个按钮给出，"修正高差"是指相对设计标高进行修正，比如面层厚20cm，要计算面层底面标高，修正高差输入：－0.2 即可。按"确定"按钮，可输出逐桩的标高。

13.4.9　填挖高计算

根据已设计完成的平面及纵断面数据，系统提供逐桩的填挖高度计算，以文本文件的格式输出。

13.4.10　生成纵断面图

输出纵断面设计成果图

1) 通过"标注栏设定"用户可以自由地选择装配在纵断面图上要输出的栏目和顺序，并可以将装配方案保存起来，以便于以后调用。

2) 系统默认按 A3 图框布图，纵向比例为 1：2000，横向比例为 1：200，每页 700m。用户可以自由定义首页图的终点桩号，这样对于首页有破桩的情况，系统可通过首页的终点桩号进行凑整。

3) 出图比例可自由定义，如果使用 A3 的标准图框，系统将自动依据比例计算每页的出图长度，如纵横比例为 1：1000 和 1：100，那么每页长度为 350m，当纵横比例为1：4000和 1：400，那么每页长度为 1400m，依此类推。

4) 图纸各参数精度的控制通过"标注栏设定"进行定义，对标注栏中平曲线的有关内容，可以通过"√"进行控制选择是否输出。

13.4.11　生成纵坡表

依据竖曲线设计所得到的 *.zdm 文件生成纵坡竖曲线表。

13.4.12　生成路基设计表

根据高程设计线的位置和超高方式、加宽方式等，自动生成各种路基形式的路基设计表。

13.4.13　平纵缩图

系统自动将平面设计图和纵断面设计图通过该功能合并生成路线的平纵缩图。其出图比例和每页长度由用户自由定义，平面和纵断面的信息定义可以依据"平面图设置"和"纵断面设置"分别定义。

由于平纵缩图一般使用比较小的比例出图，如 1∶50000，所以对于平纵缩图，一般输出的内容要比单独的平、纵面设计图简略。

13.4.14　生成水准点表

依据水准点文件生成表格。水准点文件的录入可以通过"项目管理"下的水准点文件的专用编辑器进行编辑。

13.4.15　生成超高计算表

依据超高，横、纵断面文件生成反映各弯道超高变化的综合表格。对于施工放样工作具有很大的方便性。

13.4.16　主要经济指标

输出项目的平面、纵断面以及路基填挖等各项主要技术指标。设计的主要经济指标有：

（1）平曲线　路线总长（km），平均每公里交点数（个），平曲线最小半径（m/个），回头曲线（个），回头曲线最小半径（m），平曲线长占路线总长（%），直线最大长度（m）。

（2）竖曲　最大纵坡（%/m/处），最短纵坡长（m），竖曲线占路线长（%），平均每公里纵坡变更次数（次），竖曲线最小半径（凸/凹）（m）。

（3）路基　平均填土高度（m），最大填土高度（m），最小填土高度（m）。

系统根据这些计算结果自动编制输出主要经济技术指标表（Excel 格式）。

13.4.17　工程国民经济评价

Hard 2013 系统自动计算输出工程可行性研究报告财务评价的各种表格及计算结果，如图 13-13 所示。

本功能可以独立使用，按照界面上的中文提示要求给定基本数据，并进行"土地补偿费计算"等评价前期计算过程，最终输出 8 张经济评价表。

13.5　横断面设计

Hard 2013 系统的横断面设计适用于各等级公路和城市道路。系统通过交互式的定义方法对路线分段定制路拱、边坡、排水沟、截水沟、挡土墙的形式和尺寸，以及扣除路槽、清理地表的数量、超挖的定制、填方换填的定制以及路基包边土的土方量计算，根据设计规则自动完成各桩号的戴帽子工作。系统提供了一系列查

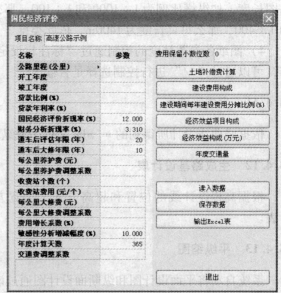

图 13-13　"国民经济评价"对话框

询、编辑、修改各桩号的横断面图和设计参数的工具，用户可以方便地浏览各个断面，并对不合理的帽子进行交互式修改。系统还提供自动布图、自动计算填挖面积、自动进行全线土石方调配、自动生成土石方表、自动生成三维全景模型图以及透视图，并为生成动态仿真图提供数据。

13.5.1 地面线文件编辑

如图13-14所示，通过交互式界面输入横断面外业测量资料，用户应首先选择地面线的输入格式，即平距和高差是相对还是绝对，比如，利用抬杆法测量的横断面地面线，其地面线格式为：平距相对、高差相对。也就是说，各点的距离和高差值均是相对前一个点而言；然后对应纵断面地面高桩号输入左侧的平距，输入高差，当输完左侧数据连续两次按＜Enter＞键，系统自动跳到右侧，当右侧也输完后，连续两次按＜Enter＞键，系统自动跳到下一个桩点，全部输完后按"存储地面线"按钮保存退出。用户也可以在 Windows 提供的文档编辑器中编辑 ∗. dmx 文件，但要注意文件路径及扩展名的正确性。

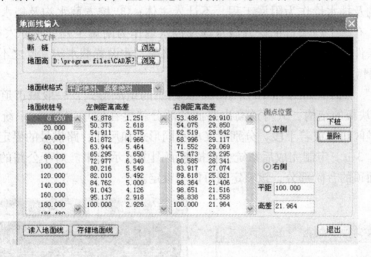

图 13-14 "地面线输入"对话框

13.5.2 地面线文件检查

检查输入的横断面地面线数据文件是否存在错误，对于平距和高差不成对、地面线文件未被地面高文件包含的桩号，系统将判断并形成错误报告文件，用户可以参考并修正错误。

13.5.3 基本资料

调入横断面设计所需要的资料。在这里可以输入桩号范围，也就是可以分段进行横断面设计。另外，如果路线全线的用地加宽（坡角线以外的用地宽）相同，可以不用填写用地加宽文件，而是直接通过操作界面上的用地加宽窗口直接输入加宽数值。

地质台阶文件一般不是手工填写的，它是在"帽子定制"中定制了"开挖地质台阶"，经戴帽子后自动生成的。对于生成的台阶文件，用户可以进行编辑修改，编辑修改后保存，并重复"基本资料"后戴帽子。

系统提供了四套挡土墙的规范数据，用户也可以自己定义规范数据文件，但其格式必须符合系统指定的格式，用户可以在系统提供的数据的基础上进行修改，并换名存储。

帽子定制文件在项目首次调横断面基本资料时没有，只有进行了"帽子定制"之后才有。

对于制作三维仿真的用户，一般弯道需要加密，用户可以对弯道进行加密并戴帽子，将生成的帽子文件提交给海地三维仿真系统。

13.5.4　帽子定制

通过交互方式定义"标准帽子"，可以任意的分段进行定制。

帽子定制的内容共有 10 项，用户根据需要定义其中几项，Hard 2013 会为用户每个分项的定制留下"痕迹"（通过文件将其保存起来），以便随时调用修改。对于标准帽子，如图 13-15 所示，还有 4 个选项需要选择：① 开挖地质台阶的定制，开挖条件是填方地面的斜度大于 n% 时，n 值一般为 20；② 填方排水沟及挡水埝的面积是否计入到路堤里，有些工程项目把填方排水沟及挡水埝作为附属工程，不计入主体；③ 挖方截水沟及挡水埝的面积是否计入到路堤里，有些工程项目把挖方截水沟及挡水埝作为附属工程，不计入主体；④ 设置挖方截水沟的条件，一般只有当地面的坡向指向路基，才设置截水沟，反之不设。

1. 路拱定制

"路拱定制"对话框如图 13-16 所示。定义路拱的组成形式，一般城市道路用得多一些（如城市道路三块板的结构、人行道高出路面的部分就要在这里定制）。系统可以将整段路按照不同的桩号区间分成若干段，分别定义成不同形式和尺寸，路拱号的界定是路幅从左向右依次为 1、2、3…。定制完成后系统会在横断面图中显示出来。对于公路的一般情况，如果没有高出路面顶的台阶部分，该项定制可以不设定。

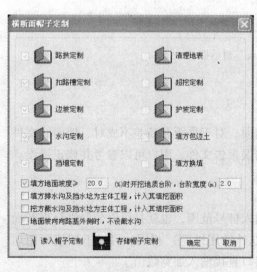

图 13-15　"横断面帽子定制"对话框　　　　图 13-16　"路拱定制"对话框

2. 扣路槽定制

土方计算时扣除路面结构的部分。如图 13-17 所示，单击"增加"按钮调入区间范围的桩号，然后针对每段路幅定义扣除的深度，定制完成后单击"确定"按钮。

3. 边坡定制

边坡分为填方左、右边坡和挖方左、右边坡。可根据设计习惯定制几种填、挖边坡方案保存起来，对于不同的路段通过"读入"调用不同的方案。

系统通过"当剩余坡高＞某数时增设一级边坡"来控制坡高大于多少时设置多级边坡。在分段参数中，如果坡高、坡度、宽度这三项参数均相同的情况下，用户可以只定制一行的数据，系统会自动计算分级级数，加上"当剩余坡高＞某

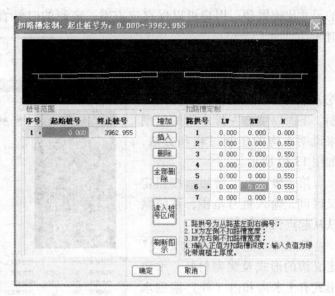

图 13-17 "扣路槽定制"对话框

数时增设一级边坡"的控制条件，比如路基边坡高度为 14.4m，分级的坡高为 6m，这时候加上"当剩余坡高＞2m 时增设一级边坡"条件，系统会自动将级数分为 3 级，最后一级的边坡高度为 2.4m。

下面以左填方边坡定制为例，说明边坡定制过程和方法。第一步：单击"增加"按钮输入区间的起始桩号，系统默认的区间为从起点到终点，接着单击"确认"按钮。第二步：定义边坡的"分段参数"也就是定义多级边坡形式，一般对高填路段为保证填方的稳定而设，系统默认的坡度为 1：1.5。当坡高＞6m 时设一横台或称为护坡道，宽度默认为 1m，如果无需分段，就设置第一段坡度参数即可，系统自动放坡到地面。对于多级边坡，用户可以在护坡道上设置水沟，通过"水沟形式"可以选择设和不设，以及水沟的浆砌形式和尺寸，接着单击"确认"按钮；第三步：边坡防护，系统提供了多种边坡的防护形式，用户可以选择并定义尺寸，定制完成后，单击"确认"按钮。

完成左填方边坡定制后，分别选择右填方边坡、左挖方边坡和右挖方边坡并进行相应定制，当完成整条路范围的填、挖边坡的定制后，按"确定"按钮完成边坡的定制，如图 13-18 所示。

右填方边坡、左挖方边坡和右挖方边坡定制方法同上，有些形式

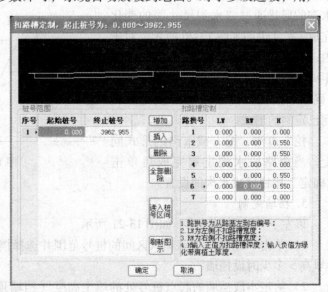

图 13-18 "边坡定制"对话框

的尺寸比较繁琐，用户可以保存成方案，定制的时候直接调入方案，这样可以节省很多时间。

4. 水沟定制

水沟定制分为填方排水沟和挖方边沟，以及挖方截水沟的定制。下面以填方左排水沟的定制来说明水沟的定制过程和方法，如图 13-19 所示。

第一步：点"增加"按钮定义区间，输入桩号范围，系统默认从起点到终点。

第二步：选择"水沟形式"定义沟的形式及浆砌材料，水沟形式有土水沟和内（外）浆砌水沟（内砌水沟的砌石厚度不包含在路基中，而外砌的砌石厚度包含在路基中），"水沟伸缩坡度"指水沟外侧坡根据地面线的变化

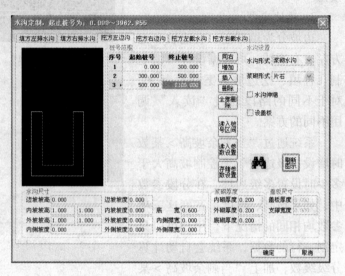

图 13-19 "水沟定制"对话框

进行伸缩的坡度，以使得面积封闭，通常该坡度值和水沟的外坡度相同，但矩形沟一般使用不同的坡度值。浆砌水沟顶可以加设盖板，盖板尺寸由用户定义。水沟外侧可以设置挡水墙。排水沟可以对沟底进行拉坡，拉坡文件可以通过"横断面"下的"排水设计图"进行设计，其格式为 *.zdm；可以针对小填方的情况设置边沟，也即对小填方的情况作为挖方处理，比如系统默认当填方高 <0.5m 时设边沟。

第三步：定义"水沟的尺寸"，水沟的形状通过"水沟尺寸"的变化完成。尺寸说明如图 13-20 所示。对于内、外襟边指的是水沟距两侧沟槽的距离。当完成上述三步的定制，单击"确认"按钮可以通过图形预览区看到已定制的形式。

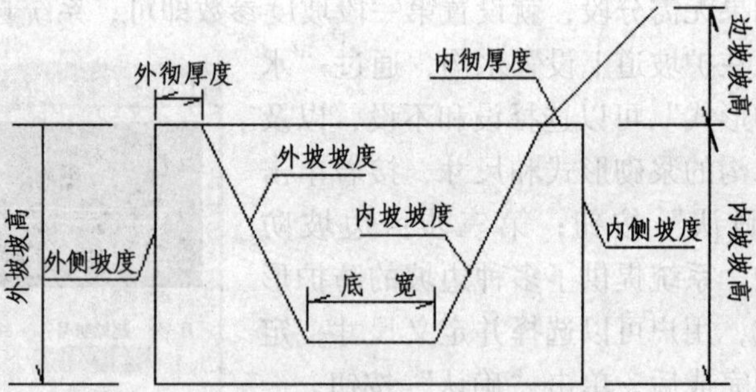

挖方边沟、挖方截水沟的形式同上。当全路段水沟定制完成后单击"确定"按钮完成水沟的设置。

图 13-20 水沟尺寸说明图

5. 挡墙定制

以左下挡墙为例说明，如图 13-21 所示。

1）单击"增加"按钮输入区间的桩号范围并选择挡墙的形式，输入设挡墙的控制条件"填高 > 多少时设挡墙"。

2）给定本段挡墙的起点桩号处的填土高度（挡墙顶到路基边缘的垂直高度），终止桩号处的填土高度。系统以填土高度值来确定挡墙是路肩墙还是路堤墙，当填土高度 =0 时，

则为路肩墙，否则为路堤墙。

3）基础的埋深（基础的顶面到墙的外面坡与地面线交点的垂直高度），埋深在挡墙定制中非常重要，它是确定挡墙尺寸的重要参数。

4）定位点指路基最外边的点或边坡与挡墙的交点，系统通过"定位点到墙顶外侧的平距"来设置挡墙的位置。一般来讲，路堤墙的平距为墙的顶宽，这样墙顶的内边缘和路基边坡正好衔接。而路肩墙的平距为 0，这样墙顶的外边缘和路基边缘点正好衔接，而墙顶置于路基里。

5）挡墙的外侧可以设置水沟，形式和尺寸的定义在"水沟定制"中完

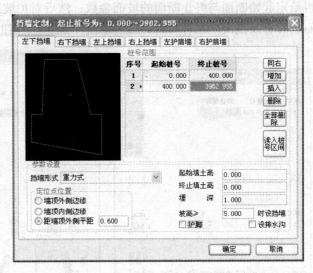

图 13-21　"挡墙定制"对话框

成，其位置：如果有沟底拉坡，系统将按照沟底高程设置；如果没有沟底拉坡，将紧靠挡墙放在地面以下沟深处，水沟与挡墙的距离通过"水沟定制"中的"内襟边"来设定。

6）系统提供"护脚"设定。护脚不同于挡墙，护脚通常是定埋深和定墙高，并且定位是从下向上定，而挡墙一般是从上向下定，所以该系统中护脚和挡墙分开定义。

应注意的是，帽子定制中的挡墙定制一般常用于初步设计或者不需要进行挡墙的计算和详细出图的时候。如果要对挡墙进行详细的计算和出图，系统有单独的挡墙模块。另外，对于自定义挡墙，用户可以打开 Hard 2013soft \support 目录下的 ∗.dq 挡墙的数据文件编辑。

6. 清理地表定制

由于某些填挖方地段的表土不能直接在其上进行填挖方，故需要清理，用户需要给定桩号范围，清理地表区间参数，系统会将其清理，并给出选项是否"直接弃方"，直接弃方是指清理的弃土不能作为填方利用，作为挖方直接弃掉，如淤泥路段。

当全部定制完成后，保存一个完整的帽子定制，建议用户保存帽子定制（∗.mdz）。它将给用户后期的工作带来极大的方便，因为用户可以随时将其调入并修改。戴帽子和帽子定制工作不是一次可以完成的，可能需要多次的反复。

7. 超挖定制

用户给定桩号范围及超挖区间参数，先单击"增加"给定桩号范围，再单击"超挖区间参数框的"设置"文本框的"增加"按钮给定区间参数，然后单击"确认"按钮确认桩号分段，最后单击"确定"按钮，如图 13-22 所示。该项定制主要用于城市道路或者是公路的改建工程，当改建工程中原路面的标高与设计标高间的高差不够铺筑一层的路面结构厚度或一层土的压实厚度时，需要将原有旧路面标高以下的部分挖除，以满足做结构层的厚度要求。参数设定好以后系统将自动计算处理表格并在横断面图中显示。

8. 护坡定制

护坡定制主要用于坡面修筑护坡。用户可分别定义左侧护坡与右侧护坡，以左侧护坡为例，对话框的左下角给出了左侧护坡的示意图。先输入桩号范围，系统默认从起点到终点；

再给定起始断面与终止断面的坡面参数；然后对护坡及护脚的材料进行选定，系统给定了块石、片石及混凝土三种材料，最后单击"确定"按钮，如图 13-23 所示。

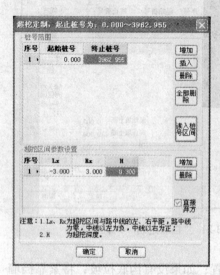

图 13-22　"超挖定制"对话框　　　　　图 13-23　"护坡定制"对话框

9. 填方包边土定制

填方包边土定制主要用于石方路基填方，用户给定左右侧桩号区间以及包边土宽度，系统会自动计算处理表格并在横断面图中显示。

10. 路基换填定制

路基换填定制主要用于改建工程中的补坑槽或新建道路的不良路基处理。给定换填区间参数，系统会自动计算处理并在横断面图中显示。

13.5.5　戴帽子

依照有关设计规则完成帽子和地面线的结合，在此过程中系统会自动计算并生成横断面帽子文件 *.mz、坡角线文件 *.pzx、占地文件 *.zd、模型边界 *.plg、沟底高程文件 *.sg 等。Hard 2013 系统将横断面图保存在 *.mz 中。

戴帽子过程可以通过"显示帽子"的选项进行选择。"显示"比较慢，一般不需要显示。在戴完帽子后务必备份一份 *.mz 文件，以防数据丢失或造成不必要的麻烦。

13.5.6　帽子浏览

当完成戴帽子的工作后，Hard 2013 提供了非常方便的浏览工具，如图 13-24 所示，可以通过设定"查询条件"查看横断面的各种信息，并且可以通过存储功能，将查询结果保存下来。例如，可以按标段查询并且按标段保存起来，这样在后续的工作中就可以按标段进行土石方调配，按标段累计土石方数量、按标段布图等，查询结果依然是帽子文件（*.mz），但这只是整个大帽子中的一段小帽子而已。帽子浏览功能为用户提供了每个横断面的所有相关的参数，对于了解各个断面的填挖、标高等情况一目了然。

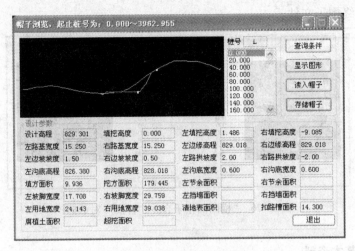

图 13-24　"帽子浏览"对话框

13.5.7　交互修改与帽子合并替换

1. 交互修改

当完成"戴帽子"后，可以通过"帽子浏览"对各个断面进行检查，对不符合设计要求的断面，用户需要进行处理，如果一个区间不符合要求，建议转回到"帽子定制"对标准帽子修改，然后重新"戴帽子"，这样可以批量完成修改。通过以上的修改，如果还有个别的断面依然存在问题，系统提供了本节所述的"交互修改"功能，Hard 2013 提供了能修改横断面任意位置的工具箱，如图 13-25 所示。修改的内容包括边

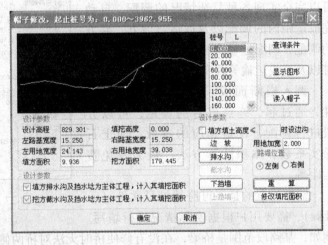

图 13-25　"帽子修改"对话框

坡、水沟、挡墙、占地宽度、填挖面积等，修改完一个断面后单击"重算"按钮，系统将更新这个断面，修改的结果可以通过"图形区"浏览，当修改完全部认为有问题的桩号后按"确定"按钮，系统将更新与横断面有关的全部数据文件。

2. 帽子合并替换

如图 13-26 所示，首先读入源帽子，选择要替换帽子（即更改相关平纵横资料之前需要保留不变的桩号）的桩号，进入目标帽子，然后存储（要注意帽子文件名的定义，不要覆盖原有的帽子，如"111. mz"文件）；在更改相关平纵横资料后重新戴帽子，然后再次执行该命令，先读入源帽子即重新戴帽子后的帽子文件，选择所有桩号进入目标帽子框，再次读入 111. mz 文件，选择桩号进入目标帽子框，单击"存储"按钮，这时候的帽子文件就是更

改之后所要的最终帽子文件。

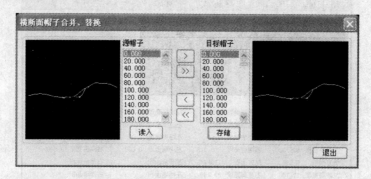

图 13-26 "横断面帽子合并、替换"对话框

13.5.8 土石方基本资料

Hard 2013 系统提供了完全智能的土石方计算、调配、表格输出功能,如图 13-27 所示。系统提供的自动化调配功能可以完全实现各种复杂情况的调配,自动完成运距内的调配以及远运、借方、弃方的调配,调配过程中充分考虑了不可跨越桩以及直线运输等现实存在的问题。

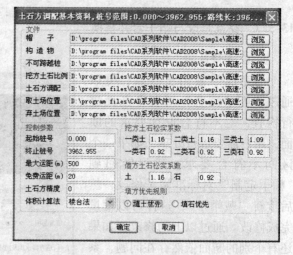

图 13-27 "土石方调配基本资料"对话框

调入横断面成果帽子(∗.mz)文件,通过起、终点桩号的设定,可以分段进行调配,设定相应的参数,如土石松实系数、体积计算方法、最大及免费运距等。

需要注意的是不可跨越桩号文件(∗.bkz),需要用户根据实际情况进行填写。例如,某路段范围是桥梁,在没有修便桥时无法对桥两侧的土方进行调配,这时就需要将不可跨越位置的起、止桩号填入文件。

执行这一步操作前必须先准备好挖方土石比例文件。

13.5.9 土石方调配计算

1. 动态土石方调配

根据调入的土石方基本资料,系统自动计算逐桩的土石方填缺和挖余数量并输出调配曲线,曲线横坐标为桩号,纵坐标为土石方累计量(调配曲线上点的切线斜率为正表示该位置有挖余,反之为填缺),桥位处无土石方量,故为水平线。系统提供自动调配和手工调配方法(见命令行的提示),调配完成后输出调配成果文件(∗.tp)。

1)动态的土方调配是 Hard 2013 系统提供的极为方便实用的工具。

2)调配曲线。系统自动依据设定的调配约束条件计算出调配平衡点桩号,并存储调配成果文件（*.tp）。如果进行手动调配，需要通过字母"D"定基线，也就是从哪点开始调，按<Enter>键来确定，然后通过小键盘上的左右箭头（或数字4和6键）移动十字光标，当调配曲线在十字光标所到处变为红色，表示调配基线找到了平衡点，用户可以按<Enter>键来确定这段调配区间，也可以继续按"6"向前，跳过这个平衡点。当全部调完后保存并输出成果文件*.tp。

2. 远运、借方及弃方文件的生成

远运，最大运距范围的土方调配完成后，挖方处的挖余量通过大于最大运距（系统默认500m）调到填缺处称为远运。

借方，填缺处的土方来自路线以外，比如来自路线以外取土坑的数量称为借方。

弃方，当调配、远运利用之后所剩下的土石方数量需要弃掉，这部分土石方量称为弃方。

系统自动计算出最大运距以内调配之后，各路段的填缺以及挖余数量，如图13-28所示。系统首先对大于最大运距的挖余土石方进行调配，单击"自动调配"按钮，系统完成远运方的调配，用户可以对调配结果进行修改。如果修改了远运方的数量，那么借方和弃方文件也将发生变化，可以单击"借方弃方"按钮重新获得借方和弃方的数量，值得注意的是：借方和弃方的运距系统默认值是1000m，而实际情况完全可能不是1000m，用户要依据实际情况来逐段给定其运距。借方是从道路以外的地方运来的土、石或者其他（如煤渣等）材料，所以系统需要用户给定该外运材料的松实系数，以便于计算其压实面积。最后单击"确定"按钮得到所需的3个文件，用来生成土石方数量表。

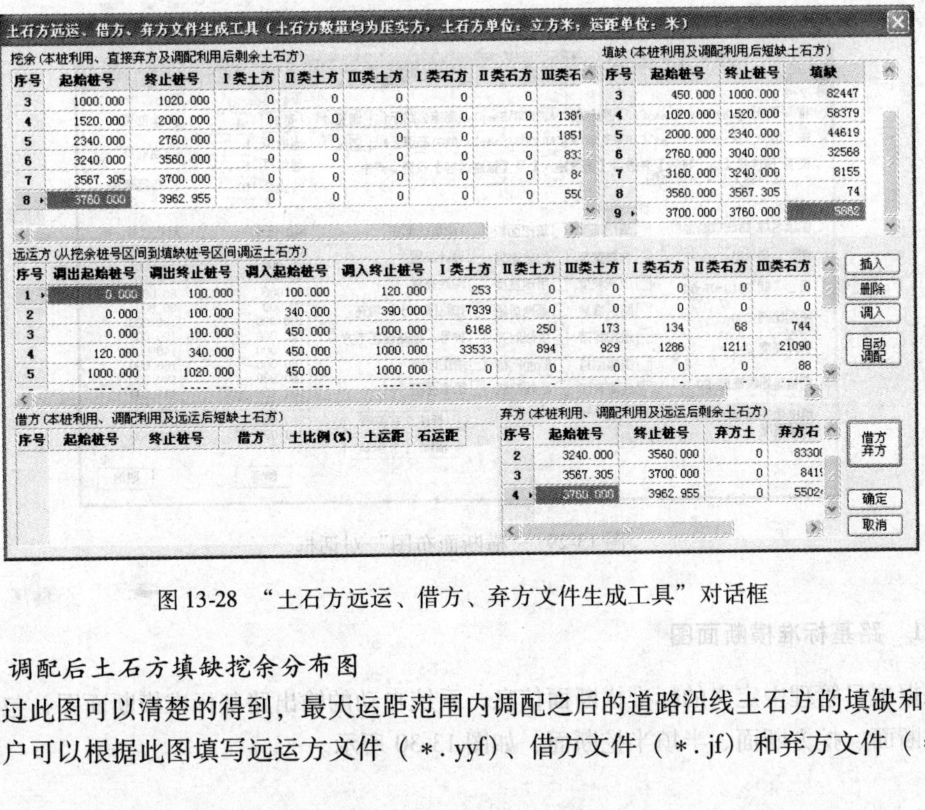

土石方远运、借方、弃方文件生成工具（土石方数量均为压实方，土石方单位：立方米；运距单位：米）

挖余（本桩利用、直接弃方及调配利用后剩余土石方）

序号	起始桩号	终止桩号	I类土方	II类土方	III类土方	I类石方	II类石方	III类石方
3	1000.000	1020.000	0	0	0	0	0	0
4	1520.000	2000.000	0	0	0	0	0	1387
5	2340.000	2760.000	0	0	0	0	0	1851
6	3240.000	3560.000	0	0	0	0	0	833
7	3567.305	3700.000	0	0	0	0	0	84
8	3760.000	3962.955	0	0	0	0	0	550

填缺（本桩利用及调配利用后短缺土石方）

序号	起始桩号	终止桩号	填缺
3	450.000	1000.000	82447
4	1020.000	1520.000	58379
5	2000.000	2340.000	44619
6	2760.000	3040.000	32568
7	3160.000	3240.000	8155
8	3560.000	3567.305	74
9	3700.000	3760.000	5682

远运方（从挖余桩号区间到填缺桩号区间调运土石方）

序号	调出起始桩号	调出终止桩号	调入起始桩号	调入终止桩号	I类土方	II类土方	III类土方	I类石方	II类石方	III类石方
1	0.000	100.000	100.000	120.000	253	0	0	0	0	0
2	0.000	100.000	340.000	390.000	7939	0	0	0	0	0
3	0.000	100.000	450.000	1000.000	6168	250	173	134	68	744
4	120.000	340.000	450.000	1000.000	33533	894	929	1286	1211	21090
5	1000.000	1020.000	450.000	1000.000	0	0	0	0	0	88

借方（本桩利用、调配利用及远运后短缺土石方）

序号	起始桩号	终止桩号	借方	土比例(%)	土运距	石运距

弃方（本桩利用、调配利用及远运后剩余土石方）

序号	起始桩号	终止桩号	弃方土	弃方石
2	3240.000	3560.000	0	83300
3	3567.305	3700.000	0	84
4	3760.000	3962.955	0	5502

按钮：插入　删除　调入　自动调配　借方弃方　确定　取消

图13-28 "土石方远运、借方、弃方文件生成工具"对话框

3. 调配后土石方填缺挖余分布图

通过此图可以清楚的得到，最大运距范围内调配之后的道路沿线土石方的填缺和挖余数量。用户可以根据此图填写远运方文件（*.yyf）、借方文件（*.jf）和弃方文件（*.qf）。

　　用户一般手工填写上述三个文件比较难，所以系统在以下的功能中通过自动调配来完成远运、借方和弃方文件的生成。

　　4. 生成土石方表

　　1）生成土石方计算表，逐桩土石方数量，如果进行了调配系统将自动完成土石方的调配。

　　2）公里土石方计算表，每公里土石方数量计算表，每公里进行合计。

　　3）每公里土石方运量、运距表，Hard 2013 系统依据《公路概预算定额》等将运距划分为：20m 以内，20～100m，100～500m，500m 以上四个等级，此表将反映公里的运距和运量，为公路概预算提供依据。其中运距项为加权运距。

　　4）生成每公里土石方表，系统按整公里统计数量。

　　5）生成土石方汇总表，系统将按照用户给定的区间文件（＊.qj）进行统计成表，如按照标段进行，利于造价预算工作。

13.5.10　横断面布图

　　首先应调入＊.mz，然后设定绘图的比例，Hard 2013 提供任意的绘图比例。设定绘图时的标注内容，其内容可以根据不同地区和单位的设计习惯确定，确定绘制图纸网格（网格可以是单个断面网格也可以是整个 A3 幅面的厘米网格）等，如图 13-29 所示。当设定了上述的内容后，单击"页数"按钮，系统会根据用户的设置模拟布图并计算出页码数，用户确定输出页码的范围，然后单击"确定"按钮，系统自动完成图的输出，并将图保存到项目指定的位置。

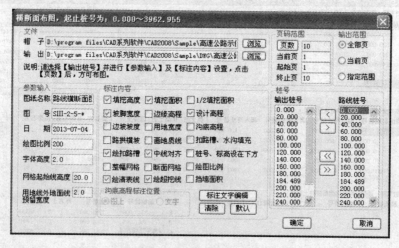

图 13-29　"横断面布图"对话框

13.5.11　路基标准横断面图

　　根据项目管理中定义的标准横断面信息，系统自动的输出路基标准横断面图，包括典型的填方断面、挖方断面、半填半挖断面、如图 13-30 所示。

13.5.12　输出水沟沟底高程

系统为排水设计提供参考资料，其文件格式为：

桩号　　左侧高程　　右侧高程

如果高程为 9999.000，则表示此处没有设水沟。用户也可以参考沟底高程图形进行排水设计。

系统输出的内容还包括排水沟沟底高程图和截水沟沟底高程图。

13.5.13　生成排水设计图

具有两个功能：对于未进行排水设计的，此图可以指导用户进行排水设计；对于已经做好的排水设计可以输出排水设计成果图。排水设计文件为 *.zdm，格式与纵断面拉坡文件一样，不同的是排水设计文件体现的是排水沟底的纵断面，用户在设计的不同阶段使用本图可以起到不同的效果，如图 13-31 所示。

图 13-30　"路基标准横断面图"对话框

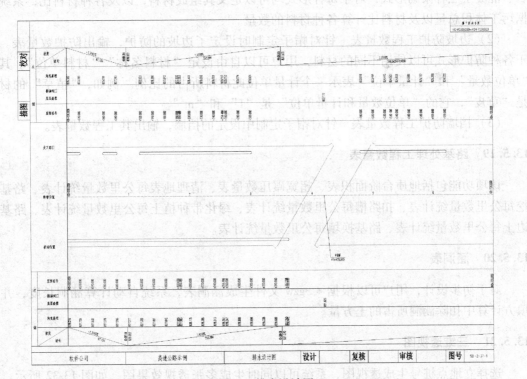

图 13-31　排水设计图

13.5.14　边坡面积表

生成边坡面积,对于防护的计算提供基础数据。边坡长度值采用路基边缘的长度,长度计算为精确计算。

13.5.15　路面高程表

生成路面横断面各个变化点的高程。

13.5.16　路基边坡高度表

输出路基边缘处距原地面的填挖高度,方便地为防护设计提供基础性数据。

13.5.17　坡脚、坡口宽度放样表

输出坡口、坡脚的坐标和高程,有助于提高放样的精确性,避免开挖的浪费。

13.5.18　路基防护工程数量表

(1)水沟防护工程数量表　针对帽子定制时设定的水沟的尺寸、形式以及材料,生成水沟的工程数量表。水沟防护工程数量表的内容包括浆砌边沟、浆砌排水沟、浆砌截水沟、护坡道或碎落台上的浆砌水沟,以及水沟上盖板的工程数量。Hard 2013 系统提供片石、块石、混凝土三种浆砌形式,对于每种形式均可以定义其组成材料,以及各种材料比,系统根据圬工体积总量以及材料比计算各种材料的数量。

(2)边坡防护工程数量表　针对帽子定制时设定了边坡的防护,输出防护数量表。对于各种防护形式可以使用不同的材料,用户可以自由设定"材料名称""材料单位"。其中"单位数量"和"计量单位"表示一个计量单位此材料所占的比例。例如,"植草"的材料是"草皮",它的"单位数量和计量单位"是"1"和"m²"。

(3)挡墙防护工程数量表　针对帽子定制中设定的挡墙,输出其工程数量表。

13.5.19　路基处理工程数量表

该项功能包括地质台阶面积表、超宽碾压数量表、清理地表每公里数量统计表、路基超挖每公里数量统计表、扣路槽每公里数量统计表、绿化带种植土每公里数量统计表、路基包边土每公里数量统计表、路基换填每公里数量统计表。

13.5.20　涵洞表

对于初步设计,用户可以根据 *.gzw 文件生成涵洞表,系统自动计算涵洞长度,并在填方计算中扣除涵洞所占的土方量。

13.5.21　三维透视图

选择立地点桩号生成透视图,系统可以同时生成多张透视效果图,如图 13-32 所示。此外 Hard 2013 还具有全景透视图漫游功能,可在 CAD 操作平台中实时观察路线设计情况,如图 13-33 所示。

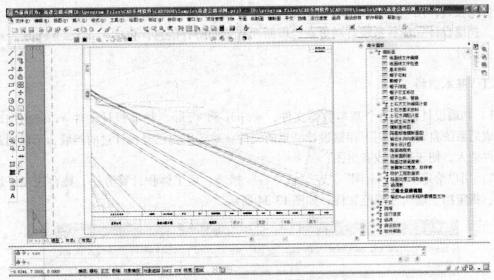

图 13-32　三维透视效果图

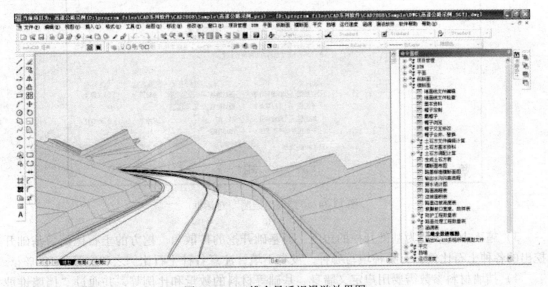

图 13-33　三维全景透视漫游效果图

13.5.22　为 Hard 2013 3D 系统输出模型文件

根据横断面设计结果，为海地三维仿真系统 Hard 2013 3D 输出所需的模型 ∗.mx 文件，该文件可直接被 Hard 2013 3D 系统调入并生成全三维仿真动画。在输出 ∗.mx 文件的同时，系统还可生成在 3DS 或 3DMAX 中进行三维动画制作的 3D 模型。

13.6　挡墙设计系统

挡墙设计系统用于完成挡土墙的设计、验算及成图功能。挡墙设计的数据来源于系统平面设计结果文件 ∗.pqx 以及横断面设计结果文件 ∗.mz。所以说挡墙设计和路线设计有着直接的数据接口，用户不必在挡墙设计过程中填写繁琐的数据，直接读取路线设计的成果文件即可。挡墙设计完成后系统自动更新与横断面有关的所有信息，包括 *.mz、*.pdx、*.zd 等相关文件。

13.6.1 基本资料

1）挡墙设计需要两个基本数据文件，*.pdx 和 *.mz。挡墙设计文件 *.dq 为挡墙设计完成后系统自动生成用于存储设计结果的文件，对于用户已经设计过的挡墙，可以通过这个文件调入，便于修改或者出图。

2）用户给定"桩号范围""左"或"右"挡墙、圬工体积计算方法、棱台法或平均断面法、指定挡土墙尺寸规范文件，如图13-34 所示。

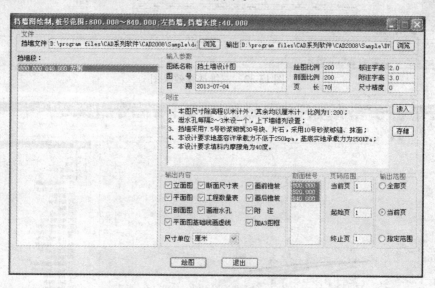

图13-34 "挡墙图绘制"对话框

3）施工中的参数为基础开挖的角度，即基础开挖的扩散角。挖方的土石比例为基础开挖出的各种土石比例，有哪种填写哪种，没有不填，注意各种土石比例之和应等于100%。

4）挡墙材料参数需要用户定义墙身、基础等材料的数量和比例等，并通过"挡墙锥坡及泄水孔参数设定"按钮来设定锥坡、泄水孔等尺寸参数。

13.6.2 挡墙设计

（1）桩号参数 桩号参数是系统在基本资料中得到的，用户可以在这里修改挡墙的填土高度。

（2）参数设置 单击"墙长计算"按钮，系统会计算出在所确定的桩号范围内的挡墙长度，墙长计算考虑了加宽、缓和曲线、填土高度的变化、圆曲线等因素的组合影响。选择挡墙的形式并设定在设计过程中使用平均墙高或最大墙高来控制墙高。沉降缝墙段数表示整个挡墙的沉降缝分成几段，以及每段设几个错台。如图13-35 中的"111121"表示墙共分为6 段，其中第5 段丢两次台即有两个墙高，而其他几段不丢台只有一个墙高，所以墙高共有7 个。

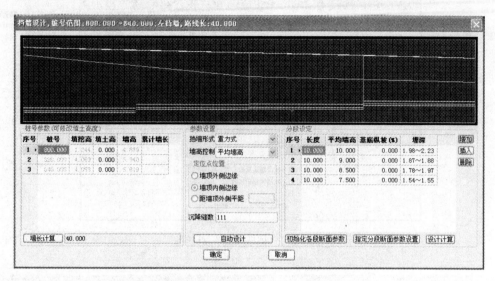

图 13-35 "挡墙设计"对话框

（3）分段设定 单击"添加"按钮设定第一段墙的墙长、墙高，对于重力式挡墙还要设定台阶的数量。单击"确定"按钮第一段进入分段信息窗，这时可以单击"断面参数"按钮修改挡墙尺寸，以及基础的参数。单击"设计计算"按钮，这段墙被显示在图形窗口里。接下来用户可以继续单击"添加"按钮进入第二段墙的定制。系统提供了"自动设计"功能，根据"桩号参数"等控制条件自动计算各个"分段参数"。自动设计可以很有效地控制基础的埋深。

（4）输出 完成全部的分段设定后单击"确认"按钮，系统输出挡墙设计的结果，以便于下次调用或修改，文件名为 *.dq，这个文件的另一个用处是在整条路各段挡墙设计完成后输出"挡土墙工程数量汇总表"。系统同时输出 *.mz、*.pjx、*.zd、*.plg、*.sg 等文件，这是由于设计了挡墙后，帽子的参数发生变化而引发这些文件的相关内容发生变化，如占地宽、填挖方数量等，通过输出这些文件完成关联的修改。由此可见，挡墙的设计和路线横断面设计密不可分，任何把挡墙设计和横断面设计分开的系统所设计的结果都是不精确的。

13.6.3 挡墙验算

设计完挡墙后，验算挡墙是否满足力学要求。系统会根据验算参数，自动计算出挡墙的各项结果，包括抗滑稳定系数、抗倾覆稳定系数、基底应力等，如图 13-36 所示。同时，系统将图文并茂地输出验算结果，使用户对于验算结果一目了然。

13.6.4 挡土墙绘图

1）绘图参数设定。用户可以设定出图的比例、字号大小、每页输出的墙长等。对于输出的图形文件，系统依据"项目管理"中定义的文件名自动定义，用户可以参与。对于同项目中的各段挡墙，用户需注意区分文件名不要重复，如图 13-37 所示。

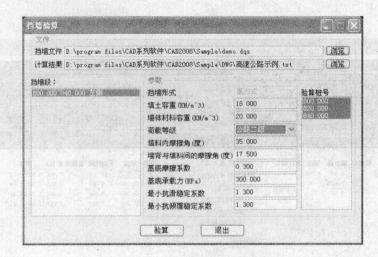

图 13-36 "挡墙验算"对话框

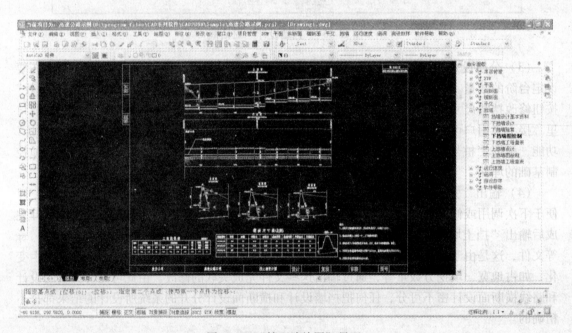

图 13-37 "挡土墙绘图"界面

2）附注。用户可以参与修改附注内容并可保存成文件。

3）输出内容。系统可以将挡墙内容分开来输出也可以全部输出，系统依据比例关系设定页长，用户可以输出全部页也可以输出任意页。此处为常规的 Windows 操作风格。对于输出的尺寸单位，用户可以设定为 m 或 cm。系统默认挡墙的两端设有锥坡，如果实际中没有锥坡，可以通过"画锥坡"选项将其去掉。

13.6.5　生成工程数量汇总表

根据各段挡墙设计后生成的 *.dq 文件，系统会自动查找文件名相同的文件进行防护工程数量的汇总。

挡墙的数据文件在系统安装目录下\support\＊.dq 文件中，用户可以根据实际断面尺寸修改并保存起来，计算与出图时系统会根据修改后的挡墙文件自动调用。

13.7 平交设计

Hard 2013 系统的平交设计功能，充分体现了海地系列软件的可视化交互设计特点，以及共享路线主线的数据所带来的方便，可以简单直接地进行平面交叉口的设计工作，设计过程一目了然，设计成果图文并茂，非常方便，如图 13-38 所示。

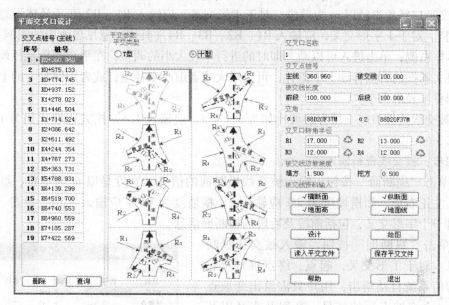

图 13-38 "平面交叉口设计" 对话框

单击"平交"菜单，出现平面交叉口设计界面。

第一步：单击"主线资料"，主线信息都已经存在的话再单击"确定"按钮，将主线的平纵横信息读入，如图 13-39 所示。

第二步：选择"平交设计"，系统提供 T 形和十字形交叉两种选择。

第三步：依次填写"交叉口名称""交叉点桩号""被交线长度""交角""交叉口转角半径""被交线边坡坡度"。

1) 交叉口名称是为了更好地识别该桩号处的平面交叉口位置所在地的信息。

2) 交叉点桩号是指主线的平面设计线与被交道的平面设计线的交叉点位置处主线的桩号以及被交线的桩号。对于 T 形交叉，交叉点位置被交线桩号可以定为零，即被交线的桩号排

图 13-39 "主线资料" 对话框

序是从该位置开始往外发散。对于十字形交叉，交叉点位置被交线桩号应该是介于被交线起点与终点之间，里程值等于"前段长度"。

3）被交线长度以 m 为单位。对于 T 形交叉，被交线长度是指在被交线上交叉点至被交线另一端之间的距离。对于十字形交叉，前段长度是指被交线起点至交叉点间的距离，后段长度是指交叉点至被交线终点间的距离，系统只允许被交线是直线段的情况。

4）交角采用度、分秒输入采用度、分秒方式，如 45°45′45″应输成 45d45f45m。对于 T 形交叉，输入的交角值应是交叉点处主线平面设计线前进方向的法向与被交线平面设计线间所夹的锐角；对于十字形交叉，输入的交角值应是交叉点处主线平面设计线前进方向的法向与被交线平面设计线前进方向两端间所夹的锐角 a1 及 a2（具体见界面中的图例）。

5）交叉口转角半径以 m 为单位。对于 T 形交叉，应输入 R1、R2 值（具体示意见界面中的图例）。对于十字形交叉，应输入 R1、R2、R3、R4（具体示意见界面中的图例）。在 R 值的文本框右侧，单击进入可以动态即时的进行半径大小的调整，在平交倒角半径调整界面中半径值文本框的右侧移动上下指针，可以增大或者缩小半径值，或者用键盘上的上下移动键，来调整半径的大小。

6）被交线边坡坡度。填方边坡比如为 1∶1.5，应输入 1.5，挖方边坡比如为 1∶0.3，应输入 0.3。

第四步：被交线资料输入。

1）单击"横断面"按钮，输入被交线横断面的信息（宽度是以 m 为单位，坡度以% 为单位，左正右负，如横坡度为 2% 应输入 2，横坡度为 −2% 应输入 −2），单击"确定"按钮。对于十字形交叉，包括前段及后段的横断面信息。

2）单击"纵断面"按钮，输入被交线纵断面的信息。对于 T 形交叉，起点、终点桩号及起点的高程值系统自动给出，用户只需给出变坡点（只限定一个变坡点）`的桩号、高程及半径以及终点的高程；对于十字形交叉，起点、交叉点桩号高程及终点的桩号系统自动给出，用户只需给出变坡点（只限定不超过两个）的桩号、高程及半径以及终点的高程，如图 13-40 所示。

项目	桩号	高程	半径
起点	0.000	6.600	
变坡点	50.000	5.195	200.000
交叉点	100.000	932.995	
变坡点	150.000	5.195	200.000
终点	200.000	6.700	

图 13-40 "被交线纵断面编辑"对话框

3）单击"地面高"按钮，输入被交线的桩号以及相对应的地面高程，单击"确定"按钮。

4）单击"地面线"按钮，输入被交线地面线资料，被交线逐桩的地面线信息输入完毕后单击"确定"按钮。

第五步：单击"设计"按钮，出现的平交参数查询界面，系统根据以上主线及被交线的资料信息自动计算平面交叉口的结果数据，在这个界面中可以查询，查询完后单击"退出"按钮。

至此一个平面交叉口的资料准备及设计工作就已经完成，如果继续设计其余平面交叉口，则重复以上第二步至第五步的操作。在此期间，当需要查询某一个已经设计完成的平面交叉口资料，可以单击界面中的"查询"按钮。当要删除某一平交口时，选择要删除的桩号，单击该界面中的"删除"按钮，此时该桩号的所有信息将被删除。若只设计一个平面交叉口，则往下执行第六步开始的操作。

第六步：单击"保存平交文件"按钮。这一步是在设计完所有平面交叉口之后，将本项目平面交叉口的所有原始资料数据及结果输出数据保存在一个"＊.pj"文件中，便于重复打开平交设计时的数据准备以及修改工作。如果以后需要打开该项目的平交设计信息进行修改或者查询工作，可以读入主线资料后紧接着读入已经保存好的平交文件"＊.pj"。

以上操作是原始资料数据的准备及中间的设计过程，以下为出图的操作：

第七步：在平交菜单中单击"平面交叉一览表"按钮。

第八步：在平交菜单中单击"平交设计参数表"按钮。

第九步：在平交菜单中单击"平交工程量表"按钮。需要填写被交道路面结构的名称以及相对应的结构层厚度，系统可以自动计算被交道路面结构路面部分的工程量。

表格的形式输出到 Excel，系统自动输出应保存的文件名及路径，图号的编制规则同主线的图号输出，如 SI-I-＊，除了"＊"号可变以外，别的代码都是固定不变的，用户可根据实际情况自由地定制图号，"＊"一般都是代表页号。

第十步：在平交菜单中单击"平交布置图"按钮。首先选择即将输出的交叉点桩号（只能单选），然后选择在平交布置图中要显示的横断面桩号（可以多选，按住鼠标左键不动往下拉），定制字高比例等信息。主线切点外输出范围是指定制平交布置图输出的主线范围。附注的内容可以在该界面中编辑，也可以在写字板或别的文档编辑器中编辑，以"＊.txt"的格式保存后读入。单击"确定"按钮，输出平交布置图，如图 13-41所示。

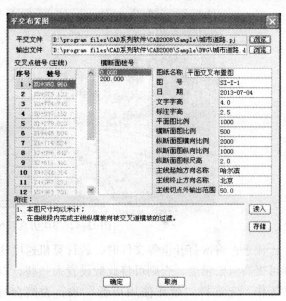

图 13-41　"平交布置图"对话框

13.8　海地公路三维仿真系统

海地公路三维仿真系统（Hard 3D）是一套用于公路三维模型制作的实时三维图形渲染系统。它具有使用简便、制作效率高、画面解析度高以及生成的动画具有可操作性等优点。在使用时，可随时抓取精彩画面并保存到硬盘上。此系统可广泛用于公路工程项目的三维演示、效果图制作、项目评审等。

需要注意的是，此系统必须与海地软件公司的公路优化设计系统（Hard 2013）配合使用。

13.8.1　系统功能介绍

1. 三维世界的制作

此部分功能主要用于动态生成三维世界模型以备后期使用。操作流程如下：

1）选择"文件"菜单中"打开数据文件"项（或快捷键 < Ctrl + D > ）。此功能用于打开 Hard 2013 所生成的模型文件（ * . mx）并进行建模。

2）选择"设置"菜单中"材质选定"项（或快捷键 < Ctrl + M > ）。此功能用于选择模型中各结构或构造物的材质以及贴图方式等。

3）选择"设置"菜单中"模型渲染"项（或快捷键 < Ctrl + R > ）。此功能用于模型贴图。

4）选择"设置"菜单中"光照设置"项（或快捷键 < Ctrl + L > ）。此功能用于向模型中添加光源，若不需要，可不设置此项。

5）选择"文件"菜单中"保存"项（或快捷键 < Ctrl + S > ）。

2. 三维世界播放或演示

选择"文件"菜单中"打开世界文件"项（或快捷键 < Ctrl + W > ）。打开后自动运行，如图 13-42 所示。

图 13-42　3D 仿真系统运行示意图

注意：首次打开世界文件时，若计算机速度比较快，应尽量设置 BSP 树精度为 1.0，这样可提高渲染精度，否则可将此数设置大一些，以提高生成速度。若计算机发声设备不能正常工作，应选择"禁止使用声音"项，否则会导致系统崩溃。在此功能下，有下列控制选项：

1）3D 图形卡（ < Ctrl + F1 > ），用于控制系统对 3D 图形加速卡的使用状况。

2）画面设置（ < Ctrl + F2 > ），用于设置图像画面质量。

3）自动操作（ < Ctrl + F3 > ），用于设置摄像机的自动化动作，即摄像机沿轨道或跟踪目标自动移动的特性。若此功能关闭，则摄像机的移动受用户控制：鼠标控制摄像机的方向，键盘的方向键控制摄像机的移动。

4）模型控制（ < Ctrl + F5 > ），用于控制系统内部五种模型运动方式和状态。

5）停止渲染（ < Ctrl + F6 > ），暂停/恢复渲染过程，从而释放/捕获鼠标。

6）云彩运动（ < Ctrl + F7 > ），用于控制模型中天空云彩的运动/停止。

7）屏幕捕获（ < Ctrl + F8 > ），用于捕获当前渲染窗口的画面，并将它保存到" . \屏幕捕获"目录下。

8）显示帧数（ < Ctrl + F9 > ）。

9）当自动模式处于关闭状态时，用 < R > 键可将摄像机复位到行车道上，用于打开/关闭渲染速度 FPS（每秒钟画面的帧数）值的显示。

13.8.2　系统配置要求

1）操作系统：Windows9X/Windows2000。

2）图形驱动：DirectX 8.0 或更高。

3）3D 图形加速卡：显存不低于 32M，支持多纹理贴图。推荐使用 Geforce2 MX-400/64M 或更高。

4）声卡：支持 DirectMusic，支持多声道以及 A3D 发声。

5）系统资源：硬盘剩余空间不小于 50M，内存不低于 64M，CPU 主频不低于 500MHz。

13.9　涵洞设计系统

13.9.1　系统运行

当涵洞设计的资料通过路线的设计提供时，必须运行"涵洞设计基本资料"菜单，涵洞系统与路线系统的连接通过 *.mz 和 *.gzw 两个文件完成，如图 13-43 所示。在调入两个文件的同时，系统还输出一个涵洞设计向导文件（*.hd），这个文件将用来管理涵洞的设计过程，包括存储、调用、输出模板等。用户对项目内的各个涵洞分别进行设计，可以随时存储设计向导文件，并可以在下一次设计时调入该设计向导文件继续设计。

涵洞设计向导如图 13-44 所示，首先调入涵洞设计向导文件（*.hd），然后选择桩号、涵洞形式并进行设计，当几道涵洞设计完成后，可以单击"存储"按钮，将各个涵洞的设计参数保存在设计向导文件（*.hd）中，用户在下次设计时可以调入并修改。在设计过程中，涵洞形式可以任意变换，并通过存储将设计结果保存起来。

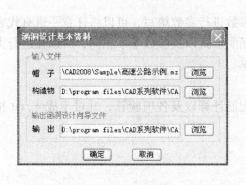

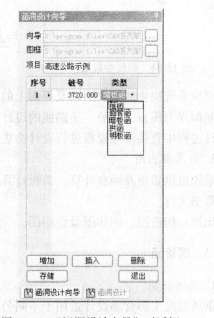

图 13-43　"涵洞设计基本资料"对话框　　　　图 13-44　"涵洞设计向导"对话框

13.9.2　暗板涵

1. 总体说明

可完成不同公路等级、不同荷载等级、填土高度不小于 0.5m 的钢筋混凝土暗板涵的计算与绘图，应用范围非常广泛。

系统可以绘制板涵的一般布置图、钢筋构造图，并根据涵底纵坡的大小，当涵底坡大于 5% 时，涵身与基础每 3~6m 设一道阶梯，每段阶梯的落差小于等于板端厚的 3/4，每段阶梯的坡度为 5%，当涵底坡小于 5% 时，涵身不作阶梯处理。洞口形式有八字墙、一字墙、跌水井、上下游急流坡，涵洞斜交斜做。

盖板采用平行四边形简支板，采用 C25 混凝土，斜板按等长的正板计算。

板涵设计的内容包括计算盖板内力、结构尺寸及配筋，计算台身厚度及台后应力验算，计算基础宽度及基底应力验算。

2. 参数说明

路线参数可以通过 Hard 2013 道路系统得到，也可以直接填写，如图 13-45 所示。板及涵洞参数如图 13-46 所示。

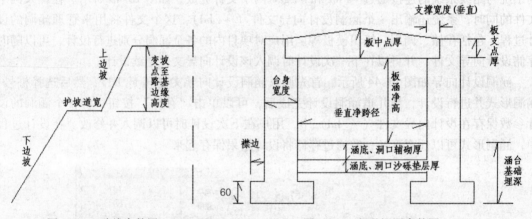

图 13-45　路线参数图　　　　　　图 13-46　板及涵洞参数图

对应系统提供的导航图以及界面上的中文参数进行参数填写，可以将任意一道有代表意义的涵洞存为模板，一般一条路线的设计，其涵洞形式以及参数基本相同，所以在进行类似的设计过程中直接参考模板进行设计会更加简单。

3. 计算及出图

系统提供盖板及涵台计算，盖板计算提供配筋计算以及各项验算，并可生成 *.txt 格式的计算书文件。

出图：构造图、钢筋图及台帽图。

13.9.3　圆管涵

1. 总体说明

钢筋混凝土圆管涵设计适用于不同公路等级、不同荷载等级、各种角度和各种孔径的单圆管涵施工图设计、计算以及工程量统计。孔径可为 0.5~2.0m，管顶填土高度为 0.5~

15.0m，涵长采用斜涵斜修计算，管节配筋计算采用承载能力极限状态法计算，洞口管基及涵身管基可以采用 A 型（120°）或 B 型（180°）的形式。

设计要点：

1）顶填土高度 H 按以下的情况进行结构计算：当 0.5m＜H＜4m，H＝4m；当 4m＜H＜6m，H＝6m；当 6m＜H＜8m，H＝8m；当 8m＜H＜10m，H＝10m；当 H＞10m，H 取实际值。

2）圆管涵外荷载：管顶填土竖向压力为土柱重，车辆荷载竖向压力通过填土按 30°扩散角分布于管顶的假定平面上，根据填土高度、荷载等级及车道数系统自动判断布载。圆管侧压力强度按管顶水平面以下的土柱引起的水平均布荷载计算。填土重度为 18kN/m³，内摩擦角 35°。

3）根据管顶及管侧内力计算结果，管壁配置内外圈两层受力钢筋，并按承载能力极限状态进行配筋计算以及裂缝宽度验算。对于高强钢丝，外圈按内圈的一半配置。其他种类的钢筋，内外一致布置。

4）斜交管涵的结构计算与正交管涵相同，斜管节不按承重结构验算，适当配置构造钢筋。

5）要求底基承载力为：100kPa 或采用计算结果。

6）涵底纵坡要求小于 8%。

2. 参数说明

A、B 型涵身。

3. 计算出图

1）结构计算：对管节配筋，并可以通过对话界面进行编辑，结果用于出图，输出计算书。

2）出图：一般构造图、涵身构造图、管节钢筋图。

13.9.4　拱涵

1. 总体说明

系统适用于不同公路等级、不同荷载等级、斜度小于等于 30°和各种跨径（1～5m）的单双孔拱涵施工图设计（含工程量统计与结构计算）。跨径 1～5m，填土高度不限。填土高度小于 4m 时增设台后排水。坡度最大 20%，当坡度大于 5% 时，采用阶梯形式以保证涵底坡度不大于 5%，阶梯落差大于 3/4 拱圈厚度时，增设分段间小侧墙。

拱圈采用钢筋混凝土或 30 号的大块石、7.5 号砂浆砌筑，其余用 25 号的大片石、5 号砂浆砌筑。计算采用承载能力极限状态法，对拱圈、台身、墩身（双孔）、基底应力进行计算。

设计计算要点：

1）依据《公路砖石及混凝土桥梁设计规范》采用极限状态法设计。

2）拱圈按无铰拱计算。

3）计算拱圈内力时，不考虑拱圈的曲率、剪切变形、弹性压缩对内力的影响，也不计混凝土收缩和温度变化的影响。

4）计算涵洞顶上车辆荷载引起的竖向压力时，车轮或履带按其着地面积的边缘向下作

30°的分布。

5）拱轴线采用等截面圆弧拱，矢跨比不大于 1/2，如 1/3.5 斜交时，注意垂直起拱线方向的矢跨比也同样不大于 1/2。

2. 计算出图

1）计算：台身计算、墩身计算（两孔时）、拱圈计算。

2）出图：拱涵一般布置图、台身一般构造图、墩身一般布置图、台后排水图以及拱涵钢筋构造图。

13.9.5　箱涵

系统可以进行箱涵的设计，包括计算、出图等。

结构计算：系统对配筋结果通过交互界面提交给用户，用户可以进行修改，确定后，系统输出设计说明书。

系统计算完成后，输出图包括构造图、涵身钢筋图、翼墙钢筋图以及采光图。

13.9.6　明板涵

系统可以完成明盖板涵的各项设计及出图。

1）盖板计算：系统根据各种荷载组合，对盖板配筋进行计算，计算结果可以通过界面进行交互修改。确定修改后将输出设计说明书。

2）涵台计算。

3）出图：一般构造图、涵台构造图、涵面铺装图、盖板钢筋构造图等。

13.10　公路运行速度分析计算系统

公路运行速度分析计算系统是 Hard 2013 新增的功能。该系统结合公路路线线形设计指标，对两种代表车型小客车及大货车在公路中实际的运行速度进行测算分析及计算的软件，它依据我国的车辆驾驶特性，通过可靠的运行速度测算分析模型，结合海地公路优化设计系统，自动划分分析单元并计算，获得车辆在公路行驶中的实际运行速度及其变化，为公路路线线形设计的安全性分析与评价提供依据。软件操作步骤如下：

第一步，单击菜单"运行速度"→"运行速度路线资料"，弹开图 13-47 所示界面，平曲线文件及纵断面文件系统自动读取对应路线项目中的文件。

依据交通部颁发的《公路项目安全性评价指南》中运行速度分析路段划分的原则：

1）平曲线大半径临界值，系统默认为 1000m，当平曲线半径大于 1000m 时，该分析路段属于平直段，小于 1000m 时，该分析路段属于曲线或者弯坡段；当选中

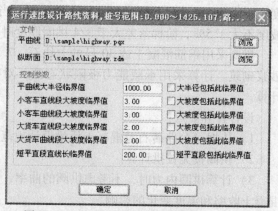

图 13-47　"运行速度设计路线资料"对话框

"大半径包括此临界值"选项时，平曲线半径等于 1000m 时的路段也属于平直段。

2）小客车直线段大坡度临界值，系统默认为 3%，当直线段坡度<│3│% 时，为平直路段，当直线段坡度>│3│% 时，为纵坡路段，当选中"大坡度包括此临界值"选项时，即直线段坡度=│3│% 时，为平直路段。

3）小客车曲线段大坡度临界值，系统默认为 3%，当直线段坡度<│3│% 时，为曲线段，当直线段坡度>│3│% 时，为弯坡段，当选中"大坡度包括此临界值"选项时，即曲线段坡度=│3│% 时，为曲线段。

4）大货车直线段大坡度临界值，系统默认为 2%，当直线段坡度<│2│% 时，为平直路段，当直线段坡度>│2│% 时，为纵坡路段，当选中"大坡度包括此临界值"选项时，即直线段坡度=│2│% 时，为平直路段。

5）大货车曲线段大坡度临界值，系统默认为 2%，当直线段坡度<│2│% 时，为曲线段，当直线段坡度>│2│% 时，为弯坡段，当选中"大坡度包括此临界值"选项时，即曲线段坡度=│2│% 时，为曲线段。

6）短平直段直线长临界值，系统默认为 200m，当分析路段单元长度小于 200m 时，该路段为平直段，入口运行速度等于出口运行速度，当选中"短平直段包括此临界值"时，即分析路段单元长度等于 200m 时，入口运行速度等于出口运行速度。

第二步，单击"运行速度计算"，如图 13-48 所示。

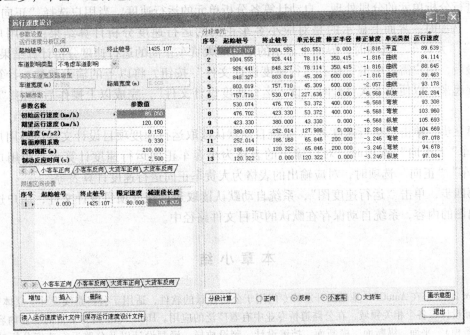

图 13-48　"运行速度设计"对话框

1）运行速度分析区间，系统默认的"起始桩号""终止桩号"为对应路线项目的起终点桩号，用户可以自行输入需要进行运行速度测算分析路段的起终点桩号。

2）车道影响类型，若车道的宽度不等于要求的理想宽度时（车道理想宽度为 3.75m，路肩为 0.5m），要考虑横断面宽度变化因素对运行速度模型的影响，此时，用户可以选择具体哪个车道，内、外、中车道的运行速度影响测算值均不同。

3）车辆的参数，包括初始运行速度、期望运行速度、加速度、路面摩阻系数、控制视距和制动反应时间。初始运行速度对应设计速度的关系见表 13-1，期望运行速度及推荐加速度见表 13-2。

表 13-1　初始运行速度对应设计速度关系表

设计速度/（km/h）		60	80	100	120
初始运行速度/（km/h）	小客车	80	95	110	120
	大型货车	55	65	75	75

表 13-2　期望运行速度及推荐加速度关系表

	小 客 车	大 型 车
期望运行速度/（km/h）	120	75
推荐加速度值	0.15 ~ 0.50	0.20 ~ 0.25

4）限速区间。针对路线项目中，对于隧道、特大桥、立交区、乡镇街道区等需要通过交通标志限制通过时的速度，系统需要输入限速区间来对运行速度进行干预。

以上各项参数均输入完毕后，用户单击"分段计算"按钮，系统依据所输入的参数，自动进行分析单元的分段处理，自动计算各分析单元的运行速度。当用户选择"正向""小客车"选项时，界面上显示的是对应小客车正向的运行速度分析计算结果；当用户选择"正向""大货车"选项时，界面上显示的是对应大货车正向的运行速度分析计算结果等。

最后，用户需要单击"保存运行速度设计文件"按钮，将以上的输入参数、计算结果均保存起来，以便于下次打开时"读入运行速度设计文件"，完成以上操作后单击"退出"按钮。

第三步，单击"运行速度表"，系统自动默认读取运行速度项目设计文件，当用户选择"小客车""正向"选项时，对应输出的表格为小客车正向运行速度计算表；当用户选择"大货车""正向"选项时，对应输出的表格为大货车正向运行速度计算表等。

第四步，单击"运行速度图"，系统自动默认读取运行速度项目设计文件，用户选择设置要出图的内容，系统自动保存在默认的项目文件路径中。

本 章 小 结

Hard 2013 是在 AutoCAD 基础上开发的专门用于公路设计的软件，适用于公路路线设计、立体交叉设计、桥涵设计等各个相关领域，在公路道桥专业中有着广泛的应用。Hard 2013 具有丰富的专业内容，如：DTM（数模）、平面、纵断面、横断面、挡墙设计、测设放样、涵洞设计以及公路运行速度分析计算等。本章通过大量操作实例，对 Hard 2013 的主要功能、操作流程、基本参数设置等内容加以讲解，帮助初学者及工程设计人员初步了解 Hard 2013 的基本功能，熟悉软件操作。

复 习 题

1. 平面设计的方法有哪两种？各自的基本思路是什么？

2. 二维交点线设计有哪些方法？

3. 帽子定制的主要内容有哪些？

4. 如何实现 3D 仿真？

5. Hard 2013 提供了哪几种涵洞形式的设计与计算？

第 14 章

运用 Hard 2013 进行路线设计

本章以实际路线设计为例介绍 Hard 2013 实际操作过程的各个步骤。

14.1　项目管理

采用 Hard 2013 进行公路设计的第一步就是在 Hard 2013 系统中建立一个项目，以区别于正在进行的其他公路设计或其他用户正在进行的公路设计。在"项目管理"的下拉式菜单中选取"新建项目"命令，系统将弹出"新建项目"的对话框，对话框中各项参数设置如下：

（1）项目文件　其文件名为 *.prj，Hard 2013 系统通过项目文件保存与项目有关的各种信息。在示例中建立的目录为 D:\sample。单击"项目文件"后的"浏览"按钮，在"输入项目文件名"对话框中选取刚建立的目录的路径，项目文件名用户可以自行假定，扩展名统一采用 prj，在示例中项目文件名为 D:\sample\highway.prj，如图 14-1 所示。

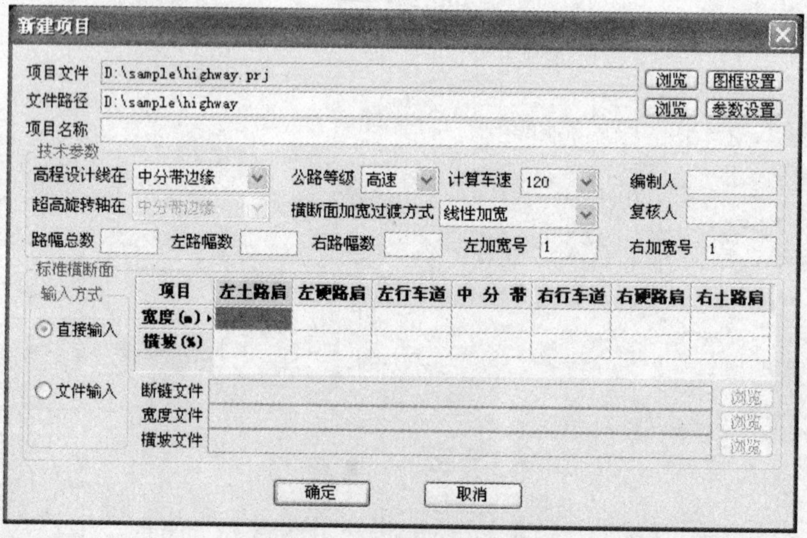

图 14-1　"新建项目"对话框

（2）文件路径　在设计过程中系统将生成一系列文件和图纸，Hard 2013 系统通过文件的扩展名来区分文件的性质，所以对于一个项目用户可以设定一个公用的文件名，这样系统将非常易于管理项目内的文件。例如，图 14-1 中 D：\sample\highway 表示公用的文件名为 highway，而这些文件保存在 D：\sample 目录下，通过这样的设定，Hard 2013 系统会在 D：\sample 目录下自动建立一个 dwg 和一个 Excel 的子目录用于保存系统自动生成的图纸文件和表格文件，项目中的数据文件则保存在 D：\sample 目录中。

（3）项目名称　用户可以根据自己设计项目的实际情况填写，它将会出现在各设计图纸和设计表格中。这里以"二级公路设计示例"为例，如图 14-2 所示。

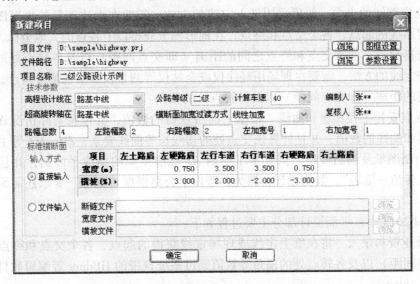

图 14-2　填写后的"新建项目"对话框

（4）技术参数　技术参数选项区中的各个项目是用户所做设计在技术方面的一个全面体现。在示例中所做的设计是公路改建设计，故在"高程设计线"和"超高旋转轴"后的下拉列表框中应当选取"路基中线"的选项。对于"公路等级"和"计算车速"选项，根据设计的实际情况分别从下拉列表框中选取"二级"和"40"。"编制人"和"复核人"文本框可根据实际情况填写。根据"规范"的要求，二级公路行车道宽为 7m，即左右行车道各 3.5m，同时两侧各有 0.75m 的硬路肩，故在"路幅总数"中填写"4"，"左路幅数"和"右路幅数"中填写"2"。"左加宽号"和"右加宽号"已经由系统自动设为"1"，它表征在进行加宽时所加宽度在一侧路幅中的最里侧的那部分予以体现，在本示例中，加宽数值在最里侧的行车道上予以体现。

（5）标准横断面　标准横断面参数用户既可以直接输入，也可以采用数据文件输入。如果在路线全长范围内路基的宽度和横坡发生变化，如 0 ~ 100m 区间内路基宽度为（0.75 + 3.5 + 3.5 + 0.75）m，100 ~ 200m 区间内路基宽度变化为（1.5 + 3.5 + 3.5 + 1.5）m，则必须采用数据文件输入。在本示例中采用直接输入，在"左硬路肩"、"左行车道"、"右行车道"和"右硬路肩"对应的"宽度"和"横坡"中输入数值。其中，横坡数值的正负号规定如下：自左至右，如果左低右高，为正；如果左高右低，为负。

以上内容全部完成后，单击"确定"按钮，保存本项目信息。在 Hard 2013 的标题栏中显示"当前项目为：二级公路设计示例（D：\sample\highway. prj）"的提示信息，以提示用户当前的项目名称。

在后续的设计工作中，通过选取"项目管理"中的"打开项目"来将本项目设定为当前项目，进行设计工作。

14.2　平面线形设计

在采用常规的手工方法进行公路的平面线形设计时，其一般过程如下：

（1）确定路线的走向　如果采用纸上定线的方法，需要在大比例尺的地形图上根据实际情况标定路线的起点、各个交点和终点，在地形图上获得以上各点的大地坐标，通过坐标反推计算获得起点、各个交点和终点之间的距离（即交点间距）以及各转点处的偏角。如果采用现场定线的方法，需要在现场用经纬仪或全站仪等测量仪器实地测量起点、各个交点和终点之间的距离（即交点间距）以及各转点处的偏角。

（2）逐点安排半径和缓和曲线　根据上面所获得的数值，并根据实际情况逐个交点确定半径和缓和曲线的数值，并且计算该交点处的切线长等曲线要素，ZH、HZ 等主点桩号。

（3）绘制图纸及编制表格　需要手工绘制 A3 标准图幅的路线平面图，并且编制"直线、曲线及转角一览表"，如所设计公路为二级以上公路根据"规范"要求还需编制"逐桩坐标表"。

在 Hard 2013 中，平面设计部分主要过程如下：

（1）外业资料录入　将在纸上定线或现场定线获得的起点、各个交点和终点之间的距离（即交点间距）以及各转点处的偏角等数值通过系统自带的 HEditor 等编辑软件建立交点线文件（∗.jdx）。

（2）平面线形设计　针对每个交点进行曲线设计，最终保存设计结果，由系统自动生成平曲线文件（∗.pqx）。

（3）图表输出　在平曲线文件（∗.pqx）存在的情况下，由系统根据用户的不同要求生成设计文件所要求的各种图表。用户还可以通过字体设置将图纸中的文字输出为"矢量字体"或"标准 Windows 字体"，生成的图形文件保存为 dwg 格式，生成的表格可以保存为 dwg 和 Excel 两种格式。

需要特殊指出的是，通常采用的坐标系是数学直角坐标系，但进行路线线形设计时往往采用测量直角坐标系（大地坐标系，在路线设计软件中简称测量座标系）。从数学上讲，通常的数学直角坐标系为右手系，而测量座标系为左手系。测量座标系采用左手系的原因是测量座标系中的角度，也就是方位角是以正北为基准顺时针量取的，只有按左手系设置，才能直接采用三角公式进行测量计算。在其他路线 CAD 软件中，一般是将有关测量坐标互换后在数学坐标系下输入，但这种作法能够满足绘图的需求，却对有关计算产生影响。在 Hard 2013 中，系统直接建立了测量坐标系的概念，用户在编辑交点线文件时输入相应的"NE"字符即可。

14.2.1　编辑建立交点线文件

交点法也经常称为直线定线法，其基本设计思想为：先确定各个弯道的交点位置，从而决定了整个路线的基本走向，然后在各个弯道内设置平曲线（包括缓和曲线和圆曲线）。交点法是目前公路主线线形设计中常用的方法，其优点是：布设弯道时坐标计算不产生误差传递，同时基本参数大多数可根据要求取整。

　　在采用交点法定义线形之前，用户首先要将获得的路线起点、各个交点和终点之间的距离（即交点间距）以及各转点处的偏角等信息以数据文件的形式输入系统，这些信息用户可以通过在外业现场采用测量手段获得或在纸上定线获得。通过 Hard 2013 系统自带的 HEditor 编辑软件（也可以采用 Edit 等其他编辑软件）建立交点线文件（＊.jdx），或者直接通过系统自带的"交点线文件编辑"命令建立交点线文件（＊.jdx）。

　　从下拉式菜单中选取"项目管理"→"文件编辑器"命令，运行 Hard 2013 系统自带的编辑软件编辑交点线文件，并保存为数据文件 D：\sample\highway.jdx，其内容如下：

```
NE
3
QD        50000        50000        0
JD1       220          187.066      0
JD2       -26d16f04m   291.540      0
JD3       10d16f36m    326.511      0
JD4       8d39f12m     123.965      0
ZD        17d22f09m    499.121      0
```

14.2.2　交点法定义线形

　　系统交点线数据文件确定转角处平曲线的半径和缓和曲线长，从而定义平面线形，如图 14-3 所示。

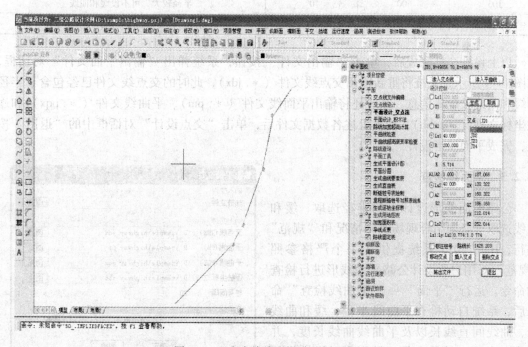

图 14-3　"交点线线形设计"对话框

　　运行"平面"→"平面设计_交点法"命令后，系统弹出"平面设计"的对话框，单击"读入交点线"按钮,并且在后继的"选择交点线文件"对话框中选择交点线数据文件(D:\sample\highway.jdx),在此对话框的下部有"交点设计计算方法"的选项,其中有"精确计算""算法(一)""算法(二)"和"算法(三)"四个选项供选择,区别主要体现在曲线要素计算的精确程度上。

Hard 2013 系统以 Lz1 + Ls1 + R + Ls2 + Lz2(前直线 + 前回旋线 + 圆曲线 + 后回旋线 + 后直线)为一个基本型,通过各种方式的组合可以完成公路上各种线形的组合,包括单圆曲线、对称型、非对称型、S 形、卵形、复形、C 形、凸形、虚交、回头曲线等。交点法提供了上述各种类型的计算方式,而这些选择是通过数据选择按钮的组合提供的。一般常用的是已知半径 R 和缓和曲线长 Ls 的常规方法,将"R""Ls1""Ls2"前面的选择标志点黑,分别填入希望的 JD1 的半径和缓和曲线长,单击"生成"按钮,则 JD1 的所有数据经过计算后都在对话框中表达出来,用户可以查看这些数据是否满足要求,如果不满足的话,可以再次输入数值,并再次单击"生成"按钮,重新进行计算。如果用户需要通过切线长 T 来反算半径,则将"Lz1"前面的选择标志点黑,并在其中填入 0,就表示本曲线的起点与上一曲线的终点间距离为 0,即用切线长来反推半径。

依次进行 JD1、JD2、JD3 和 JD4 设计,设计数据见表 14-1。

表 14-1　交点设计数据表

交　点　号	半径/m	缓和曲线/m	备　　注
JD1	200	40	以半径和缓和曲线控制
JD2	400	35	以半径和缓和曲线控制
JD3	600	0	半径较大,可不设缓和曲线
JD4	350.415	50	以切线长和缓和曲线控制,反算出半径

以上设计全部完成后,单击"输出文件"按钮,系统弹出"输出平面文件"对话框,如图 14-4 所示,系统将重新输出交点线文件(*.jdx),此时的交点线文件已经包含了半径和缓和曲线长度等信息。系统还将输出平面线文件(*.pm)、平曲线文件(*.pqx)和逐桩坐标文件(*.zbb)。输出上述各数据文件后,单击"交点设计"对话框中的"退出"按钮,完成平面线形设计。

14.2.3　平面线检查

公路平面线形设计中的半径选取、缓和曲线选取等必须结合现场实际情况和"规范"进行,Hard 2013 系统提供了一个严格参照"规范"对用户所设计公路平面线形进行检查的命令。运行"平面"→"平曲线检查"命令后,系统自动检查平曲线半径、缓和曲线长、曲线间直线长以及平曲线曲线长度,并生成一个检查结果文件,供用户对设计进行调整。以下为示例中检查结果文件的内容:

计算时间:Thu Jul 04 15:08:30.93 2013

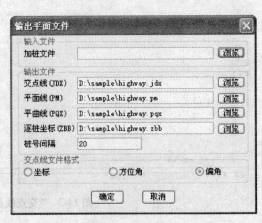

图 14-4　"输出平面文件"对话框

平曲线半径检查：

　　平曲线半径符合规范要求。

半曲线缓和曲线长检查：

　　平曲线缓和曲线长符合规范要求。

曲线间直线长检查：

　　交点 JD2 与交点 JD3 间（K0+530.074~K0+757.710）的直线长（227.636）小于规范中规定的最小直线长（240）；

平曲线曲线长度检查：

　　平曲线曲线长度符合规范要求。

　　从以上检查结果中可以看出，交点 JD2 与交点 JD3 构成一对同向曲线，而同向曲线间直线长度应保证 6 倍行车速度（240m），所以此处设计没有满足"规范"的要求。因为"规范"中关于此项规定并不是要求"必须"保证，而且实际设计中的直线长度与要求长度相差不多，故可以认为满足要求。如果用户对自己的设计较有把握，也可以省略本步操作。

14.2.4　路线超高、加宽计算

　　按照"规范"的规定，如果某交点处半径小于 250m，该曲线需要进行加宽，如果某交点处半径小于该等级公路不设超高最小半径（本示例中设计速度 40km/h 的二级公路该数值为 600m），该曲线需要进行超高。在本示例中，交点 JD1 的半径为 200m，缓和曲线长为 40m，该圆曲线既要进行超高也要进行加宽。交点 JD3 的半径为 600m，该圆曲线既不必进行超高也不必进行加宽。而交点 JD2 和交点 JD4 的半径小于不设超高最小半径 600m 但大于不设加宽最小半径 250m，故这两个交点进行超高但不加宽。在手工设计过程中，用户需要逐点检查半径的数值，以确定该曲线是否需要进行超高或加宽，同时还应当根据"规范"的要求，确定超高的超高值和加宽的加宽值。以上这个过程是十分繁琐的，Hard 2013 为用户提供了一个快捷进行超高加宽判断和计算的命令。

　　运行"平面"→"路线超高加宽计算"命令后，系统弹出对话框，如图 14-5 所示。我们在"控制参数"选项区中依据设计的实际情况对"加宽类别"进行选择，同时可通过单击"加宽值编辑"按钮和"超高值编辑"按钮对加宽值和超高控制半径进行编辑，完成编辑后单击"计算"→"确定"按钮，系统将自动生成以下文件：加宽后横断面文件（*

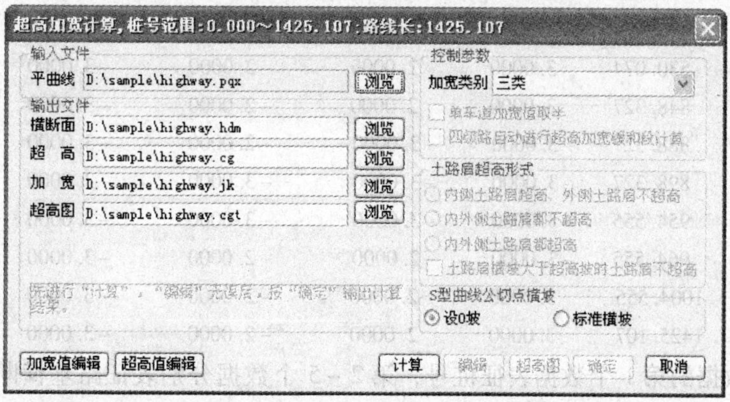

图 14-5　"超高加宽计算"对话框

.hdm，扩展名采用 hdm，在示例中为 D：\sample\highway.hdm）；超高后横坡文件（∗.cg，扩展名采用 cg，在示例中为 D：\sample\highway.cg）；加宽文件（∗.jk，扩展名采用 jk，在示例中为 D：\sample\highway.jk）；加宽后横断面文件（∗.cgt，扩展名采用 cgt，在示例中为 D：\sample\highway.cgt）。以下为加宽后横断面文件（在示例中为 D：\sample\highway.hdm）的内容：

0.000	0.7500	3.5000	3.5000	0.7500
120.322	0.7500	3.5000	3.5000	0.7500
160.322	0.7500	4.3000	3.5000	0.7500
212.014	0.7500	4.3000	3.5000	0.7500
252.014	0.7500	3.5000	3.5000	0.7500
1425.107	0.7500	3.5000	3.5000	0.7500

其中每行数据的第 1 个数据表征桩号，第 2～5 个数据分别表征路基横断面从左至右每部分的宽度。例如，第 2 行数据表征在桩号为 120.322 的位置上，路基横断面宽度从左至右依次为：左硬路肩 0.75m、左行车道 3.5m、右行车道 3.5m、右硬路肩 0.75m。第 3 行数据表征在桩号 160.322 的位置上，路基横断面宽度从左至右依次为：左硬路肩 0.75m、左行车道 4.3m、右行车道 3.5m、右硬路肩 0.75m。由此看出，路线在桩号 120.322 和桩号 160.322 之间进行了加宽，加宽发生在左侧行车道，由直线、曲线及转角一览表中得知，120.322 和 160.322 分别是交点 JD1 的 ZH 和 HY 点，Hard 2013 系统就是通过以上数据文件反映了用户所设计的路线在何处加宽以及加宽的具体数值。

以下为超高后横坡文件（在示例中为 D：\sample\highway.cg）的内容：

0.000	3.0000	2.0000	-2.0000	-3.0000
120.322	3.0000	2.0000	-2.0000	-3.0000
146.989	3.0000	2.0000	2.0000	3.0000
160.322	4.0000	4.0000	4.0000	4.0000
212.014	4.0000	4.0000	4.0000	4.0000
225.347	3.0000	2.0000	2.0000	3.0000
252.014	3.0000	2.0000	-2.0000	-3.0000
423.330	3.0000	2.0000	-2.0000	-3.0000
458.330	-2.0000	-2.0000	-2.0000	-2.0000
495.074	-2.0000	-2.0000	-2.0000	-2.0000
530.074	3.0000	2.0000	-2.0000	-3.0000
848.327	3.0000	2.0000	-2.0000	-3.0000
888.327	-3.0000	2.0000	-2.0000	-3.0000
898.327	-3.0000	-3.0000	-3.0000	-3.0000
954.555	-3.0000	-3.0000	-3.0000	-3.0000
964.555	-3.0000	2.0000	-2.0000	-3.0000
1004.555	3.0000	2.0000	-2.0000	-3.0000
1425.107	3.0000	2.0000	-2.0000	-3.0000

其中每行数据的第 1 个数据表征桩号，第 2～5 个数据分别表征路基横断面从左至右每部分的坡度。例如，第 2 行数据表征在桩号为 120.322 的位置上，路基横断面坡度从左至右依次为：左硬路肩 3%、左行车道 2%、右行车道 -2%、右硬路肩 -3%（即普通的双向横

坡）。第 3 行数据表征在桩号为 146.989 的位置上，路基横断面横坡从左至右依次为：左硬路肩 3%、左行车道 2%、右行车道 2%、右硬路肩 3%（即超高至单向路拱横坡 2% 时）。第 4 行数据表征在桩号为 160.322 的位置上，路基横断面横坡从左至右依次为：左硬路肩 4%、左行车道 4%、右行车道 4%、右硬路肩 4%（即超高至单向设计横坡 4% 时）。由此看出，路线在桩号 120.322 和桩号 160.322 之间进行了超高，由直线、曲线及转角一览表中得知，120.322 和 160.322 分别是交点 JD1 的 ZH 和 HY 点，Hard 2013 系统就是通过以上数据文件反映了用户所设计的路线在何处超高以及超高的具体数值。

14.2.5　生成平面设计图

平面设计的一个重要成果就是平面设计图，Hard 2013 为用户提供了一个自动生成平面设计图的命令。由 Hard 2013 自动生成的平面设计图纸表达信息清楚、图形规范，完全满足设计和施工的要求。

运行"平面"→"生成平面设计图"命令后，系统弹出对话框，用户可以在对话框中对一些选项进行修改，如图 14-6 所示。在"文件"选项组里用户目前仅有平曲线文件和横断面文件，而其他的如地面高程、地形情况和构造物位置等都还不能反映。用户可以在全部设计都已完成并且所有的数据文件都齐全的情况下再来运行本命令重新生成平面设计图。在"参数"选项组里，可以对图纸名称、图号和日期进行修改，同时规定所生成图纸起始桩号位置和终止桩号位置。由于每页绘制范围是一个固定的长度，如果路线的起始桩号不是整数，会造成以后每页的起始桩号和终止桩号都不是整数，为保证从第二页开始每页的起始桩号和终止桩号都是整数，用户还可以修改首页桩号。如路线的起始桩号是 123.45，每页绘制 700m 范围，则第二页的起始桩号和终止桩号就分别是 823.45 和 1523.45，这样给用户识图造成很大的麻烦，将首页桩号更改为 800，这样第二页的起始桩号和终止桩号就分别成为 800 和 1500。用户还可以对桩号间隔、页长、字体高度等选项进行设置。在"输出内容"选项组中，用户可以对是否加 A3 图框、是否画曲线要素表等进行更改，以满足要求。

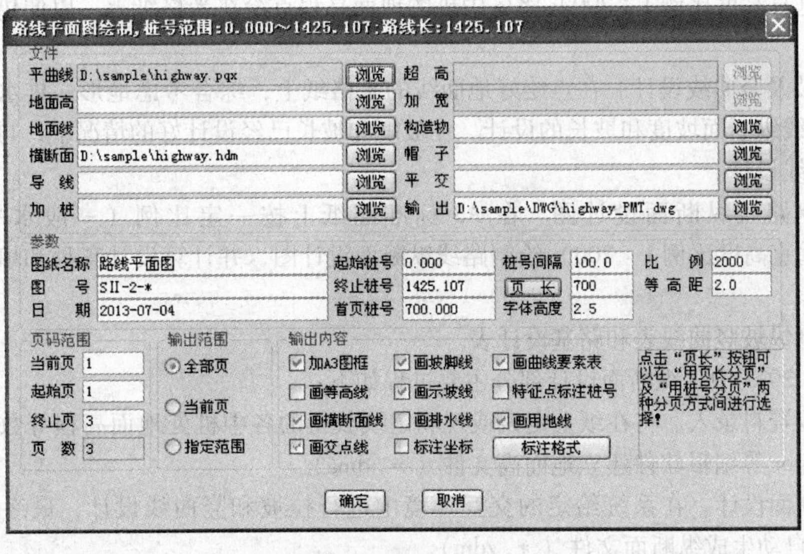

图 14-6　"路线平面图绘制"对话框

14.2.6 生成直线、曲线及转角一览表

平面设计的另一个重要成果是直线、曲线及转角一览表。

运行"平面"→"生成直曲表"命令后，系统弹出对话框，用户只需对桩号范围、公路等级等项目进行简单设置即可。

14.2.7 生成逐桩坐标表

对于二级以上的公路设计，为方便施工时采用全站仪等先进的测量仪器按大地坐标进行放样，"规范"中规定设计文件中应包含逐桩坐标表。

运行"平面"→"生成逐桩坐标表"命令后，系统弹出对话框，用户只需对桩号范围、是否输出方位角等项目进行简单设置即可，同时系统还可以将结果输出到 Excel 表格。

至此，已经生成了平面设计图、直线、曲线及转角一览表和逐桩坐标表，它们都保存在系统默认的目录下，在本示例中为 D:\sample\dwg\，连接到打印机或绘图机将其打印输出即可。

14.3 纵断面设计

在 Hard 2013 系统中，纵断面设计主要依据交互式拉坡设计和纵断面图表模块依次展开。交互式拉坡设计模块主要包括编制地面高数据文件、交互拉坡以及竖曲线设计；纵断面图表模块中主要包括纵断面成图以及纵坡竖曲线表和路基设计表的编制等。

在采用常规的手工方法进行公路的纵断面设计时，其一般过程如下：

1）点绘地面线。如果平面设计采用的是纸上定线，则可以从大比例地形图中获得各中桩处的地面高程；如果平面设计采用的是现场定线，则可以由外业实地测量获得各中桩处的地面高程。获得中桩地面高程后，在米格纸上按照一定的比例（一般水平距离比例 1:2000，垂直高度比例 1:200）将各中桩的地面高程点绘在米格纸上，以便供下一步拉坡时使用。

2）拉坡及竖曲线设计。在点绘好地面线的米格纸上，综合考虑地形、排水和经济性等因素进行路线纵断面坡度和坡长的设计。在坡度和坡长已经设计好的情况下，再对每一变坡点进行竖曲线设计。

3）绘制路线纵断面设计图。在 A3 标准图纸上按一定比例（一般水平距离比例 1:2000，垂直高度比例 1:200）绘制路线纵断面设计图，并计算设计高程和填挖高，填写在设计图中。

4）编制纵坡竖曲线表和路基设计表。

在 Hard 2013 中，纵断面设计部分主要过程如下：

1）外业资料录入。将在纸上定线或现场定线获得的各中桩处地面高程等数值通过系统自带的 HEditor 等编辑软件建立地面高文件（*.dmg）。

2）纵断面设计。在系统给定的交互环境中进行拉坡和竖曲线设计，最终保存设计结果，由系统自动生成纵断面文件（*.zdm）。

3）图表输出。在纵断面文件（*.zdm）存在的情况下，由系统根据用户的不同要求生

成设计文件所要求的各种图表。用户还可以通过字体设置将图纸中的文字输出为"矢量字体"或"标准 Windows 字体",生成的图形文件保存为 dwg 格式,生成的表格可以保存为 dwg 和 Excel 两种格式。

14.3.1 输入地面高文件

在采用 Hard 2013 进行纵断面设计时,必须要向计算机提供原始资料,这个原始资料就是地面高数据文件(∗.dmg)。用户可以通过 Hard 2013 系统自带的 HEditor 编辑软件(也可以采用 Edit 等其他编辑软件)建立地面高数据文件(∗.dmg)。在本示例中,该数据文件保存在系统默认的 D:\sample 目录中,该数据文件的主名采用 highway(可自行规定,但必须与"项目管理"中规定的文件主名相同),扩展名采用 dmg(必须采用,以区别不同的数据文件)。

从下拉式菜单中选取"项目管理"→"文件编辑"命令,运行 Hard 2013 系统自带的 HEditor 编辑软件编辑地面高文件。

从下拉式菜单中选取"纵断面"→"输入地面高文件"命令,系统会弹出图 14-7 所示的"地面高输入"对话框。如果系统在平面设计阶段已经生成逐桩坐标文件(∗.zbb),系统会自动调入该文件并从该文件中读取桩号,用户只需在"地面高输入"对话框中桩号后对应的地面高表格中输入相应的高程值,并按 <Enter> 键,系统就会自动跳到下一个桩号,依次输入相应的高程。如果要插入一个桩点,就将当前的桩号改成要插入的桩号并输入高程,按 <Enter> 即可插入。用户可以在输入数据的过程中任意修改和插入一个桩号及其高程,通过保存得到地面高数据文件(∗.dmg)。

图 14-7 "地面高输入"对话框

14.3.2 地面高文件检查

地面高文件的输入过程是非常繁琐的,而且容易出错,用户可以通过"地面高文件检查"命令检查地面高文件中是否有明显输入错误的地方。在实际的地形情况中,很少会出现两个相邻桩号的地面高程相差非常悬殊的情况,因此在 Hard 2013 系统中规定两个相邻的桩号高程之差应小于 35m,一旦超过该范围就提示用户该桩号的地面高程有错误,当然这只是提示,不影响任何后继的设计,如果实际地形如此,用户完全可以认为这个输入数据是正确的。从下拉式菜单中选取"纵断面"→"地面高文件检查"命令,系统自动按上述的要求对用户输入的地面高文件进行检查,并自动为用户生成错误信息文件。以下是错误信息文件的内容:

共 91 条记录,0 条错误!

14.3.3　确定纵断面控制资料

纵断面设计需要综合考虑平面和纵断面，使二者具有良好的"平纵配合"。在进行纵断面设计前，必须规定选用哪一个平曲线文件和哪一个地面高文件。从下拉式菜单中选取"纵断面"→"纵断面设计控制资料"命令，系统弹出对话框，用户可以对其修改，一般情况下，直接选取系统默认的文件和默认的参数即可。单击"确定"按钮后，系统在屏幕中心自动点绘各中桩的地面高程，如图14-8所示。

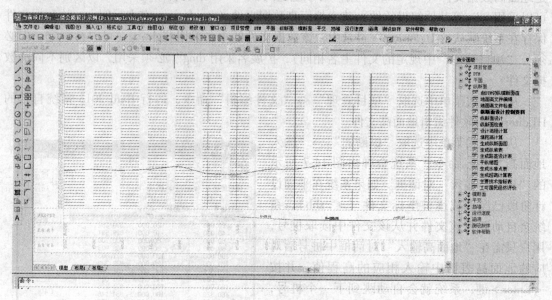

图14-8　路线纵断面设计高程控制图

14.3.4　交互拉坡

交互拉坡就是在刚刚由系统点绘的地面线上进行拉坡设计。从下拉式菜单中选取"纵断面"→"纵断面设计"，弹出的对话框如图14-9所示，其中有"增加变坡点""插入变坡点""移动变坡点"和"删除变坡点"四个拉坡命令，选择"增加变坡点"，Hard 2013系统会在对话区提示用户：

/Z 起点桩号高程/ < 起点 >：

如果确定了拉坡设计线的起点位置，系统会在对话区提示：

S 桩号/L 坡长/D 坡度/G 高程/C 高差/X 相对参考点/U 取消/ < 点 >：

用户可以依据不同的选项进行下一步的设计。由于系统在命令行的下面窗口，有动态的随鼠标拖动的所有参数显示，用户可以依据系统的动态提示进行交互式的拉坡。进行交互拉坡时，由于计算机的屏幕较小，使用户无法准确地进行拉坡，这时用户可以打开"航空视图"，通过该视图可以放大任意局部并可纵观全局，这样就使拉坡工作变得轻松自如。

当交互拉坡结束后，系统会在对话区询问用户：

是否存储纵断面文件（Y/N）?

如选择存储纵断面文件，输入"Y"，并在对话框中为纵断面文件（＊.zdm）指定存储

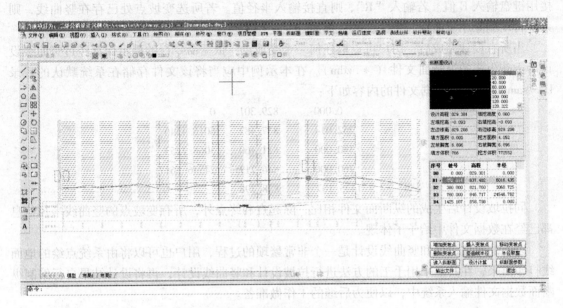

图 14-9　路线纵断面设计窗口

位置，在本示例中应当选择存储在系统默认的目录 D：\sample 中，该数据文件的内容如下：

0.000	829.301	0
252.014	837.482	0
380.000	821.760	0
760.000	846.717	0
1425.107	858.798	0

该数据文件每行数据的第一个数据代表变坡点的桩号，第二个数据代表变坡点的高程，第三个数据代表变坡点的竖曲线半径，第一组数据和最后一组数据因为分别代表拉坡设计线的起点和终点，故竖曲线半径应该是 0，而中间各组数据因为还未进行竖曲线设计，所以这些数值也暂时也为 0。

14.3.5　竖曲线设计

该命令用来生成和编辑竖曲线。从下拉式菜单中选取"纵断面"→"纵断面设计"命令，弹出的对话框中选择"竖曲线半径"命令，Hard 2013 系统会在对话区提示：

请选择变坡点：

用鼠标左键在屏幕上单击一个即将对其设计的变坡点（可以打开航空视图），这时在对话区系统提示：

R 半径/T 切线长/E 外距/M 移动/I 插入/C 删除/S 存储：

用户可以输入 R、T、E 中任意一项，若输入"T"，表示以切线长 T 来控制竖曲线，移动鼠标，拉出一条水平线，表示 T 长，同时在下面的状态区动态显示对应的 R、T、E 值，单击鼠标左键确认。另外，用户也可直接用键盘输入 T 值。

若输入"E"，表示要以外距 E 来控制竖曲线，移动鼠标，拉出一条竖直线，表示 E 长，同时在下面的状态区动态显示对应的 R、T、E 值，单击鼠标左键确认。另外，用户也可直接用键盘输入 E 值。若输入"R"，则直接输入半径值。若所选变坡点处已存在竖曲线，则系统自动删除原竖曲线，生成新的竖曲线。

当所有设计完成后，用户可点取任何一个变坡点，依据命令行的提示保存经过竖曲线设计后重新生成的纵断面文件（*.zdm）。在本示例中应当将该文件存储在系统默认的目录 D:\sample 中，该数据文件的内容如下：

0.000	829.301	0
252.014	837.482	6016.4346
380.000	821.760	3068.7253
760.000	846.717	24546.7617
1425.107	858.798	0

同拉坡设计后生成的纵断面文件相比，除起点和终点外，所有变坡点的竖曲线半径信息都已经在数据文件中给予了体现。

以上的拉坡设计和竖曲线设计是一个非常繁琐的过程，用户也可以将由系统点绘的地面线打印出来，在其上采用手工的方法进行拉坡设计和竖曲线设计，再将设计结果自行编制纵断面数据文件输入系统中，以便为后继的工作做准备。

14.3.6 纵断面检查

公路纵断面设计中的坡度选取、坡长选取和竖曲线半径选取等必须结合现场实际情况和"规范"进行，Hard 2013 系统为用户提供了一个严格参照"规范"对用户所设计公路纵断面进行检查的命令。运行"纵断面"→"纵断面检查"命令后，系统自动为用户检查坡度、坡长、竖曲线半径、竖曲线长度以及合成坡度，并为生成一个检查结果文件，供用户对设计进行调整。在本例中生成的检查结果如下：

计算时间：Thu Jul 04 16：15：05.734 2013

纵坡坡度检查：

在变坡点 2 与 3 间（K0 + 252.014 ~ K0 + 380.000）的坡度（-12.284%）大于规范中规定的最大坡度（7%）；

纵坡坡长检查：

纵坡坡长符合规范要求。

竖曲线半径检查：

竖曲线半径符合规范要求。

竖曲线曲线长度检查：

竖曲线曲线长度符合规范要求。

竖曲线合成坡度检查：

竖曲线合成坡度符合规范要求。

如果用户对自己的设计较有把握，可以省略本步操作。

14.3.7 统计主要技术指标

在平面设计和纵断面设计已经完成的情况下，用户需要统计设计的主要技术指标，如最小半径、最大纵坡、最大坡长等。采用人工统计不但费时费力，而且非常容易出错。Hard 2013 系统提供了一个快速统计路线设计的主要技术指标的命令。从下拉式菜单中选取"纵断面"→"主要技术指标"命令，Hard 2013 系统会出现"主要技术指标"对话框，如图 14-10 所示。

用户只要选取设计的平曲线文件、纵断面文件和地面高文件并单击"确定"按钮，系统会自动统计设计的主要技术指标，并生成一个报告文件，在本示例中，文件内容如下：

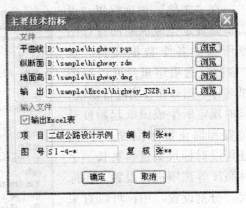

图 14-10　"主要技术指标"对话框

计算时间：Thu Jul 04 16：22：15. 375 2013

设计主要经济指标

一、平曲线

　1. 路线总长（km）：1. 425

　2. 平均每公里交点数（个）：4. 210

　3. 平曲线最小半径（米/个）：200. 000/1

　4. 回头曲线（个）：

　5. 回头曲线最小半径（米）：

　6. 平曲线长占路线总长（%）：34. 052

　7. 直线最大长度（米）：420. 551

二、竖曲线

　1. 最大纵坡（%/米/处）：12. 284/127. 986/1

　2. 最短纵坡长（米）：127. 986

　3. 竖曲线占路线长（%）：187. 997

　4. 平均每公里纵坡变更次数（次）：3. 509

　5. 竖曲线最小半径（凸/凹）（米）：6016. 435/3068. 725

　6. 竖曲线增长系数：0. 92800

三、路基

　1. 平均填土高度（米）：1. 554

　2. 最大填土高度（米）：1. 939

　3. 最小填土高度（米）：1. 239

14. 3. 8　生成纵断面图

纵断面设计的一个重要成果就是纵断面设计图，Hard 2013 提供了一个自动生成纵断面设计图的命令。由 Hard 2013 自动生成的纵断面设计图表达信息清楚、图形规范，完全满足设计和施工的要求。纵断面设计图表达了包含构造物、地质情况等很多信息，在由系统自动生成纵断面设计图前，用户应当首先编制纵断面成图所需的构造物文件和地质状况文件。根据示例中的设计，构造物文件（D：\sample\highway. gzw）的内容如下：

　240 12　1×1.5　1.5　90　八字墙　八字墙　−1　196. 63 钢筋混凝土圆管涵

　地质状况文件（D：\sample\highway. dzk）的内容如下：

01425. 01

砂性土

在这两个文件编制完成后，运行"纵断面"→"生成纵断面图"命令后，系统弹出图 14-11 所示的对话框，可以在对话框中对一些选项进行修改。

在"文件"选项组里，可以重新规定生成纵断面设计图纸所需的各个数据文件。在"参数"选项组里，可以对图纸名称、图号和日期进行修改，同时规定所生成图纸起始桩号位置和终止桩号位置。另外，还可以对标尺高度、页长、字体高度等选项进行设置。在标尺"分割设置"中，可以对采用"自动分割"还是"桩号分割"进行选择，如果在一页图纸表达的长度范围内各中桩的地面高程（或设计高程）相差非常悬殊，以至于无法在同一标尺上进行表达，就需对其进行分割，即采用不同起点高程的标尺分别表达。在"输出内容"选项组中，可以对是否加

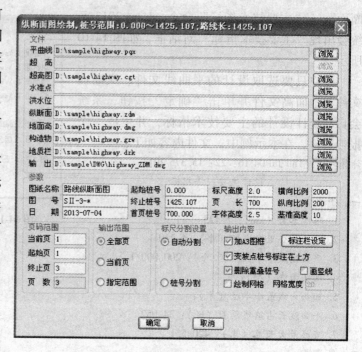

图 14-11 "纵断面图绘制"对话框

A3图框、变坡点桩号标注位置等进行更改，以满足用户的要求。单击"标注栏设定"按钮，系统会弹出"纵断面图标注栏设定"对话框，在"标注内容及顺序"框中从上到下即为生成图纸中标注栏的顺序，可以对其进行修改。

14.3.9 生成纵坡表

运行"纵断面"→"生成纵坡表"命令后，系统会弹出一个对话框，在"文件"选项组中，可以规定生成纵坡表所需的平曲线文件和纵断面文件（一般情况下选择系统默认的文件即可），同时还可以规定系统生成的纵坡表文件存储的位置。单击"确定"按钮后，系统自动生成纵坡表。

14.3.10 生成路基设计表

运行"纵断面"→"生成路基设计表"命令后，系统会弹出一个对话框，在"类型选择"选项组中，可以对路基设计表中表达某中桩处横断面上各点高程的表达方式（绝对高程：中桩处横断面上各点高程均为绝对高程；相对高程：中桩处横断面上各点高程均为相对于该中桩地面高程的相对高程）进行选择，同时对加宽过渡方式（线形加宽或四次抛物线加宽，一般采用线形加宽）进行选择。在"文件"选项组中，可以规定生成路基设计表所需的平曲线文件、纵断面文件、横断面文件和超高文件等（一般情况下选择系统默认的文件即可），同时还可以规定系统生成的路基设计表文件存储的位置。单击"确定"按钮后，系统自动生成路基设计表。

14.3.11　生成平纵缩图

在高等级公路设计中，设计人员除提供平面设计图和纵断面设计图外，还需要提供平面设计和纵断面设计合成在一起的平纵缩图，以便更好地考查路线的平纵协调情况。运行"纵断面"→"平纵缩图"命令后，系统会弹出一个对话框，如图 14-12 所示。用户可以分别设置"总控信息""平面图设置""纵断面设置"，单击"确定"按钮，系统自动生成平纵缩图。

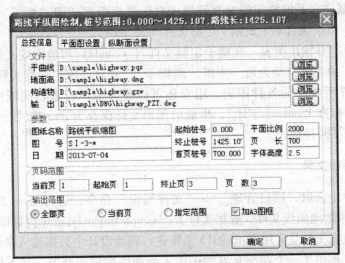

图 14-12　"路线平纵缩图绘制"对话框

14.4　横断面设计

在 Hard 2013 系统中，横断面设计主要依据两大模块依次展开，这两大模块是标准横断面设计（帽子定制）和横断面设计图表的生成。Hard 2013 系统通过交互设计方式对路线分段定义分隔带、边坡、排水沟、截水沟、挡土墙的形式及扣除路槽、清理地表的尺寸，根据设计规则自动完成各桩号的戴帽子，并提交设计报告，查询各桩号的横断面图和设计参数并可进行编辑修改。系统还提供自动布图，自动计算填挖面积，自动进行土石方调配，自动生成土石方表，自动生成三维全景模型图、透视图、动态仿真图等。

在采用常规的手工方法进行公路的横断面设计时，其一般过程如下：

（1）点绘中桩处地形　如果平面设计采用纸上定线，则可以从大比例地形图中获得各中桩处左右各一定范围内的地形情况；如果平面设计采用现场定线，则可以由外业实地测量获得各中桩处左右各一定范围内的地形情况。获得以上资料后，按照一定的比例（一般为 1∶200 或 1∶400）将各中桩处左右各一定范围内的地形情况点绘在米格纸上，以便供下一步"戴帽子"时使用。

（2）"戴帽子"　在已经点绘好地形情况的米格纸上，综合考虑地形、排水和经济性等因素进行路线横断面设计，并计算每一桩号处的填方面积和挖方面积。此过程工作量非常巨大，而且比较繁琐，容易出错。

（3）绘制路线横断面设计图和编制土石方表　在 A3 标准图纸上按一定比例（一般为 1∶200 或 1∶400）绘制路线的横断面设计图，并且根据每一桩号的填方面积和挖方面积以及桩号间隔计算土石方数量、进行调配并编制土石方表。

在 Hard 2013 中，纵断面设计部分主要过程如下：

（1）外业资料录入　将在纸上定线或现场定线获得的各中桩处左右各一定范围内的地形情况通过系统自带的 HEditor 等编辑软件建立地面线文件（＊.dmx）。

（2）帽子定制　在系统给定的交互环境中对标准横断面（即"帽子"）进行设计，最终保存设计结果，由系统自动生成帽子定制文件（＊.mdz）。

（3）"戴帽子"并输出图表　在帽子定制文件（＊.mdz）和地面线文件（＊.dmx）已经存在的情况下，由系统自动为每一中桩"戴帽子"，并允许用户根据实际情况进行修改，同时生成设计文件所要求的各种图表。用户还可以通过字体设置将图纸中的文字输出为"矢量字体"或"标准 Windows 字体"，生成的图形文件保存为 dwg 格式，生成的表格可以保存为 dwg 和 Excel 两种格式。

14.4.1　输入地面线文件

从下拉式菜单中选取"项目管理"→"文件编辑"命令，运行 Hard 2013 系统自带的 HEditor 编辑软件编辑地面线文件，数据文件 D:\sample\highway.dmx 内容即可显示。

这个地面线数据文件是采用 Hard 2013 系统进行路线设计中数据输入量最大的一个数据文件，HARD 2013 提供了一个在交互界面中输入地面线数据的命令。从下拉式菜单中选取"横断面"→"输入地面线文件"命令，系统弹出交互输入地面线数据的对话框，如图 14-13 所示。在已经存在地面高文件的情况下，系统自动调入地面高文件中的桩号信息，同时在用户输入中桩处左右地形情况的同时采用缩略图的形式为用户生成地面地形情况，以便对所输入数据进行检查。

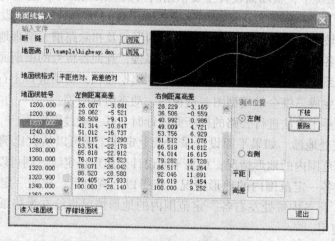

图 14-13　"地面线输入"对话框

14.4.2 地面线文件检查

地面线文件的输入过程是非常繁琐的，而且容易出错，用户可以通过"地面线文件检查"命令检查地面线文件中是否有明显输入错误的地方，以及是否出现与地面高文件的桩号信息不相匹配的情况。从下拉式菜单中选取"横断面"→"地面线文件检查"命令，系统自动按上述的要求对输入的地面线文件进行检查，并自动生成错误信息文件。以下是错误信息文件的内容：

共 91 条记录, 0 条错误！

14.4.3 基本资料输入

在横断面的设计过程中需要参考已经完成的平面和纵断面的设计结果。从下拉式菜单中选取"横断面"→"基本资料"命令，系统将自动弹出一个对话框，如图 14-14 所示，在"文件"选项组中，可以修改已经生成的平曲线文件等各数据文件的路径和名称（一般情况下选系统默认的路径和名称即可）。需要指出的是，如果路线全线的用地加宽（坡角线以外的用地宽）相同，可以不用填写用地加宽文件，而是直接通过操作界面上的用地加宽窗口直接输入。如本示例中的用地加宽在路线全长上均为左右各 2m，则可以不必编写用地加宽文件，而是在"参数"选项组中直接输入 2m 的数字即可。

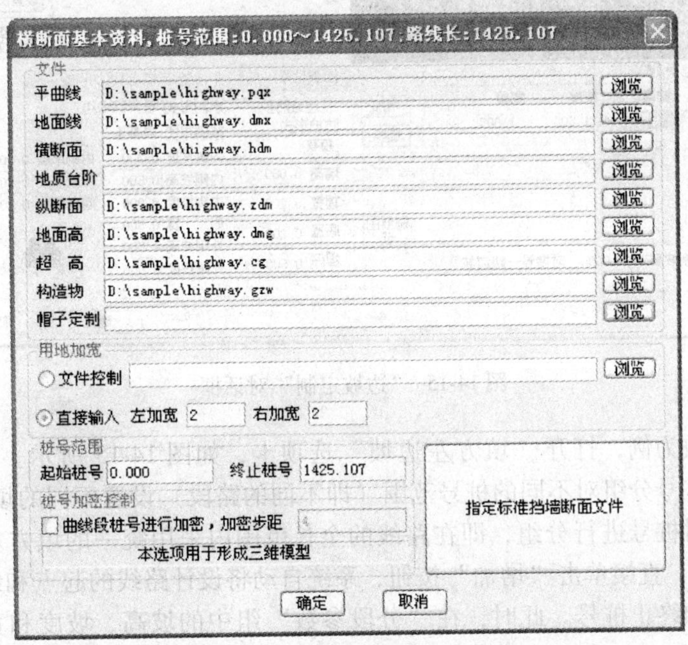

图 14-14 "横断面基本资料"对话框

14.4.4 帽子定制

帽子定制的含义就是确定标准横断面的尺寸，以便为后续的自动"戴帽子"做准备。从下拉式菜单中选取"横断面"→"帽子定制"命令，系统将自动弹出一个对话框，帽子定制的内容包括分路拱定制、扣路槽定制、边坡定制、水沟定制、挡墙定制、清理地表定制、超挖定制、护坡定制、填方包边土定制和填方换填定制共10项内容，用户可以对其逐个进行定制。当然也可以根据实际情况仅定制其中的几项内容。在本示例中，仅进行边坡定制、水沟定制和扣路槽定制。

1. 边坡定制

单击"边坡定制"按钮，系统弹出图14-15所示的"边坡定制"对话框。在对话框中将边坡进一步详细的划分为填方左边坡、填方右边坡、挖方左边坡和挖方右边坡，用户可以分别进行详细的设计。

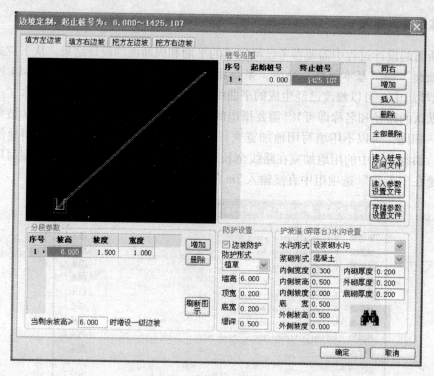

图14-15 "边坡定制"对话框

以填方左边坡为例，打开"填方左边坡"选项卡，如图14-15所示。在"桩号范围"组中，可以通过桩号分组对不同的桩号范围（即不同的路段）设置不同的填方左边坡形式。在本示例中，不对桩号进行分组，即在路线的全长范围内采用统一的填方左边坡形式。在"桩号范围"组中，直接单击"增加"按钮，系统自动将设计路线的起点和终点确定为桩号范围的起始桩号和终止桩号。此时，在"分段参数"组中的坡高、坡度和宽度分别被系统自动赋予了"6.0"、"1.5"和"1.0"的数值，它代表填方左边坡采用1∶1.5的坡度，当边坡的高度超过6.0m需设置一个护坡道，护坡道的宽度为1.0m。用户可以根据设计的实际情况对上述数据进行修改，比如修改为"8.0"、"1.3"和"1.5"，代表填方左边坡采用1∶1.3的坡度，当边坡的高度超过8.0m需设置一个护坡道，护坡道的宽度为1.5m。一般情况下，如果路线纵断面设计中填挖高度比较小，而在设置"坡高"中设置的数值又远远大于这个填挖高度，则护坡道不会出现在设计中，护坡道的宽度数值已经没有任何实际意义。用户还可以对采用何种形式防护进行选择，也可以对护坡道（碎落台）的水沟设置进行选择。在对护坡道（碎落台）的水沟进行设置时，单击右下角的望远镜图标，系统会用图示的形式为用户解释"内侧宽度"、"内侧坡高"等数值的具体含义。用户还可以打开"填方右边坡"、"挖方左边坡"和"挖方右边坡"选项卡分别进行定制，待全部边坡定制完成后单击"确定"按钮，返回到"帽子定制"对话框。

2. 水沟定制

单击"水沟定制"按钮，系统弹出"水沟定制"对话框。在对话框中将水沟进一步详细地划分为填方左排水沟、填方右排水沟、挖方左边沟、挖方右边沟、挖方左截水沟和挖方右截水沟，用户可以分别选取相应的选项卡进行详细的设计。

我们以填方左排水沟为例，打开"填方左排水沟"选项卡，如图 14-16 所示。在"桩号范围"组中，可以通过桩号分组而对于不同的桩号范围（即不同的路段）设置不同的填方左排水沟形式。在本示例中，不对桩号进行分组，即在路线的全长范围内采用统一的一种填方左排水沟形式。在"桩号范围"组中，直接单击"增加"按钮，系统自动将所设计路线的起点和终点确定为桩号范围的起始桩号和终止桩号。此时，在"水沟尺寸"组中的内坡坡高、内坡坡度等分别被系统自动赋予了不同的数值，用户根据设计的实际情况进行更改。单击右下角的望远镜图标，系统会用图示的形式解释"内坡坡高""内坡坡度"等数值的具体含义。在"水沟设置"对话组中，还可以对于水沟形式、浆砌形式以及是否设置挡土埝、是否单独进行拉坡设计等进行设定。

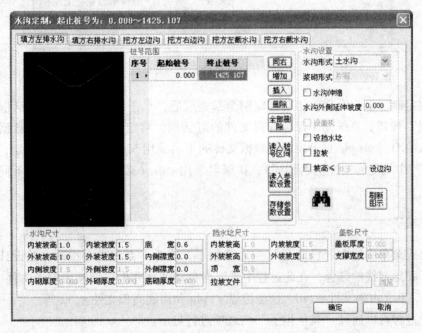

图 14-16　"水沟定制"对话框

打开"填方右排水沟""挖方左边沟""挖方右边沟""挖方左截水沟"和"挖方右截水沟"选项卡分别进行设计，待全部水沟定制完成后单击"确定"按钮，返回到"帽子定制"对话框。

3. 扣路槽定制

单击"扣路槽定制"按钮,系统弹出"扣路槽定制"对话框,如图 14-17 所示。在确定了桩号范围后,只需在路拱号对应的深度数值框中填入相应的数值即可。在本示例中,在路线全长范围内的行车道部分扣除了 0.2m 深的路槽,系统在进行土石方计算时将自动予以扣除。待扣路槽定制完成后,单击"确定"按钮就可以返回到"帽子定制"对话框。

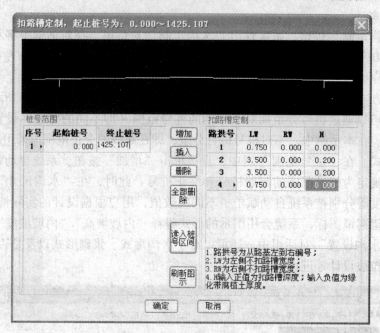

图 14-17 "扣路槽定制"对话框

待边坡定制、水沟定制和扣路槽定制全部完成后,单击"帽子定制"对话框中的"存储帽子定制"按钮,系统弹出保存数据文件的对话框,将定制信息保存。该数据文件保存在系统默认的 D:\sample 目录中,该数据文件的主名采用 highway(可自行规定,但必须与"项目管理"中规定的文件主名相同),扩展名采用 mdz(必须采用,以区别不同的数据文件)。

14.4.5 戴帽子

从下拉式菜单中选取"横断面"→"戴帽子"命令,系统自动按照有关设计规范的要求完成帽子和地面线的结合,在此过程中系统会自动计算并生成横断面帽子文件 *.mz、坡角线文件 *.pjx、占地文件 *.zd、模型边界 *.plg 和沟底高程文件 *.sg 等。

戴帽子过程可以通过"显示帽子"的选项进行显示。

14.4.6 帽子浏览与交互修改

当完成戴帽子工作后,Hard 2013 提供了非常方便的浏览工具,从下拉式菜单中选取"横断面"→"帽子浏览"命令,可以通过设定"查询条件"查看横断面的各种信息,该功能为用户提供了每个横断面的所有相关参数,各个断面的填挖、标高等情况一目了然。

如果某个桩号的横断面设计有问题，可以从下拉式菜单中选取"横断面"→"交互修改"命令，这是 Hard 2013 为用户提供的能修改横断面任意位置的工具箱，如图 14-18 所示。修改的内容包括边坡、水沟、挡墙、占地宽度、填挖面积等，修改完一个断面后单击"重算"按钮，系统将更新这个断面，修改的结果可以通过"图形区"得到浏览，当修改完全部有问题的桩号后按"确定"按钮，系统将更新与横断面有关的全部数据文件。

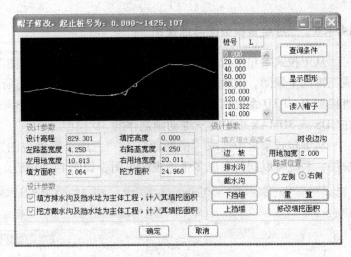

图 14-18 "帽子修改"对话框

14.4.7 横断面布图

从下拉式菜单中选取"横断面"→"横断面布图"命令，显示图 14-19 所示的对话框。首先向系统输入帽子文件（*.mz）的位置，然后设定绘图比例和标注等内容，确定绘制图纸网格（网格可以是单个断面网格也可以是整个 A3 幅面的米厘网格）等。当设定了上述的内容后，单击"页数"，系统会根据用户的设置模拟布图并计算出页码数，用户确定输出页码的范围，然后单击"确定"按钮，系统自动完成图纸的输出，并将图纸保存到项目指定的位置。

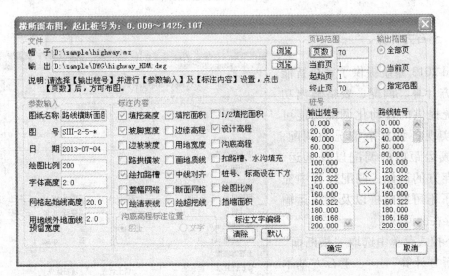

图 14-19 "横断面布图"对话框

14.4.8 三维全景模型图与透视图

从下拉式菜单中选取"横断面"→"三维全景透视图"命令，根据横断面设计结果生成三维的全景图，同时为海地三维仿真系统 Hard 3D 输出所需的数据 *.mx 文件，该文件可直接被 Hard 3D 系统调入并生成全三维仿真动画。在输出 *.mx 文件的同时，系统还生成可在 3DS 或 3DMAX 中进行三维动画制作的 3D 模型。

从下拉式菜单中选取"横断面"→"三维全景透视图"命令，选择立地点桩号生成透视图，系统可以同时生成多张透视效果图，如图 14-20 所示。

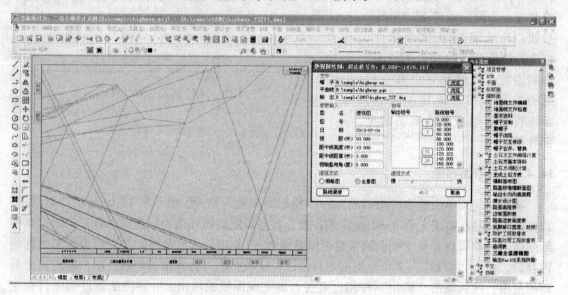

图 14-20　三维全景透视效果图

14.4.9 土石方计算

Hard 2013 系统提供了完全智能的土石方计算、调配、表格输出功能，系统提供的自动化调配功能可以完全实现各种复杂情况的调配，自动完成运距内的调配以及远运、借方、弃方的调配，调配过程中充分考虑了不可跨越桩以及直线运输等现实存在的问题。

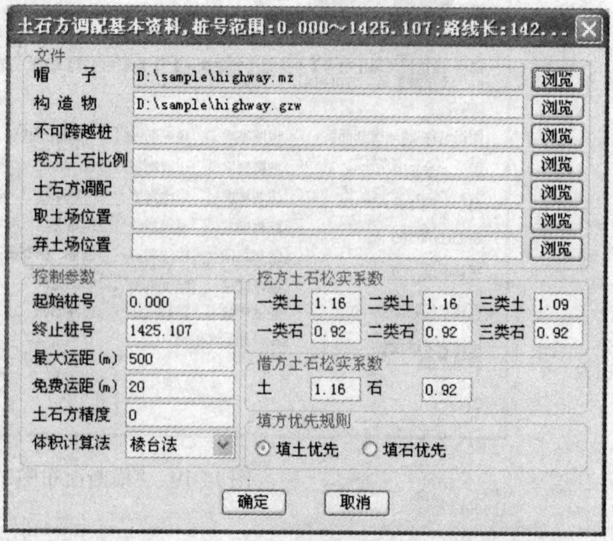

从下拉式菜单中选取"横断面"→"土石方计算"→"土石方基本资料"命令，弹出图 14-21 所示对话框。调入横断面成果帽子（*.mz）文件，通过起、终点桩号的设定，

图 14-21　"土石方调配基本资料"对话框

可以分段进行调配，设定相应的参数，如土石松实系数、体积计算方法、最大及免费运距、填土优先还是填石优先等。

从下拉式菜单中选取"横断面"→"土石方调配计算"→"动态土石方调配"命令，根据调入的土石方基本资料，系统自动计算逐桩的土石方填缺和挖余数量并输出调配曲线，曲线横坐标为桩号，纵坐标为土石方累计量，桥位处由于无土石方量故为水平线。系统提供自动调配和手工调配方法，调配完成后输出调配成果文件（＊.tp）。

从下拉式菜单中选取"横断面"→"土石方计算"→"生成土石方表"命令，系统可以生成土石方计算表、公里土石方计算表、每公里土石方运量、运距表、每公里土石方表、土石方汇总表等。

14.5　涵洞设计

Hard 2013 系统中内嵌了海地涵洞工程师系统 Hard CE，因此利用海地涵洞工程师系统 Hard CE 进行涵洞设计，可以不必输入有关路线的大量繁杂数据，而是直接通过访问 Hard 2013 系统调用。海地涵洞工程师系统 Hard CE 能够完成盖板涵（包括明涵和暗涵）、拱涵、圆管涵以及箱涵的设计及出图。

当希望涵洞设计资料通过 Hard 2013 路线设计资料提供时，从下拉式菜单中选取"涵洞"→"涵洞设计基本资料"命令，系统弹出图 14-22 所示的对话框，涵洞系统与路线系统的数据交换是通过帽子文件（＊.mz）和构造物文件（＊.gzw）两个文件完成的。在调入这两个文件的同时，系统还将输出一个涵洞设计向导文件（＊.hd），这个文件用来在系统中管理涵洞的设计过程，包括存储、调用、输出模板等。用户对项目内的各个涵洞分别进行设计，可以随时存储设计

图 14-22　"涵洞设计基本资料"对话框

向导文件，并在下一次设计时调入该设计向导文件继续设计。

涵洞设计的过程是首先调入涵洞设计向导文件（＊.hd），然后选择桩号、涵洞形式并进行设计，当几道涵洞设计完成后，单击"存储"按钮，这时各个涵洞的设计参数均被保存在设计向导文件（＊.hd）中，在下次设计时用户可以调入并修改。在设计过程中，涵洞形式可以任意的变换，并将设计结果保存。

14.6　测设放样

在采用 Hard 2013 系统进行了路线设计后，一个重要的问题就是如何将设计成果通过中桩的形式体现在实际的地面上，这就涉及测设放样。Hard 2013 系统可以帮助用户生成路线的测设放样数据，这包括"切线支距法""偏角法""极坐标法"和"全站仪放样"四种方法。以"切线支距法"为例，从下拉式菜单中选取"测设放样"→"切线支距法"命令，系统弹出图 14-24 所示对话框。用户可以对一些参数进行修改，如立镜点位置、桩号间隔、

交点等，单击"计算"按钮，系统会自动计算外业测设用数据。

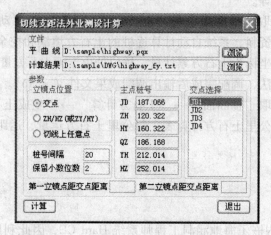

图 14-23 "切线支距法外业测设计算"对话框

本 章 小 结

本章以实际路线设计为例，从工程项目的建立、平面线形设计及图样生成、纵断面设计计算及图样生成、横断面设计、帽子定制、土石方计算、涵洞设计以及测设放样等方面对 Hard 2013 实际操作过程的各个步骤进行了全面地介绍。以方便工程设计人员及初学者对 Hard 2013 的设计计算过程进行全面系统的了解，为其进行实际上机操作，完整进行实际工程或工程案例的设计提供了指导。

复 习 题

1. 试总结运用 Hard 2013 进行路线设计的主要操作步骤。
2. 试根据第 13、14 章的介绍，上机操作 Hard 2013 提供的 10 种帽子定制内容。
3. 试根据本章示例进行上机操作。
4. 试在题 3 的基础上运用 Hard 3D 进行三维动画设计。

第 15 章

桥梁 HardBE 2013

海地桥梁 HardBE 2013 系统是用于桥涵设计的 CAD 软件系统，主要面向公路、市政道路、铁路等设计行业。海地桥梁 HardBE 2013 系统可大大提高设计效率和质量，是工程设计人员强有力的辅助设计工具，是符合软件发展潮流面向新世纪的新一代专业 CAD 系统。

15. 1　桥型总体布置图

15. 1. 1　总体说明

桥型功能主要面向大、中、小桥梁的总体布置图开发。它所能绘制的桥梁上部结构包括各种板式结构、梁式结构（变截面和等截面）、T 梁、I 梁、拱式结构以及斜拉桥、悬索桥专用上部结构；下部结构包括重力式墩台、柱式墩台、薄壁墩、独柱墩以及肋板式桥台；基础包括桩基础和扩大基础，其中桩基础可与桩顶系梁或承台配套使用，扩大基础可为对称式和不对称式两种。桥梁在平面上可为直线或曲线桥梁，且可带有任意斜度。

系统主要采用 AutoCAD 的 ObjectARX 技术以及 OpenGL 技术开发，具有计算速度快，运行效率高等特点。系统在使用上主要有以下几个特点：

1）系统成图可实时修改。成图完成后，可直接修改不合理的设计参数，并重新生成图纸。

2）完备的可视化界面。系统中所有样图均用 AutoCAD 进行规范制图而成，并且可以实时缩放，便于使用；在交互式数据录入时，各构件可按真实比例进行预览。

3）桥梁设计数据构件化管理。桥梁设计中各种构件可存入构件库。在下次设计时可直接从构件库提取利用，从而提高了设计效率。此外，系统提供了专用的构件库管理程序，用户可用它来建立和修改自己的构件库。

4）绘图参数可配置。用户可以指定绘图时所用的字体、字高、颜色、线形，并且可以将本次设置保存，以便下次绘制此类图时调入，从而规范化制图标准，减少图形的后期修改量。

5）成图可控制。系统可根据用户的要求单独绘制立面图、平面图和横断面图，也可全部生成。

6）桥梁平纵线形的支持。桥梁竖曲线可有任意个变坡点，桥梁平曲线可有任意个交点。

7）桥梁构件可任意组合。在同一桥梁中，可采用多种类型的上部结构、下部结构以及基础。下部与基础可任意组合形成新结构。

8）内置部颁标准横断面。系统中可直接查询部颁板式断面、T 梁、I 梁断面数据。

15.1.2　操作步骤

HardBE 2013 系统提供大中桥桥型、小桥桥型及通道桥桥型三种形式。下面以大中桥桥型为例说明其操作步骤。

1. 数据操作

单击"桥型"→"大中桥桥型"，弹出"大中桥桥型设计系统"对话框，如图 15-1 所示。对话框下方，有"读入数据"、"保存数据"及"清空数据"三个按钮。"读入数据"用于调用已有的桥型数据文件；"保存数据"用于保存编辑好的桥型数据；"清空数据"用于清除已编辑的桥型数据。

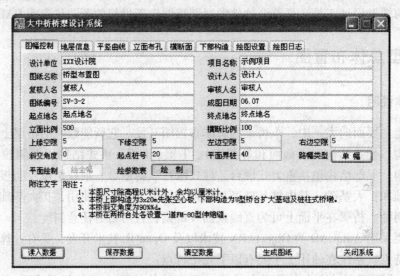

图 15-1　"图幅控制"选项卡

2. 图幅控制数据

图 15-1 中"图幅控制"选项卡主要包括图框标题栏内容、桥型总体控制信息以及桥型绘制总体控制信息，上（下、左、右）缘空隙指图形边界与内图框的距离，单位为厘米。

3. 地层信息

"地层信息"选项卡，包含"地层线信息""地质钻孔数据""水位信息"及"锥坡信息"四部分内容，如图 15-2 所示。

（1）地层线信息　此功能用于输入桥址处的地面线和地质构造线。

1）导入：用于导入"＊.dcx"格式的 QX 系统地层线文件。

2）添加：新建或添加一条地层线。

3）编辑：用户可直接双击数据网格某行以编辑某条地层线；也可先单击数据网格某行，然后单击"编辑"按钮来实现对某条地层线的编辑。注意，若有多条地层线编辑时，可双击进入任一条地层线的数据输入界面，然后可通过此界面中的"上层"和"下层"按

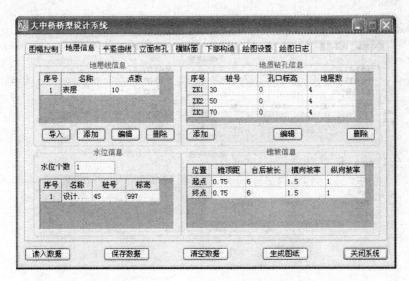

图 15-2　"地层信息"选项卡

钮完成地层线间的快速切换。

4）删除：用户可先单击数据网格某行，然后单击"删除"按钮来删除某条地层线。输入地层线时注意：各层的描述数据应按照桩号递增顺序输入，且层序应按照自上向下的顺序。

（2）地质钻孔信息　此功能用于输入地质钻孔数据，其中土层厚度以米计。

1）添加：新建或添加一个钻孔，可参考已有钻孔提高数据录入速度。

2）编辑：用户可直接双击数据网格某行以编辑某个钻孔；也可先单击数据网格某行，然后单击"编辑"按钮来实现对某个钻孔的编辑。注意，若有多个钻孔编辑时，可双击进入任一个钻孔的数据输入界面，然后可通过此界面中的"前孔"和"后孔"按钮完成钻孔间的快速切换。

3）删除：用户可先单击数据网格某行，然后单击"删除"按钮来删除某个钻孔。输入钻孔资料时应按照桩号递增顺序输入各钻孔。

（3）水位信息　用于水位数据的输入，绘制桥型图时标于立面图中。"名称"指水位的名称，如设计水位、常水位。"桩号"指立面图中标注此水位的里程桩号。"标高"指水位的标高值。

（4）锥坡信息　"锥顶距"指锥坡的锥顶（放坡起点）至桥台尾端的距离，通常为0.75；"台后坡长"指台后护坡的长度；"纵向坡率"指锥坡顺桥向的坡率，如 1：1.5 填1.5；"横向坡率"指护坡的坡率，一般与路基边坡的坡率相同，如 1：1.5 填 1.5。当某个锥坡参数≤0 时，此锥坡将不绘制。

4. 平竖曲线

"平竖曲线"选项卡包含"平曲线参数""竖曲线参数"两部分内容，如图 15-3 所示。

（1）平曲线参数　用于输入桥位处路线的平曲线参数。

1）起点、终点的 X、Y 坐标：指桥梁所处平曲线交点的大地坐标。

2）交点个数：指包含桥梁的最短平曲线的中间交点总数。当无曲线时应填 0。

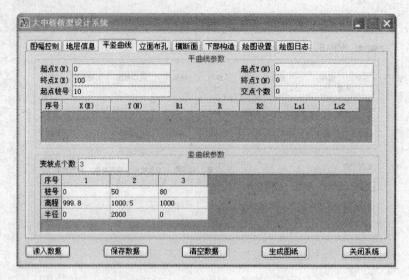

图 15-3 "平竖曲线"选项卡

3）起点桩号：指上述起点对应的里程桩号。

4）平曲线参数表：长度单位均为米；X（E）、Y（N）：各中间交点的大地坐标；曲线半径：各交点中圆曲线的半径；缓和长 Ls1：各交点中第一缓和曲线的长度；缓和长 Ls2：各交点中第二缓和曲线的长度。

（2）竖曲线参数 用于输入桥位处路线的竖曲线参数。使用时，首先输入竖曲线点数，然后单击其下的数据网格即可输入其他参数。使用时有以下三种情况：当为单向坡时只需输入两个变坡点参数，且各变坡点的半径均为 0；当为单竖曲线时，应输入三个变坡点参数，且第一和第三变坡点的半径均为 0，第二变坡点的半径必须大于 0；当为多个竖曲线时，按照桩号递增顺序依次输入各变坡点参数，同样，首变坡点和末变坡点的半径为 0，其余中间变坡点的半径必须大于 0。其中，竖曲线半径以米计。

提示：在输入变坡点的参数时，首变坡点和末变坡点的桩号和高程可不必按照实际填，只需保持它们与相邻变坡点的坡度不变即可，但各中间变坡点参数必须按照实际填。

5. 布孔及立面描述

使用注意：

1）每一段表示一种类型的上部结构形式，可有任意跨。

2）同一种上部类型且不同跨径者，视为不同的段，应分开处理。

3）单孔跨径指各段的标准跨径，对于边孔，指伸缩缝的桥孔侧至墩中心的距离。

4）孔数指对应段（上部类型）的跨数。

5）可单击"添加"按钮或按 <Insert> 键添加一种上部类型。

6）可先单击某段然后单击"编辑"按钮或按 <Enter> 键编辑选中的段。

7）可先单击某段然后单击"删除"按钮或按 <Delete> 键删除选中的段。

8）各段数据全部填写完毕后，应以单击"确定"按钮方式离开此界面。

输入数据时，应先输入节段描述、单孔跨径及节段孔数，然后选择立面结构类型，输入结构描述参数，输入完毕并确认无误后以单击"确定"按钮关闭此界面，如图 15-4 和 15-5 所示。

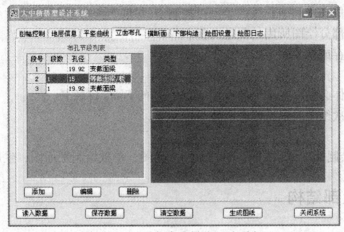

图 15-4　"上部布孔描述"选项卡

6. 横断面描述

1）所有长度单位均为米。

2）左右护栏形式可通过单击实现"不使用""防撞墙""防撞护栏""钢波形护栏"切换。

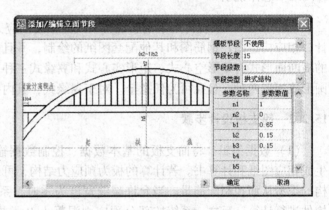

图 15-5　"节段立面描述"选项卡

3）可通过单击"添加"按钮实现断面的插入。

4）先单击选中某个断面，然后单击"编辑断面"按钮或按＜Enter＞键编辑某个断面。

5）先单击选中某个断面，然后单击"删除断面"按钮或按＜Delete＞键删除某个断面。

6）完成后单击"确定"按钮离开此界面，从而保存修改后的数据。

使用注意：

1）应先选择断面类型，然后输入其他数据。

2）带孔板式断面中，孔的个数均无限制，但内部尺寸关系应无误。圆孔可由尺寸控制变成椭圆孔（竖直）。

3）复式断面中应注意边梁与中梁的尺寸差异。

4）断面数据所描述的断面总宽度应与"断面全宽"对应。

7. 下部及基础描述

使用注意：

1）尽可能按照墩台顺序依次设计各墩台，以免遗漏。

2）设计各墩台时，应先选择墩台类型和墩台连接类型，然后输入各参数。

8. 绘图设置

此功能主要完成以下几点：

1）使绘图所用字体类型、字高以及字体的宽度系数可控制。

2）使绘图所用虚线和中心线的类型可控制。

3）使图形各部分绘图所用的颜色可控制。

4）设置可保存或调入。

使用注意

1）指定的字体必须存在于当前所用 AutoCAD 的 Fonts 目录下。

2）在连续多次绘图时中途修改字体类型无效。

9. 生成图纸

此功能用于绘制标准 A3 图框、单独绘制立面图、单独绘制平面图、生成全图。

15.2 桥梁上部结构

15.2.1 总体说明

HardBE 2013 系统可用于钢筋混凝土或先张法预应力混凝土简支板的内力分析、配筋设计，相应构造图、钢筋图和其他配套图纸的绘制，并且能生成相应的计算书。其中，简支板的横断面形式有矩形空心式、矩形实心式和翼缘式三种。对于矩形空心式，其内孔的形式有圆形或矩形两种，且孔可为任意个。对于翼缘式，其内孔的形式有圆形或矩形两种。

15.2.2 简支板设计步骤

（1）数据编辑 将简支板的基本数据、控制数据输入系统，以便系统对其进行分析并生成相应图纸和计算书。若计算的板为预应力结构，可通过设置允许裂缝宽度控制预应力结构的类型从而控制配筋量。当允许裂缝宽度为零时，系统按部分预应力混凝土结构的 A 类构件进行计算，反之，系统按部分预应力混凝土 B 类构件进行计算。此外，在此功能中可以调入或保存设计数据，可以设定绘图图框。

（2）数据检查 对所输入数据进行正确性、合理性分析，为以后计算结果的可靠性提供强有力的保障。

（3）配筋计算 对简支板进行内力分析和配筋设计，给出与用户所描述简支板相适应的普通钢筋或预应力钢筋用量，以及钢筋在纵横断面上的布置情况。

（4）钢筋参数编辑 用户可以使用此项功能对系统计算出的简支板配筋情况进行修改，以使其满足用户的特殊要求。

（5）图纸的绘制 绘制简支板的一般构造图、边（中）板的钢筋构造图、端系梁钢筋构造图、钝角加强钢筋构造图、桥面铺装钢筋构造图、防撞墙钢筋构造图、桥面连续钢筋构造图以及泄水管构造图。绘图时应注意：当板的斜度绝对值小于 20°时，按《公路钢筋混凝土及预应力桥涵设计规范》规定不设钝角加强钢筋，其他图纸绘制之前应先完成配筋计算方可进行。只有当板类型为翼缘式空心板时，才有端系梁钢筋构造图，因为其他类型板是通过铰缝实现横向连接的。

15.2.3 简支板类型及参数说明

1. 空心矩形式

此种空心板可为先张法预应力混凝土结构或普通钢筋混凝土结构，其内孔的形状可为矩形或圆形，且孔可为任意个。其断面尺寸如图 15-6、图 15-7 所示。其中：ZBi 代表中板尺寸，BBi 代表边板尺寸；H 为板的预制高度，H1、H2 分别为板的顶板、底板厚度；ZB3 和 BB3 分别代表孔中心距板最外侧的距离，ZB4 和 BB4 分别代表孔的中心距，当为单孔时他们的值为零；D 代表孔的直径；XK1、YK1 代表方孔上面两个拐角的水平尺寸和竖直尺寸，XK2、YK2 则代表方孔下面两个拐角的水平尺寸和竖直尺寸。

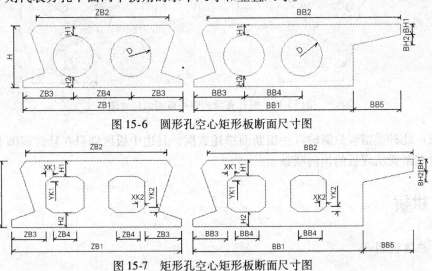

图 15-6   圆形孔空心矩形板断面尺寸图

图 15-7   矩形孔空心矩形板断面尺寸图

2. 实心矩形板

此种类型板只用于普通钢筋混凝土结构，其断面尺寸如图 15-8 所示。

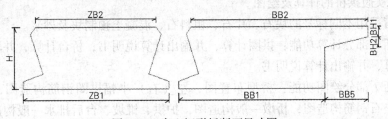

图 15-8   实心矩形板断面尺寸图

3. 翼缘式空心板

此种类型空心板可为先张法预应力混凝土或钢筋混凝土结构，其内的孔形可为矩形或圆形两种，孔的个数为一个，其断面尺寸如图 15-9、图 15-10 所示。

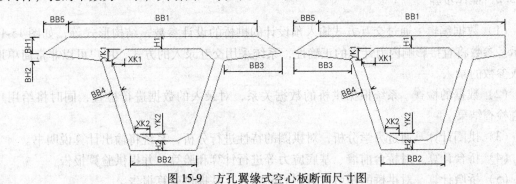

图 15-9   方孔翼缘式空心板断面尺寸图

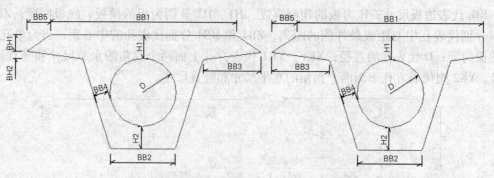

图 15-10 圆孔翼缘式空心板断面尺寸图

注意：此种类型板只需输入一组断面描述数据，且边中板区别只在悬臂端部上。此种类型板通过端系梁实现板的横向联系。

15.3 拱桥

15.3.1 总体说明

拱桥是公路桥梁建设中普遍采用的一种建筑形式，应用范围较广。实腹拱桥 CAD 系统较好地解决了石拱桥的施工图设计。该系统适用于不同公路等级、1～3 孔、跨径 6～20m、斜度 0°～35°实腹拱桥的计算及绘图。

材料：可采用不同标号的块石、片石、粗料石、混凝土预制块及砂浆。

系统包括 3 部分计算功能：拱圈计算，并输出计算说明书；桥台计算，并输出计算说明书；桥墩计算，并输出计算说明书。

系统包括 7 部分绘图功能：桥型布置图，左（右）半幅拱圈钢筋构造图，桥台一般构造图，拱脚垫石钢筋构造图，桥墩一般构造图，护拱、锥坡、台后排水一般构造图，桥上防撞墙一般构造图（0#台、n#台防撞墙一般构造图）。

系统数据精度：桩号及标高精确到 1cm；结构尺寸精确到 1mm；混凝土体积精确到 0.01m³。

15.3.2 操作步骤

（1）数据编辑 通过交互方式输入预设计的拱桥的设计参数，结构形式等，如图 15-11 所示。参数将直接影响内力计算的正确性，系统采用交互录入的方式，用户可以非常简单地完成参数的录入。

（2）数据的检查 系统根据拱桥的数据关系，对录入的数据进行检查，同时将给用户报告检查结果。

（3）拱圈计算 通过力学分析，对拱圈的特性进行分析，系统将输出计算说明书。

（4）桥台计算 对桥台前墙、基底应力等进行计算和验算，并提供验算报告。

（5）桥墩计算 对拱桥的桥墩进行应力的验算，并提供验算报告。

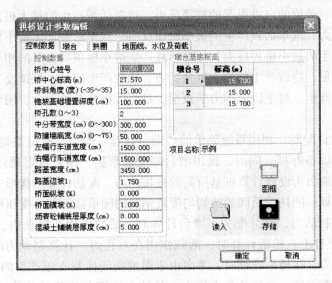

图 15-11　"拱桥设计参数编辑"对话框

15.3.3 参数说明

1. 主控参数

1）桩号采用数字型表达，如 K12 + 300.000 直接写成 12300 即可；对于低等级的公路，"中央分隔带"参数为 0；路线纵坡沿路线前进方向，上坡为正，下坡为负；桥面横坡，垂直于路线前进方向，由路中心指向外为正，反之为负。主控参数界面有"存储"功能，用户可以将输入参数保存起来。图框的定义与路线系统的定义方法相同，使用可以参考 Hard 2013 系统的说明。

2）墩台参数。输入拱桥的桥墩桥台尺寸参数、材料以及材料标号。

3）拱圈参数。孔径是指一孔斜跨径，为 600 ~ 2000cm。拱圈类型可以选择混凝土预制块、块石、钢筋混凝土。

2. 其他参数

车道数：单幅路全路幅的车道数，双幅路半幅路的车道数。

系统提供特载的相关设计。

15.4 柱式墩台

15.4.1 总体说明

系统能够完成 1 ~ 4 柱（圆柱、方柱以及肋板式）的桥台和桥墩的设计、计算、配筋、输出设计说明及工程图纸。

系统的计算、配筋主要包含以下几部分：

（1）盖梁的设计配筋　通过系统菜单的"盖梁计算"可以得到盖梁计算书，用于用户的设计存档。同时，系统输出用于墩台台身设计所需的"墩台顶的内力"数据，主要为：上部恒载的桩顶反力、盖梁的自重引起的桩顶反力、汽车活载产生的最大桩顶反力、挂车活载产生的最大桩顶反力、汽车活载产生的最小桩顶反力、汽车活载产生最小桩顶反力时的相应弯矩、挂车活载产生的最小桩顶反力、挂车活载产生最小桩顶反力时的相应弯矩、上部恒载总重量、盖梁总重量、特载产生的最大桩顶反力、特载产生的最小桩顶反力、特载产生最小桩顶反力时的相应弯矩。对于以上的力学数据，系统将进行各种组合，用于墩台台身的设计计算。

（2）墩台的设计配筋　利用系统菜单的"墩台计算"命令，通过盖梁设计得到的内力，系统输出设计说明以备存档。同时，输出墩台的配筋数据，用户可以通过交互方式进行修改。另外，系统还输出为设计计算桩基所需的桩顶内力。配筋计算结构形式分：方柱、肋板按偏心受压构件计算；圆柱按沿圆周边均匀配置钢筋的圆形截面偏心受压构件计算。墩台身的计算考虑了汽车制动力，其分配为：墩台计算时，活载作用在单孔内，计算制动力除以 2，平均分配到每个柱上；桥墩计算时，活载作用在双孔内，计算制动力除以 2，平均分配到每个柱上。温度力，在桥面连续时，考虑由于温度而使橡胶支座产生的变形力。土压力，包括台后填土、台前溜坡、台后活载土压力。各种力的组合按照《公路钢筋混凝土及预应力桥涵设计规范》进行。

（3）墩的设计配筋　利用系统菜单的"墩台计算"命令，通过盖梁设计得到的内力，系统输出设计说明以备存档。同时，输出有冲刷和无冲刷时的桩顶内力，二者取最大值计算桥墩配筋及桩基计算。另外，系统同时输出柱的配筋，用户可以对其进行修改。配筋计算按结构形式分为方柱按偏心受压构件计算、圆柱按沿圆周边均匀配置钢筋的圆形截面偏心受压构件计算。

（4）桩长及桩基计算　系统利用墩台计算的结果，根据地质状况按 m 法计算并输出有冲刷和无冲刷时的桩长，桩基内力计算是将桩顶至第一弹性零点处的桩长范围内分为 21 个断面，计算输出 21 个断面的内力，同时找出弯矩最大值进行配筋计算，输出配筋数据，用户可以通过系统提供的交互界面进行修改。

（5）搭板计算　通过计算可以得到搭板的配筋，用于出图。

（6）桩基计算　对桩基进行力学分析，对承载力、抗倾覆、抗滑动进行验算。

（7）耳墙以及背墙的计算　对耳墙和背墙进行配筋。

HardBE 2013 系统的柱式墩台设计，采用从上到下的方式连续进行，也就是，从盖梁开始，盖梁计算将结果传给墩台身，墩台身计算将结果传给桩基，从而实现了数据从上到下的依次传递，为设计人员提供了很大的方便。

15.4.2　操作步骤

1）数据的编辑。对于编辑的数据可以进行调用或者存储。用户可以通过"模板"的方式进行设计，也就是可以调入从前已经做好的相类似的设计，在此基础上进行修改。

2）盖梁计算。

3）墩台身的计算。

4）桩长及桩基的计算。如果采用的是桩基必须进行此项计算，否则可跳过。

5）桩基的计算。如果采用的是桩基必须进行此项计算，否则可跳过。

6）耳墙的计算。

7）背墙的计算。

由于柱式墩台的设计是由上到下依次进行设计的，所以必须按照以上计算过程进行。

15.4.3　参数说明

对于单幅桥台为双耳墙；对于双幅桥台（一般用于高等级公路）为单耳墙。

盖梁的断面形式为 T 形和矩形两种，对于台后的搭板可以设置也可以不设（低等级路可不设）。盖梁钢筋的说明：盖梁钢筋直径的确定在数据编辑卡的第三页"盖梁"的"材料"中定义。主筋包括上缘通筋、弯起筋、焊接斜筋以及下缘通筋。

（1）弯起筋

1）弯起钢筋类型数：指弯起钢筋类型（指不同外形）的总数，每组数据描述一种外形的弯起筋。弯起筋编号：第一种弯起筋编号为 2，第 N 种弯起筋编号为弯起筋类型数 +1；单柱时填斜长 1，双柱时填斜长 1、斜长 2，依次类推，四柱时填斜长 1、斜长 2、斜长 3、斜长 4。

2）根数：指某种类型弯起筋的根数。

3）斜长 i：其位置及意义如图 15-12 所示。

钢筋的各尺寸参数如图 15-13 所示。其中，当某个斜长为直通筋而不下弯时，其值应为 999。

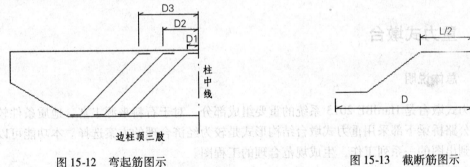

图 15-12　弯起筋图示　　　　　　　　　图 15-13　截断筋图示

（2）截断筋　截断筋类型数指主筋截断的类型总数。其外形及尺寸参数如图 15-13 所示，其中 L 为长度，D 为柱中至截断筋左端距离。

（3）骨架筋　骨架筋类型数指骨架片的类型总数，系统中最多可有两种骨架片。由各骨架片纵向连接形成盖梁钢筋骨架。对每种骨架片，其肢数是指骨架片在各柱顶单侧所焊短斜筋的个数，距离则指这些短斜筋下弯时的起弯点距柱中心的距离，如图 15-14 所示。

（4）通筋　上（下）缘通筋编号为盖梁截面上（下）缘通长钢筋的编号。上（下）缘通筋根数为盖梁截面上（下）缘通长钢筋的根数。注意：上下缘通长钢筋的根数应一致，这样才能上下一对一地焊接形成闭合的钢筋骨架。

（5）弯起筋特征截面　此截面指边柱或中柱的支点截面。第一排钢筋指最上面一排钢筋。钢筋编码时，若某位置上无钢筋，则用 0 表示，且钢筋最大编号为 9，各排中钢筋的根数均应为界面中"上一排最多主筋根数"。

（6）骨架筋特征截面　指各柱顶支点截面和柱间跨中截面。此断面钢筋编码规则同上。在填写边柱上缘、跨中下缘以及中柱上缘布筋编号时，有骨架处的通长筋编号应由骨架类型

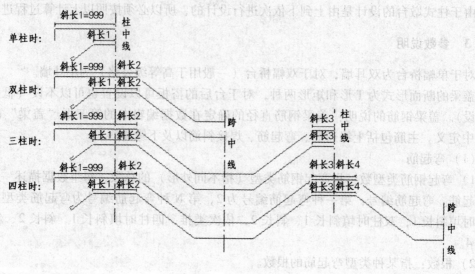

图 15-14　骨架筋图示

编号 A 或 B 代替；在填写边柱下缘、跨中上缘以及中柱下缘布筋编号时，有骨架处的通长筋编号应填实际骨架筋编号。

15.5　重力式墩台

15.5.1　总体说明

重力式墩台是 HardBE 2013 系统的重要组成部分，对于石料来源丰富、地质条件较好的地段，公路桥梁下部采用重力式墩台结构形式是较为经济合理的方案选择。本功能可以完成从计算到出图的一系列工作，生成规范合理的工程图。

15.5.2　功能及操作步骤

重力式墩台设计适用于各种公路等级的单幅或双幅路基，不同填土高度及各种角度的 U 形墩台计算（要求上部为简支结构体系）与绘图，系统功能组成：

（1）搭板计算并输出结果　可以对搭板计算结果进行交互修改，确定后将为绘制搭板钢筋构造图使用。数据分别为 1 号筋直径、1 号筋正间距、2 号筋直径、2 号筋正间距及 3 号筋斜间距。其设计假定为：搭板放置在经碾压夯实的填土上，首端支在桥台上，尾端无枕梁；桥台本身不发生沉降，随着路基填土的沉降，搭板将绕桥台支点整体下沉，因此搭板可看成是全面积支承于弹性地基上的板；顺桥向搭板所受弹性支承力呈三角形分布，计算跨径取搭板斜长；对于不同斜度的桥涵，其搭板平面形状为平行四边形（斜度 φ=0 时为矩形）。搭板长度 L 一般按下式计算取值

$$L = （台后填土的破坏棱体长度 +1.0m）/\cos\phi$$

（2）墩帽计算并输出结果　用户可以交互进行修改，确定后为绘制墩帽钢筋构造图使用，包括 7 项数据，分别为主筋直径、主筋根数、斜筋根数、斜筋间距、箍筋环数、箍筋直

径及箍筋间距。墩帽混凝土强度等级为 C25。其横向分布系数按偏心受压法计算，配筋按承载能力极限法设计。

（3）桥台计算并输出结果　主要包括台身内力计算及截面强度、基底应力、稳定验算。分为：台后有荷载（汽车或挂车、履带），桥上无荷载；桥上有荷载，台后无荷载；施工荷载（未架梁，台后已填土）等各种情况组合。并且，只验算顺桥方向（即行车方向），不验算横桥方向（顺水流方向）。台身为浆砌片石或块石，基础采用 15 号片石混凝土。

（4）桥墩计算并输出结果　主要包括墩身内力计算及截面强度、基底应力、稳定验算。内力计算分别按顺桥向、横桥向计算出各截面的内力（弯矩 M，轴向力 P）。在风力计算时，基本风压值采用 $35kg/m^2$；风压高度变化系数 K1 = 1.0；地形、地理条件系数 K2 = 1.0；顺桥向风力按横桥向风力的 70% 取值。常水位按 1.0m 考虑。墩身和基础均采用 15 号片石混凝土。

（5）绘图　包括 U 形桥台一般构造图、挑臂式桥墩一般构造图、U 形桥台台帽一般构造图、台帽钢筋构造图、墩帽钢筋构造图、墩台挡块钢筋构造图、桥台侧墙顶钢筋构造图、桥台锥坡构造图、墩台支座布置、锚栓构造图、桥头搭板布置图、搭板钢筋构造图、桥台台后排水布置图（设置台后搭板的可不作台后排水，反之设置）、墩身上游圆头钢筋网布置图。

（6）系统精度　结构尺寸精确到 1mm，钢筋质量精确到 0.1kg，圬工体积精确到 $0.01m^3$。

15.5.3　参数说明

1）一孔标准跨径（斜长），范围：600～4500cm；一孔计算跨径（斜长），范围 600～4500cm；左、右人行道宽度，范围：0～200cm。

2）左、右幅横桥向板（梁）片数，单幅取整幅之值填写。从左至右每片板（梁）的重量，含二期恒载（kN）。支座摩擦系数的取值可以参考下值：滚动支座及摆动支座 0.05，弧形滑动支座 0.20，平面滑动支座 0.30，老化后的油毛毡垫层 0.60，橡胶与混凝土（或钢板）0.25～0.40（邵氏硬度 55°～66°）。边板顶宽是含一半铰缝的宽度（cm）；边板底宽是不含铰缝的宽度（cm）；中板底宽是不含铰缝的宽度）（cm）；边板安装缝宽度为外侧边板侧面至桥台挡块的间距（cm）。

3）背墙高度＝板（梁）高度＋支座厚度（cm）。桥台设计水位指基础顶面以上水的设计高度（cm）。桥台纵向坡度，0 号台、n 号台纵向坡度沿路线前进方向上坡为正，下坡为负。桥台（左、右幅）顶面横坡，桥台顶面横坡向外侧排水时为正，反之为负；桥台（左、右）外侧高度（cm），其高度值不含铺装厚度；基础底面的摩擦系数，若无地质钻探资料，可参照以下取值：软塑黏土 0.25，硬塑黏土 0.30，亚砂土、粘砂土、半干硬的黏土 0.30～0.40，砂类土 0.40，碎石类土 0.50，软质岩石 0.40～0.60，硬质岩石 0.60～0.70。

4）桥墩（左、右）外侧高度值不含桥面铺装厚度、板（梁）高度及支座厚度。

5）系统提供常规荷载及 480 特载。

15.6　石砌轻型墩台

15.6.1　总体说明

能够适用于不同等级的公路，并可完成不同跨径、不同角度的石砌轻型墩台的计算和绘图。

15.6.2　功能

（1）桥台计算并输出计算书　内容包括桥台作为竖直梁时的应力，桥台在本身平面内弯曲所引起的弯拉应力，基底土最大压应力计算。如果桥台的计算结果不能满足要求，可重新对桥台的数据进行调整，重新计算。

（2）计算并输出计算书　内容包括顺桥向截面应力，墩在本身平面内弯曲所引起的弯拉应力，基底土在墩身平面内弯曲时的压应力。如果墩的计算结果不能满足要求，可重新对墩的数据进行调整，重新计算。

（3）搭板计算　用户可以修改确定，用于生成搭板配筋图。

（4）出图　包括台一般构造图、台帽配筋图、台基础配筋，墩一般构造图、墩帽配筋图、墩基础配筋图，支撑梁钢筋构造图、支座布置及锚栓构造图，八字墙尺寸及工程数量表，搭板一般构造图、搭板钢筋构造图。

（5）精度　结构尺寸精确到 1mm，钢筋质量精确到 0.1kg，圬工体积精确到 $0.01m^3$。

15.6.3　参数说明

1）断缝类型：不设；整幅中线处设缝；整幅中线及两幅中线处都设缝。如果墩台计算未通过，可改变断缝类型，重新计算。

2）墩台身顶坡度的规定：箭头的方向向外为正，向内为负。

3）支撑梁类型，选用"自动设置"的相关规定：当桥梁跨径小于 10m 时，支撑梁截面积为 $20cm \times 30cm$，当桥跨径大于或等于 10m 时，支撑梁截面积为 $20cm \times 40cm$，支撑梁垂直布置时间距为 $200 \sim 300cm$。

15.7　钢筋混凝土薄壁墩台

15.7.1　总体说明

钢筋混凝土薄壁墩台是在地基软弱地区普遍采用的一种桥梁建筑形式，应用范围较广。

15.7.2　功能

1）搭板计算，用户可以交互修改计算结果。

2）墩、台身计算并生成设计说明书。

3）墩、台桩基配筋计算并生成说明书。

4）出图，包括桥头搭板一般构造图及钢筋构造图；桥台一般构造图，台帽、台身、耳墙钢筋构造图，桥台承台、桩基钢筋构造图；桥墩一般构造图，墩帽、墩身钢筋构造图，桥墩承台、桩基钢筋构造图，桥墩桩基钢筋构造图；通道锥坡、围墙、挡墙一般构造图，小桥锥坡、围墙一般构造图；支座布置及锚栓构造图，支撑梁一般构造图。

5）数据精度。结构尺寸精确到 1mm，混凝土体积精确到 $0.01m^3$。

15.7.3　参数说明

（1）控制参数　一孔斜跨径，5～16m；斜交角度，0°～±45°；桥孔数，1～3；台身厚度，不小于 40cm；桩基础直径，不小于 100cm；墩台身混凝土强度等级，不小于 C25；承台厚度，一般为 80cm；基桩根数（半幅），3～6；基桩加强筋等级，2 级；基桩加强筋直径，不小于 20mm；基桩箍筋，1 级；基桩箍筋直径，8 或 10mm；基桩定位筋等级，2 级；基桩定位筋直径，一般为 20mm；基桩净保护层厚度。

（2）桥台参数　桥台顶面横坡，符号规定：由路中心指向桥外侧边缘为正，反之为负；桥台高，300～500cm；耳墙长，275～375cm；围墙高度，160～360cm；围墙坡度，4°或 5°；围墙基础厚度，不小于 60cm；台身钢筋直径，不小于 12mm；桥台内侧背墙宽，不小于 100cm；台帽厚度，一般为 40cm；台基桩主筋截断根数，为台基桩主筋根数的一半。

（3）桥墩参数　墩帽厚度，一般为 40；桥墩顶面横坡，符号规定：由路中心指向桥外侧边缘为正，反之为负；墩高，300～500cm；墩基桩主筋直径，不小于 20mm；墩基桩截断主筋根数，为墩基桩主筋根数的一半；墩挡块高度，15～30cm；墩挡块宽度，20～25cm。

（4）搭板、支撑梁、上部、支座参数（见图 15-15）　行车道宽，400～1800cm；防撞墙（人行道）宽［外侧和内侧（靠路中心侧）］，50～150cm；桥横向板块数，4～20；车道数，1～3，为半幅路的车道数。

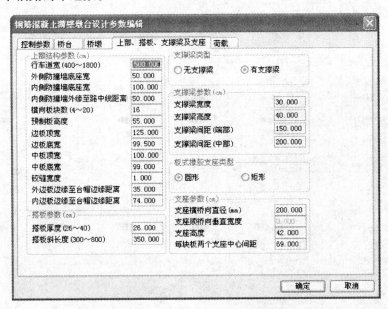

图 15-15　"钢筋混凝土薄壁墩台设计参数编辑"对话框

本 章 小 结

HardBE 2013 系统是用于桥涵设计的 CAD 软件系统，主要用于公路、市政道路、铁路等设计行业是工程设计人员强有力的辅助设计工具。本章从桥梁总体布置图、桥梁上部结构设计、拱桥设计、墩台设计四大方面，对 HardBE 2013 的总体功能，桥梁总体布置的操作过程及设计方法，简支板的类型、参数及设计步骤，拱桥的设计参数及操作方法，柱式墩台、重力式墩台、石砌轻型墩台、钢筋混凝土薄壁墩台的设计参数说明及计算出图等内容加以简要介绍，使工程设计人员及初学者对 HardBE 2013 有个初步了解，为其进一步深入了解软件功能，进行工程设计提供参考。

复 习 题

1. HardBE 2013 系统具有哪些明显的先进性？
2. 大中型桥梁设计操作步骤有哪些？
3. 如何进行薄壁墩台的设计？

参 考 文 献

[1] 茹正波，等. AutoCAD 2005 及天正 TARCH 6.5 建筑应用教程 [M]. 北京：机械工业出版社，2006.

[2] 王君明，马巧娥. AutoCAD 2010 教程 [M]. 郑州：黄河水利出版社，2011.

[3] 李刚健，穆泉伶，王平. AutoCAD 2010 建筑制图教程 [M]. 北京：人民邮电出版社，2011.

[4] 欧新新，崔钦淑. 建筑结构设计与 PKPM 系列程序应用 [M]. 2 版. 北京：机械工业出版社，2010.

[5] 张宇鑫，张燕. 建筑结构 CAD 应用教程 [M]. 上海：同济大学出版社，2006.

[6] 乌兰. PKPM 结构设计应用与实例 [M]. 南京：江苏人民出版社，2012.

[7] 陈超核，赵菲，肖天銮，等. 建筑结构 CAD——PKPM 应用与设计实例 [M]. 北京：化学工业出版社，2012.

[8] 张宇鑫，刘海成，张星源. PKPM 结构设计应用 [M]. 2 版. 上海：同济大学出版社，2010.

参考文献

[1] 崔晓利. 关于 AutoCAD 2005 及中文 3ARCH 6 5 学建筑制图教程 [M]. 北京: 机械工业出版社, 2006.

[2] 王志明. 中文版 AutoCAD 2010 实用教程 [M]. 成都: 四川水利出版社, 2011.

[3] 王明达, 郭临春. 关于 AutoCAD 2010 建筑工程制图教程 [M]. 北京: 人民邮电出版社, 2011.

[4] 张建新, 曾海明. 建筑结构设计与 PKPM 系列程序应用 [M]. 2 版. 北京: 中国工业出版社, 2010.

[5] 陈青来, 张庆芳. 建筑结构 CAD 原理及应用 [M]. 合肥: 同济大学出版社, 2006.

[6] 李星. PKPM 建筑结构设计与实例 [M]. 南京: 江苏人民出版社, 2012.

[7] 叶献国, 郭靖华, 钱永芳, 等. 建筑结构 CAD——PKPM 软件应用与实例 [M]. 北京: 化学工业出版社, 2012.

[8] 张季超, 郭丽华. 建筑结构 PKPM 实用设计计算软件 [M]. 2 版. 上海: 同济大学出版社, 2010.